ティモシー・パチラット

暴力のエスノグラフィー

産業化された屠殺と視界の政治

Every Twelve Seconds

Industrialized Slaughter and the Politics of Sight

小坂恵理＝訳

羅芝賢＝解説

明石書店

パーカーとミア・ジェイ・パチラットへ、
そしてジェーン・カレン・ファーネス・パチラットを偲んで

「それはまあいいとしよう。だが、汚い仕事をさせるにはどうするんだ？」

「汚い仕事って？」オイイエの妻が理解できずに尋ねた。

「ごみ収集、墓掘り」オイイエがいい、シェヴェックがあとを引き取った。「水銀採掘」そして、あやうく「糞便処理」と、口にしかかったが、ア＝イオでは糞便に関する言葉はタブーだということを思い出した。ウラスへ来てまだ間もない頃、ウラス人が排泄物《エクスクリメント》の山に囲まれて暮らしているくせに糞便のことを絶対に口にしないことに首をひねったものだ。

アーシュラ・K・ル＝グウィン『所有せざる人々』
〔佐藤高子訳（ハヤカワ文庫SF）、早川書房、1986年、219ページ〕

「やたらに見たり、臭いを嗅いだりするのは問題だよ……」とアヴィナッシュが言った。「大切なのは、感覚を研ぎ澄ませないことだ。僕はこう考える。視覚、嗅覚、味覚、触覚、聴覚はどれも、完璧な世界を楽しむように調節される。でも世界は完璧じゃないから、感覚を加減するんだ」

ロヒントン・ミストリー『美しきバランス』

スリフト（退場しながら）：あそこのやつらとは付き合わないほうがいい。汚いよ。

はっきり言って、人間のくずだ。

ヨハンナ：でも、それを見てみたい。


ベルトルト・ブレヒト『屠殺場の聖ヨハンナ』

目次

＊〔　〕内の記述はすべて原著者による補足である。
＊［　］内の記述は訳者による補足である。

第1章　ありふれた光景に潜んでいるもの

屠殺場は、コレラを運んでくる船のように呪われ隔離されている

ジョルジュ・バタイユ

2004年、ネブラスカ州オマハにある屠殺場の係留場から、6頭の牛が逃げ出した。『オマハ・ワールド・ヘラルド』紙はこれを第一面で取り上げたが、それによると、6頭のうち4頭は近くにあるアッシジの聖フランシス教会の駐車場に一目散に向かったものの、捕獲されて連れ戻され、最後は屠殺処分になった。5頭目は大通りを駆け抜け、車両基地までやってきた。ここはかつてオマハで食肉加工産業が盛んだった時代、頻繁に利用された場所だ。そして6頭目のクリーム色の牛は、最初は5頭目の牛と行動を共にしていたが、途中で別れて路地に入り込んだ。実は、この道は別の屠殺場へと続いていた。(1)

牛たちが逃げ出した屠殺場の作業員の他に、散弾銃で武装したオマハ警察署の警察官も駆けつけ、クリーム色の牛を路地で追跡し、金網のフェンス際まで追い詰めた。そのあと待機しているトレーラーに誘導しようと試みるが、牛は激しく抵抗する。すると警察官は作業員たちを手で制して後ろに下がらせてから、牛に向かって発砲した。牛は二、三歩走ってから地面に倒れ込み、苦しそうに鳴いて起き上がろうとするが、警察官からとどめの一発をお見舞いされた。

この発砲事件は、第二の屠殺場の作業員が午後の10分間の休憩を取っているあいだの出来事だった。新鮮な空気を吸い、太陽の光を浴びながら一服するために外に出た作業員の多くは、牛が殺される場面を直に目撃した。翌日の昼休みには、このニュースは屠殺場の従業員のあいだに瞬く間に広がっていった。さらに、一連の出来事を観察するため上司から路地に派遣され、流れ弾が壁に与えた損害を写真撮影するように命じられた品質管理作業員が一部始終を面白おかしく再現して話したものだから、誰もが大いに興味をそそられた。

「10回も撃ったんだよ」と、品質管理の女性作業員は、激しい怒りで顔を紅潮させながら訴えた。その話をきっかけに、食堂では発砲の不当性や警察の無能ぶりについて、白熱した議論が始まった。すると件の女性は、武器を持たないメキシコからの移民に最近オマハ警察の警官が発砲した事件を話題に持ち出した。「あの人も牛みたいに撃たれたよね」と興奮しながら語ると、同僚たちは相槌を打った。「白人だったら撃たれなかったのに。そうだよね、この国じゃメキシコ人は、警察から何をされるかわかったものじゃない」

私はいま南に向かって車を走らせ、牛が殺されたオマハの現場に差しかかった。近づくにつれて悪臭は強くなる。様々なものが混じり合った猛烈な臭いが、車の金属やゴムやガラスを通して車内に入り込み、それが衣服の木綿の糸に吸収され、胃袋と口が敏感に反応した結果、胃酸が喉にこみ上げてきた。これと同じ感覚は、以前にも経験したことがある。少年時代、タイ東北部の屋外の食品市場を歩いていたとき、あるいはニュージャージーでチョコレート工場の脇を車で通過したときに経験している。鼻から侵入した強烈な臭いはたちまち口に反応を引き起こし、頭のなかに不愉快な映像が再現される。

インターステート（州間高速道路）を降りると、臭いはさらに強烈になる。嗅覚を刺激する産業屠殺場の施設に、徐々に近づいてきた証拠だ。市が設置した道路標識には「牛の糞や臭いに気づいたら、444-4919に連絡を」と書かれている。役所は不快な臭いを取り締まる権限を持っていることを誇示しているが、実際のところ臭いは手に負えないのだから、せっかくの言葉も空しい。動物を大量に殺せば汚れるのは当然だが、社会は——われわれの社会は——物理的にも道徳的にも無菌状態の肉が低価格で安定的に供給され続けることを望むため、食肉処理は社会から見えない場所で進行する。こうした矛盾は様々な兆候となって表れるが、道路標識もそのひとつなのだ。牛糞の臭いは耐えがたい。肉がセロファンできれいに包装されて無菌状態で家庭に持ち込まれる時代においては、異臭を感じたら当局に報告することが求められる。動物を殺す人たちも、彼らが手がける作業も、さらには殺される動物についても意識せず、われわれは肉を食べることができる。臭いや糞など、有機体の生命に関わる要素は、できる限り遠くに追いやられる。その条件を満たすような場所に、現代の屠殺場は設けられた。そして2009年には、全米各地の屠殺場でおよそ85億2022万5000羽の鶏、2億4576万8000羽の七面鳥、1億1360万匹の豚、3330万頭の牛、2276万7000羽の鴨、276万8000匹の羊と子羊、94万4200頭の子牛が殺されて食肉加工された。(2)

本書は、現代の食肉加工業の現場に潜入した目撃談である。これを読んで、現代社会では都合の悪いものが離れた場所に隠蔽され、それが権力メカニズムとして作用している現実に目を向けてもらえれば幸いだ。われわれは日常生活において、製品として加工された肉を文字通り口から体内に取り込んでいるが、現代の屠殺場は「社会から隔絶された場所」である。高い壁に囲まれて外からは見えない汚くて危険できつい職場で、作業員たちは生きた動物を屠り、皮を剝ぎ、解体する。われわれの社会では、都合の悪いものを距離化して隠蔽するメカニズムが徹底している。それを理解するうえで、現代の屠殺場は格好の事例だ。そこで私は、産業化された屠殺を作業員の視点から観察することにした。一般社会が消費する肉を提供するために見えない場所で大量の動物を殺すのはどういうことなのか、これから詳述していく。(3)

社会学者ジグムント・バウマンの言葉を借りるならば、近代的な産業屠殺場は、「監禁地帯」や「隔離され孤立した領域」であり、「なかを覗くことはできず」「一般市民は基本的にアクセスすることのできない」場所だ。それは、監獄、病院、介護施設、精神病棟、難民キャンプ、収容所、拷問室、死刑場、絶滅収容所など、政治的な役割がより明確な施設に類似している。したがって動物が殺されるプロセスを注意深く観察すると、産業屠殺場がなぜ現実に許容されているのか理解できるだけでなく、他の類似の社会的プロセスが、距離と隠蔽のメカニズムのもとで進行している理由を理解する手がかりが得られるかもしれない。実際、一般市民には見えない場所で、戦争は義勇軍によって戦われ、組織的なテロ行為は傭兵に外注され、日常生活に欠かせない何千もの商品や部品が暴力的な環境で製造される。世間から隔絶された場所をじっくり観察すれば、「これまで［自分では］ずっと理解していると思い込んできた事柄について、思いがけない形で考えるようになって当惑する」と社会理論家のピエール・ブルデューは語る[4]。

オマハの屠殺場から牛たちが逃げ出したとき、隠れた姿を現したのは動物の身体だけではない。臭いものに蓋をしてきた体質が、図らずも暴露されてしまった。だからこそ、毎年何千万頭もの牛が殺されているというのに、たった6頭が市街を徘徊しただけで、新聞の第一面に掲載される大ニュースになったのである。動物の糞はおろか臭いさえも、気づき次第、当局に報告するように奨励される社会では、好ましくないものは見えない場所に閉じ込めて隔離することを前提とする権力関係が成り立っている。閉じ込められた動物が脱走してその前提が崩れ去れば、ひた隠しにしてきた実態が白日の下にさらされる。牛たちは屠殺場を逃げ出した途端、人類学者メアリー・ダグラスが「場違いなもの」と定義した汚物も同然に忌避されてしまった。ダグラスは場違いなものに注目することで、場にふさわしいものだけから成り立つ日常世界の実態の解明に取り組んだ。それと同様に、オマハでの牛の脱走事件を契機に、屠殺場でどのような作業が進行しているのか明らかにすれば、距離化と隠蔽が現代社会で果たす役割について理解が深まるかもしれない[5]。

施設の関係者と同様、現代の屠殺場から直接的な恩恵を受けている関係者も、距離化と隠蔽を徹底させる努力を惜しまない。おかげで食肉処理のプロセスは、一般社会から隠れた場所で密かに進行している。たとえば2011年3月17日にアイオワ州下院は、賛成66票、反対27票でHF589を可決した。これは「農作業に伴う違反行為に関する法案で、罰則や改善措置も盛り込まれている」(同様の法案は、フロリダ州議会でも検討されている)。モンサント社、アイオワ・ファームビューロー連合、アイオワ州の肉牛生産者協会、豚肉生産者協会、養鶏協会、乳製品協会のロビイストたちから支援された法案では、屠殺場をはじめとする動物や作物の関連施設で進行する作業に関して、施設所有者の許可なく立ち入り調査して記録する行為は重罪と見なされた。屠殺など現代の畜産に関わる活動を従来よりもさらに社会から隔離するために、法案の適用範囲は拡大され、厳しい罰則が科せられた。法案のなかでも特に重要なのが「動物施設への干渉」と「動物施設での不正行為」に関する箇所で、どちらも法案HF431の原案で詳しく説明されている。以下に紹介しよう。

干渉：この法律では動物施設への干渉が禁じられる……そのなかには、音声・映像の記録の作成、現場で発生している行為や音の再現、その記録の所持・配布が含まれる。さらに、一般には公開されない場所だと通告を受けた場合には立ち入りも……禁じられる。違反行為への罰則は、前科の有無に基づいて決められる。初犯であれば悪質な軽犯罪、再犯であればクラス「D」の重罪と見なされる。

不正行為：この法律では不正行為が禁じられる。動物施設に不正に立ち入ること……所有者から許可されていない行動を取る目的で虚偽の表示をすること、または現場で採用されるために志願書の一部に虚偽の陳述を加えることは禁止される。違反行為への罰則は、前科の有無に基づいて決められる。初犯であれば悪質な軽犯罪、再犯であればクラス「D」の重犯罪と見なされる。(6)

違反行為への罰則は厳しい。

違反行為による有罪判決に伴う罰則：クラス「D」の重犯罪は5年以下の懲役、ならびに750ドル以上7500ドル以下の罰金に処する。悪質な軽犯罪は2年以下の懲役、ならびに625ドル以上6500ドル以下の罰金に処する。

民事上の罰則：刑事罰に加え、改竄や干渉の結果として被害を受けた者は、被害を与えた者を相手取って地元の裁判所で訴訟を起こすことが可能で、実際の被害額の3倍に相当する賠償金、裁判費用、妥当な弁護士費用を回収することができる。さらに申立人は、裁判所から衡平法上の救済を受けられる可能性もある。(7)

この法案は、屠殺場に許可なく立ち入ること、屠殺場で進行する作業を許可なく撮影・録音したり証拠書類を印刷したりすること、記録を作成した本人か否かを問わず、許可なく問題の記録を所持・配布することを、いずれも明確に犯罪行為と見なしている。

さらに、産業屠殺場とそれ以外の畜産施設の境界が法的にどのように定められるかについても、法案の一部で以下のように詳しく説明されている。「施設に立ち入る前に何らかの通告を受ける場合、あるいは退去を命じられてもすぐに従わず通告を受ける場合には、その動物施設は一般には公開されない。通告は所有者による書面や口頭、不法侵入者の排除や動物の収容を目的に設計された柵やその他の囲い、不法侵入者の目に留まる蓋然性が高い場所に立ち入り禁止の標識を設置するという形式がある」(8)

このように法案では、産業屠殺場の物理的な孤立状態が法的立場から強化されている。屠殺場の作業を一般社会から隔離するフェンスや壁については、動物を閉じ込めて「不法侵入者」を寄せ付けないことが目的だと法案には明記されており、この物理的な隔たりには、社会への危険が少ない施設のフェンスや囲いにはあり得ない特別な法的地位が与えられている。さらに法案では、「動物施設への不正行為」という新しい犯罪カテゴリーが考案され、屠殺場の内部で進行する作業の暴露を目論む求職者に適用される。あるいは屠殺場の建物が壁で囲まれているのと同様に、内部の作業も世間から隠れて進行し、社会的な偏見の少ない職場には適用されない禁止事項や制裁措置が設けられている。そして最後に、屠殺場内で進行する作業の撮影・録音はもちろん、こうした記録を所持して広める行為も犯罪と見なされ法的に非難される点も、他の映像・音声の記録とは一線を画している。(9)

提出された法案は対象となる範囲が広くて罰則も厳しい。それは、屠殺の作業の実態はもちろん、現代の畜産を支える数々の習慣が明るみに出たときの帰結に、屠殺場の所有者や畜産施設の受益者が怯えている証左である。オマハで牛が脱走して大騒ぎになったように、隠れて進行する作業を誰かが故意に明るみに出せば、そこから図らずも、隠蔽や隔離や不可視化に支えられた権力関係が浮かび上がってくるのだ。

現代の屠殺場で日々進行する作業の実体を調べて明らかになるのは、屠殺場が一般社会からあからさまに隔離されていることだけではない。矛盾するようだが——おそらくこちらのほうが重要だと思われる——屠殺という作業は、現場で勤務する作業員からも隠された状態で進行する。1頭の牛がオマハ警察の警察官に射殺されただけで腹を立てて嫌悪感を催した作業員たちは、日常的に2400頭以上の牛の屠殺に関わっている。1頭の牛が警官に殺されると彼らは反射的に拒絶反応を起こしたが、日頃は屠殺場でこうした感情を抱くこともなく、12秒ごとに1頭の牛が殺されるプロセスに関わっている。なぜなら職場は距離化と隠蔽が徹底しているため、現場で働く作業員でさえ牛が屠られる場面から遠ざけられ、心を乱されないからだ。

こうした視点から屠殺という問題を探究すると、今日では壁、衝立、キャットウォーク〔狭い通路〕、フェンス、検問所、ゾーニングなどを創造し、都合の悪いものとは距離を置き、孤立させて閉じ込めていることがわかる。人種、ジェンダー、市民権、教育程度などに基づいてヒエラルキーが強化され、格差が広がっている。そのため、底辺に属する人間は危険かつ屈辱的で暴力的な作業を強いられる一方、その他大勢は彼らの作業から直接的な恩恵を被っている。あるいは、われわれは不快な物事を露骨に描写することを避け、代わりに当たり障りのない名前やフレーズを考案し、言葉によって一定の距離を創造している。[10] また、エスノグラフィーという手法を用いると、これまで研究者たちが専門的な立場から描写・分析・説明してきた世界が、実は彼ら自身と大きく乖離していたことが明らかになる。要するに本書は屠殺について、4つの尺度――物理的・社会的・言語的・方法論的距離――から注目して解説していく。

　距離に関するこれらの4つの尺度に関心を向けてもらうため、ここで権力と可視性の関係を分析したふたつの定式化された見方を紹介したい。ひとつは、歴史社会学者ノルベルト・エリアスが、不朽の名著『文明化の過程（The Civilizing Process）』で明確に述べたもので、それによれば「隔離すなわち「不可視化」［と］隠蔽が、文明化の過程においては体系化されている」。西洋において国家建設と礼儀作法の確立が同時進行する過程を追跡したすえに、現代では隠蔽と距離の創造のふたつが、権力と可視性の関係を支える最も重要な要素になっていると主張した。「われわれが文明化と呼ぶ過程全体が、不快になったものを隔離して、「舞台裏に」隠してしまう傾向を特徴としていることは、今後も繰り返し明らかにされるだろう」[11] と彼は語っている。

　エリアスは西洋社会の大きな傾向を解明するために、近代国家では暴力の中央集権化と歩調を合わせて、裸体をさらす、排便、排尿、唾を吐く、鼻をかむ、性交、動物を殺すなど多くの身体的行為や身体的状態への嫌悪感が強くなり、見えない場所に隠されるようになったことを立証している。西洋のエチケット・マニュアルに目を通し、身体の機能、体の露出、性的関係、テーブルマナー、子供への態度、動物の待遇に関する公的基準に16世紀から19世紀にかけて起こった変化を立証し、エリアスはつぎのようなパターンを説得力のある形で明らかにした。すなわち、かつては誰から見られても心身に嫌悪感を引き起こさなかった行為が、時代が下ると世間から隔離され、隠蔽され、見えない場所で密かに行なわれるようになった。たとえば肉を食べる際のマナーは、そんな歴史の流れを強く感じさせる。食卓に出される肉の大きさは時代とともに小さくなり、動物の肉であることが確認しづらくなっている。そして「死の一撃を与える道具であることを容易に思い出させないように、肉切り包丁も小さくなった……肉料理に屠殺が関わっている事実を暗示するようなものは、できる限り回避される。肉料理の多くでは、肉は巧妙に下準備され切り刻まれているため、動物としての原型をまったくとどめていない。食べながら本来の姿を思い出すことはほとんどない」[12]

現代の産業化された社会や都会で暮らす人間は、「文明」というと子供や「未開人」の教育にふさわしい既製品というイメージを持つのが一般的だが、実際には文明化の長い歴史は未だに進行中で、その政治的な含意も十分には理解されていない。それを理解するためには、発展や進歩と呼ばれるものの中心的な特徴が心身にとって不快な慣習の廃止や変革ではなく距離化と隠蔽にあることにはどのような意味があるのか、探究する必要がある。

本書は産業屠殺場で進行する作業に注目し、エリアスが確認した現象を理解するための格好の具体例として詳しく探究していく。社会の圧倒的多数から心身両面で忌み嫌われる労働は、廃止されるわけでも改善されるわけでもなく、世間から隔離された環境で継続しているとエリアスは指摘したが、屠殺場にはまさにその定義が当てはまる。しかし隠れて進行する作業を現場の視点から眺めると、権力と視界の関係について、今度はまったく別の構図が浮かび上がってくる。エリアスが隔離と閉じ込めに注目したのとは対照的に、もうひとつの定式化された見方では、視界を妨げる隔たりを取り除くことによって権力の中枢のメカニズムが機能すると考える。暗がりで隠れて作業が進行することを可能にする障壁が取り除かれ、その代わりに社会理論家のミシェル・フーコーが「継続的かつ永続的な監視システム」と定義したものが導入される。[13]

ジェレミー・ベンサムは新しい種類の監獄の建築プランを考案し、それをパノプティコン（一望監視施設）と呼んだが、フーコーはそれを引き合いに出して、可視性が権力のメカニズムとしていかに機能するかを説明している。

> 原理はこうなります。周囲の建物はリング状に配置されます。その中央に位置する監視塔には大きな窓がうがたれ、リングの内側に向かって開かれている。周囲の建物は全体が複数の独房に分割され、どれも建物の内側から外側までぶち抜かれています。独房には窓が2枚あって、ひとつは内側に開かれて塔の窓に面し、もうひとつは外側に開かれ、そこから独房全体に太陽の光が差し込みます。中央の塔にはひとりの監視者を置き、各独房に狂人、病人、受刑者、労働者、学生を収容します。逆光の効果によって、周囲の独房に閉じ込められた人物の小さなシルエットが浮かび上がり、それを監視者は確認するこ

とができます。要するに、ここではダンジョン（地下牢）の原理が逆転しています。日光や監視の目のほうが、暗闇よりも囚人たちの服従に大きな効果を発揮して、最終的には彼らをうまく保護下に置くことができるのです。

ベンサムが提案した監獄の改革では、監視という行為が内面化される結果、囚人が自らの行動を律するようになる。したがってこれが体罰に代わり、個人を支配するメカニズムとして機能する。フーコーによれば完全な可視化という理想は、監獄、精神病院、軍隊の兵舎、学校、工場など、規律が求められる現代の様々な施設で応用されている。この権力メカニズムにおいては、すべてが明るみに出され、何も隠されない。「パノプティコンでは、各自が収容される場所次第で、全員または一部の人間によって監視される。このような施設では、完全な不信感がいつまでも払拭されない。なぜなら絶対的に安全なポイントが存在しないからだ。監視の完全化は悪意の総和なのである」[14]

ジェームズ・C・スコットは、パノプティコンという特定の建築物の事例ではなく、国家の視点から可視性と権力について分析したうえで、権力者には可視性を高めたがる傾向が強いことを確認した。スコットによれば近代の権力構造は、支配する対象が樹木にせよ人間にせよ、完璧な可視性という理想に少しでも近づけて再編することへの願望が強い。そのために必要とあればすでに存在しているものを完全に取り除き、まったく新しいものを創造することも厭わない。こうして可視性が高まれば、支配構造の確立を目指す風変わりで狂信的なプロジェクトを進めやすい。改善や発展が目的だと巧妙に言いくるめてプロジェクトを正当化したうえで、その枠に集団を当てはめればいいのだ。たとえば雑木林は取り払われ、樹木が直線的に配置された人工林が創造される。これなら数を数えるのも伐採するのもスムーズに進行する。あるいは、間作〔訳注：同じ田畑に異なる作物を植えること〕の代わりに、いまでは大規模な単一栽培が行なわれる。そして、かつて権力が入り乱れた環境では忠誠心が曖昧でも許されたが、いまや国境が明確に定められ、市民としての身分も厳密に区分される。税金を徴収し、支配を強め、「発展を促す」目的で、遊牧民の定住化を進め、名字が与えられる。パノプティコンと同様、この権力の論理は可視性の拡大と直接的な関連性があり、視界や透明性を妨げる障害は完全に取り払われる。(15)

のちにスコットは、国家中心的な視点の逆転を試みた。彼は東南アジアの山塊では1950年代以前に非国家的な空間が存在していた歴史に注目し、この地域をゾミアと名付けた。地理的条件を生かして、農業、文化、言語のいずれにおいても独自のテクノロジーや戦術を発展させたゾミアは、稲作を特徴とする国家による侵略を拒み、世界有数の非国家的空間を守り続けてきた。それでもスコットは、こうした空間はいまやほとんど絶滅したという結論に至った。植民地独立後に低平地に誕生した国家が様々な戦略や戦術を駆使しながら、スコットいわく「距離的な制約を取り除くテクノロジー」を強力な武器として準備して、現地に実際に持ち込んだからだ。これらのテクノロジーには、全天候型の舗装道路、橋、鉄道、現代兵器、電信、空軍力、ヘリコプター、全地球測位システムなど現代の情報技術が含まれる。(16)

こうしたテクノロジーは、パノプティコンの延長線上にある。統制を行なう監督者の視界を拡大するためにテクノロジーが機能すれば、一切の隠し事がなくなり、完全な透明性の確保というファンタジーの実現が近づく。ここでいう距離とは、（フーコーのいう規律訓練型権力のもとで）外部からの視線を内面化した自己管理型の個人を創造することを阻止するものであり、標高や険しい地形や根菜類の栽培に依拠して、（スコットが指摘するような国家主導で進められる）労働集約型の稲作が低地から進出してくることを阻むものでもある。視界と権力の関係についてのこうした見解に疑いの余地はない。距離の制約を取り払い、隠れていた空間を明るみに出すことで、権力は機能するのである。

ここまで、近代的な権力と視界の関係には対照的なふたつの特徴づけがあることを説明してきたが、それではこれをどのように解釈すればいいのだろうか。一方のアイデアによれば、距離を創造して都合の悪いものを隠すことで権力は機能する。「進歩」や「文明化」の過程においては、心身両面にとって不快なものを（取り除く必要はないが）隠蔽することが不可欠であり、おそらくそれが進歩や文明化の代名詞にもなっている。逆にもうひとつのアイデアによれば、距離を取り払い、隠れているものを明るみに出すことで権力は機能する。

これから始める産業屠殺場に関する本書の記述からは、一見矛盾するふたつの特徴づけが、実際には密接に関連し合っていることがわかる。殺戮が平然と行なわれながらもそれをひた隠しにする現代社会を考察したうえで、私はつぎのような結論に達した。すなわち、都合の悪いものを監視する行為と隠蔽する行為は同時進行しており、完全に可視化された環境でも隔離は可能であるばかりか、実践もされている。実際、作業員の立場から屠殺に注目してみると、現代社会では隔離と監視というふたつの要素が共生関係にあって、それが権力のメカニズムとして働いていることがわかる。最終章で詳しく取り上げるが、こうした共生関係はあらゆる政治に当てはまり、いわば視界の政治（Politics of Sight）が確立されていると考えられる。字義通りであれ比喩的であれ、視界の政治は、隠蔽されているものを可視化して明るみに出すための組織的かつ協調的な試みであり、最終的には社会的・政治的変革の実現を目指す。

実際に本書は、多くの人々が隠しておきたい屠殺という作業の日々の実態を暴くことで、視界の政治を実践している。都合の悪い現実からは目をそらす一方で屠殺場で作られる生産物を消費したがる一般市民や、屠殺という現代の習慣から金銭的な恩恵を被り、許可なく実態を暴く行為を犯罪として取り締まる関係者にあえて挑戦するために、私は屠殺場という隠蔽された領域に侵入した。現場の作業員の視点から屠殺の実態を明らかにするには、作業を実際に経験する必要があると判断し、2004年6月から12月までオマハの屠殺場で常勤の職に就いたのである。この5カ月半のあいだ私は月曜日から金曜日、一日9時間から12時間の作業を食肉処理場でこなした。作業は午前5時から午後4時まで、あるいは午前7時から午後6時半まで続いた。

現場での体験談を執筆するつもりだと経営陣に悟られずに未経験者として採用され、私はまず冷蔵室でレバー（肝臓）を処理する部署に配属された。時給は8ドル50セントだった。そのつぎはシュート（追い込み）に移り、生きている牛にノッキングガンを撃ち込むために、ノッキングボックスに追い立てた。そして最後は品質管理部門に昇進した結果、時給は9ドル50セントに上がり、屠室のほぼすべての場所にアクセスできるようになった。こうして屠殺場で異なる作業を経験すると、思いがけない発見もあれば、臨機応変の行動が求められる場面にも直面した。それでも屠殺の現場体験をきっかけに、一般社会で都合の悪い作業が距離化・隠蔽される現実を洞察したい私にとって、今回体験した3つの作業は理想的だった。寒い冷蔵室でレバーをフックに吊るす作業は、動物を殺す行為から最もかけ離れていた。シュートでの作業からは、まもなく殺される運命の動物たちに直接触れる機会が得ることができた。そして品質管理部門では、畜産業のヒエラルキーのなかで屠殺場が占める位置について、仕事を通じて理解する機会に恵まれ、米国農務省検査官との対立関係の当事者になった。(17)

私は屠殺場で複数の職場を経験したおかげで様々なものを観察しただけでなく、複数の視点から屠殺場を解釈することができた。作業員として組織に参加した途端、権力ネットワークに深く組み込まれ、「閉鎖社会の網の目」から抜け出せなくなった。一方、屠殺場で配属された職種、自己主張、外見、独特の身振りや話し方を通して受ける印象から、周囲の人間は私という人間に一定の評価を下した。おそらく最も比重が大きいのは外見だろう。私は東南アジア系と白人の両親を持ち、肌は浅黒く、髪は黒く、細くて茶色い目をしている。こうした特徴は採用に有利に働いたが、屠殺の現場ではしばしば誤解を招いた。多くの同僚は、私がメキシコ人ではないと知っても容易に信じなかった。私がアジア系であっても、中国人やベトナム人ではないことを理解できない同僚もいた。しかも私は英語とタイ語のバイリンガルで、スペイン語もある程度は習得している。そして長年にわたる学校教育で訓練を受けたおかげで、意見を述べることも質問することも躊躇しない。おかげで同僚や監督や農務省検査官との交流が妨げられるときもあれば、促されるときもあった。しかし特に問題だったのは、これまで男性中心の職場で働いてきた男性だったことだ。おかげで、屠室で働く12人ほどの女性たちと人間関係を築くのにはずいぶん苦労した。こうした様々な要因が積み重なり、周囲の人間が私を見る目に影響をおよぼし、ひいてはそれが、私が観察できる範囲にも影響を与えたのである。[18]

私は屠室で勤務するだけでなく、退職後は職場の外で屠殺場の作業員や農務省検査官と過ごす時間を作り、そのたびに本を執筆する意向を伝え、提供される情報を利用することを承諾してもらった。2004年12月、品質管理の仕事に伴う倫理的ジレンマに耐えかね、私は職を辞して屠殺場を離れた。それでもさらに1年半のあいだオマハにとどまり、屠殺場の作業員にインタビューを行ない、屠殺場関連の問題に取り組む地域住民組織を支援した。

私が屠殺場に潜入して現代の産業化された屠殺についての解明を試みたのは、特定の場所の実態を暴くためではない。それが目標だったとすれば、絶好の機会もあった。ある農務省検査官にアプローチされ、屠殺場での食品安全の実態について見聞きした内容を証言してほしいと頼まれたのだ。今回の調査では、特定の個人や場所を巻き込まない方針だったため、それに従って証言の要請を断った。したがって本書でも、私が勤務した屠殺場は匿名になっている。そして、ほとんどの登場人物も本名を伏せてある。[19]

私が勤務した屠殺場は、いまでも操業を続けている。800人近くの非組合労働者を雇用しており、その大多数は中南米、東南アジア、東アフリカからの移民や難民が占めている。国内外の卸売業者への売り上げは8億2000万ドル以上に達し、生産量に関しては、アメリカで操業する牛の食肉処理や加工関連施設のなかで上位に位置している。屠室では、1時間におよそ300頭の牛が処理されていく。普段の就業日には、2200ないし2500頭の牛が殺されるため、週5日のうちに1万頭以上、そして毎年500万頭以上の牛が殺されることになる。

本書は語りの形式で進行し、会話をそのまま再現している箇所も多い。綿密な分析を通じた洞察を提供するよりも、現場で働く人間の身体的経験や感覚を通じて、屠殺場がいかに複雑な場所なのか知ってもらうことを優先した。そのため、本書の記述ではコンテクストを重視している。些細な出来事や多種多様な声が強調され、曖昧な部分が残されている。要するに「好奇心が論理の一貫性に圧倒されないような執筆戦略」を心がけた。[20]

こうした会話形式は、アカデミックライティング（学術的な著述）の長年の伝統に逆らうものだ。アカデミックライティングでは演繹的な論証が重視され、しばしば線形解析に基づいて主張が構築される。そのため、フィールドワークによる行動観察の記録を紹介し、会話を引用する場合には、きれいに整理されたうえで抜粋として取り上げられる。通常、提供者からの情報は切り詰められ、あるいは都合の良い形に修正されたうえで引用される。そして、著者の分析的な議論や実地調査の信頼性を支えるために、本文のあちこちに戦略的に配置される。しかし私は、分析よりも語りを重視する執筆戦略を組み立てることで、屠殺の経験に伴う曖昧さや多様性、あるいは従来は黙殺されてきた部分を表現する余地を作りたいと考えた。さらにこの戦略は、読者にも課題を投げかけている。屠殺の作業を日々こなすことにはどのような意味があるのかについて、生きた経験に基づいて深く考える手段として、本書の語りを活用してもらいたい。

「私は、地形の測地測量を徹底的に行なったうえで作品全体を書き上げた。ペンと定規を使ったデスクワークには頼らず、現地を訪れて気になるものがあれば手で触れ、四つん這いになって観察しながら少しずつ移動した。しかもこの作業をいかなる気象条件でも延々と続けた」と、ヘンリー・ミラーは「書くことについての考察」で書いている。このあと本書でも、机や定規を捨てて、日々行なわれる屠殺という作業について、現場で働いた私が五感を通して何を感じたのか語っていく。このように本書の記述では感覚的な経験が重視されるが、だからといって意識的にセンセーショナルな内容を狙ってはいるわけではない。イアン・ミラーのいう「忌まわしいものや不快なものを探し出し、それを美化するような人類学」に貢献するつもりはない。氷点下に近い屠殺場の冷蔵室でグローブをはめた手は執拗な鈍痛に悩まされ、品質管理室では食品安全に関して義務づけられた書類を作成するために急いでペンを走らせた。さらにシュートでは猛烈な悪臭が鼻をつき、牛の頭蓋骨に撃ち込む家畜銃の機械的で頼りなげな音がプシュー、プシューと鳴り響いた。そんな現代の屠殺場の実態をつぶさに紹介していく。(21)

このあとの記述は、心身いずれにとっても不愉快なものかもしれない。ただし嫌悪感を催すからといって、屠殺とは単調でつまらない汚れ作業の連続だという現実から目をそらし、ページを急いでめくりたい衝動に駆られ、不快な部分は取り除いて抽象化しようとするなら、それは屠殺場を一般社会から隔離したくなる衝動と何ら変わりない。実際、屠殺場のなかで働く作業員でさえ同じ衝動に駆られ、汚い作業とは関わりを持たずに目を背けようとする。現代社会では、距離化と隠蔽というふたつの要素が権力メカニズムとして働いているが、この重要な理論に関する議論の補足や例証だけが本書の細かい記述の目的ではない。細かい記述は真実を訴えているのである。

第2章　血が流される場所

職務番号114、トーネイルクリッパー：2枚ののこぎり状ローラーが取り付けられている機械に、手を使って牛の脚を突っ込む。フットレバーで機械を作動させると、2枚のローラーが同時に回転し、蹄の先端の「爪」を切断する。

屠殺場で流れた血の臭いは風の翼に乗って、市内の最も遠い場所まで運ばれる。すると今度は向きを変え、反対の端にまで到達する。ミズーリ川西岸に位置するオマハの家畜収容所から東に5マイル〔8キロメートル〕離れた地点で暮らす老婆は、風が吹くとすでに死んでいるか死ぬ間際の動物の臭いが自宅の壁を通って侵入し、屠殺場に閉じ込められたかのように嗅覚が何日も刺激され続けたと回想している。20世紀半ば、オマハはカール・サンドバーグから「世界のホッグブッチャー（豚肉屋）」と呼ばれ、アプトン・シンクレアの『ジャングル（The Jungle）』の舞台となったシカゴさえも、家畜の売上高でしのぐほどの勢いだった。オマハ南部では毎年、アーマー、カダヒー、スウィフト、ウィルソンの各地の作業員が、牛と豚と羊を合わせて650万頭近くも屠った。「あれはお金の臭いだった」と、殺された動物が放つ悪臭について老婆は語る。[1]「あれはお金の臭いだったね」

21世紀に入ると、かつて隆盛を極めたオマハ南部の精肉業は衰退し、見る影もなくなった。200エーカーの敷地を折り紙のように整然と包み込んでいた囲いは倒壊し、係留場は数十年にわたって大草原の太陽と風と雪にさらされたすえに、木の部分が薄灰色に変色した。しかも、売買が成立して殺される動物が何百万頭も押し込められた結果、木の部分は唾液や糞尿で絶えず腐食し、皮膚との摩擦で擦り切れてしまった。そして21世紀に入ってほどなく、最後まで残っていた囲いも消滅し、もはやオマハのステーキハウスやコミュニティカレッジや労働組合のホールの壁に飾られた白黒写真で、全盛期の面影を偲ぶしかない。かつて家畜収容所があった場所は、いまでは工業団地に装いを改め、大きな建物が無秩序に広がる複合施設になっている。以前から残っているのは1926年に建てられた赤茶色のレンガ造りの家畜取引所ビルだけで、いまでは11階建てのアパートとして利用されている。かつてここが係留場や囲いを備えた総合施設だったことは、この時代遅れの建物を見て思い出すしかない。(2)

今日では、通りすがりの人がつぎのように考えるのも無理はない。家畜収容所も屠殺産業もオマハ南部からは完全になくなり、代わりに目につきやすいものばかりが登場した。工具製造工場、3台のドライブスルーATMが設置された銀行、獣医クリニックが併設された大型ペット用品店、自転車や芝刈り機を質草にできる質屋、オマハ・メトロポリタン・コミュニティカレッジの分校、靴屋、スーパー、ビデオレンタルショップなどが立ち並んでいる。しかし目はだまされやすいが、鼻はそうはいかない。装いを改めたにもかかわらず、オマハ南部には不快な臭いが充満し続けている。私はその瘴気の発生源を探し求めたが、その苦労は、運転中に車が揺れてハンドルをとられたときに報われた。車が揺れた原因はトレーラートラックで、左右の金属の側面には、私が手の平をいっぱいに広げたぐらいの大きさの楕円形の穴がいくつか開いている。車の窓越しに穴の奥の暗闇を覗き込むと、何かが微かに光った。太陽の光が何かに当たって反射している。そこで私は目を凝らし、じっくり考えたすえ、それが牛の目であることを少しずつ理解した。

トラックは、大きな箱型の建物の背後にある狭い脇道に入っていく。建物は、車でいっぱいの広大なアスファルトの駐車場に囲まれ、さらに、コイル状の有刺鉄線を巻き付けた金網のフェンスがその周りを取り囲んでいる。トラックが小さな白い長方形の建築物の前で音を立てて止まると、漆黒の髪の女性が現れた。ダークブルーの制服に蛍光性のオレンジのベストという服装で、ベストに貼り付けられた反射ストリップには、「セキュリティ（SECURITY）」という文字が黒く大胆にプリントされている。女性はドライバーと言葉を交わしている。まもなく女性が手で合図すると、トラックは再び音を立てて前進し、大きくカーブした後、いきなりバックしてコンクリートのレッジ〔棚上の突出部分〕に横付けした。運転台の扉が開き、ふくらはぎまでの高さの茶色いゴム長靴がふたつ放り出されて駐車場に落下すると、はずんでから再び落下して、横向きの状態で地面に落ち着いた。すると、ひげを生やした大柄の男性が姿を現し、大きく伸びをしてから、運転席の銀色の金属製のステップに片足を乗せた。それから靴紐を緩めるとブーツを脱ぎ、靴下を履いた足のつま先でゴム長靴のひとつを引き寄せて、真っすぐに立ててから足を滑り込ませた。つぎに同じ動作をもう一方の足でも繰り返してから、トラックの荷台へと歩いていく。やがて大きな鈍い金属音が鳴り響き、それよりも小さな音が3回、短い間隔で続いた。そのあと誰かが大声で叫び、トレーラーは前後左右に揺れた。

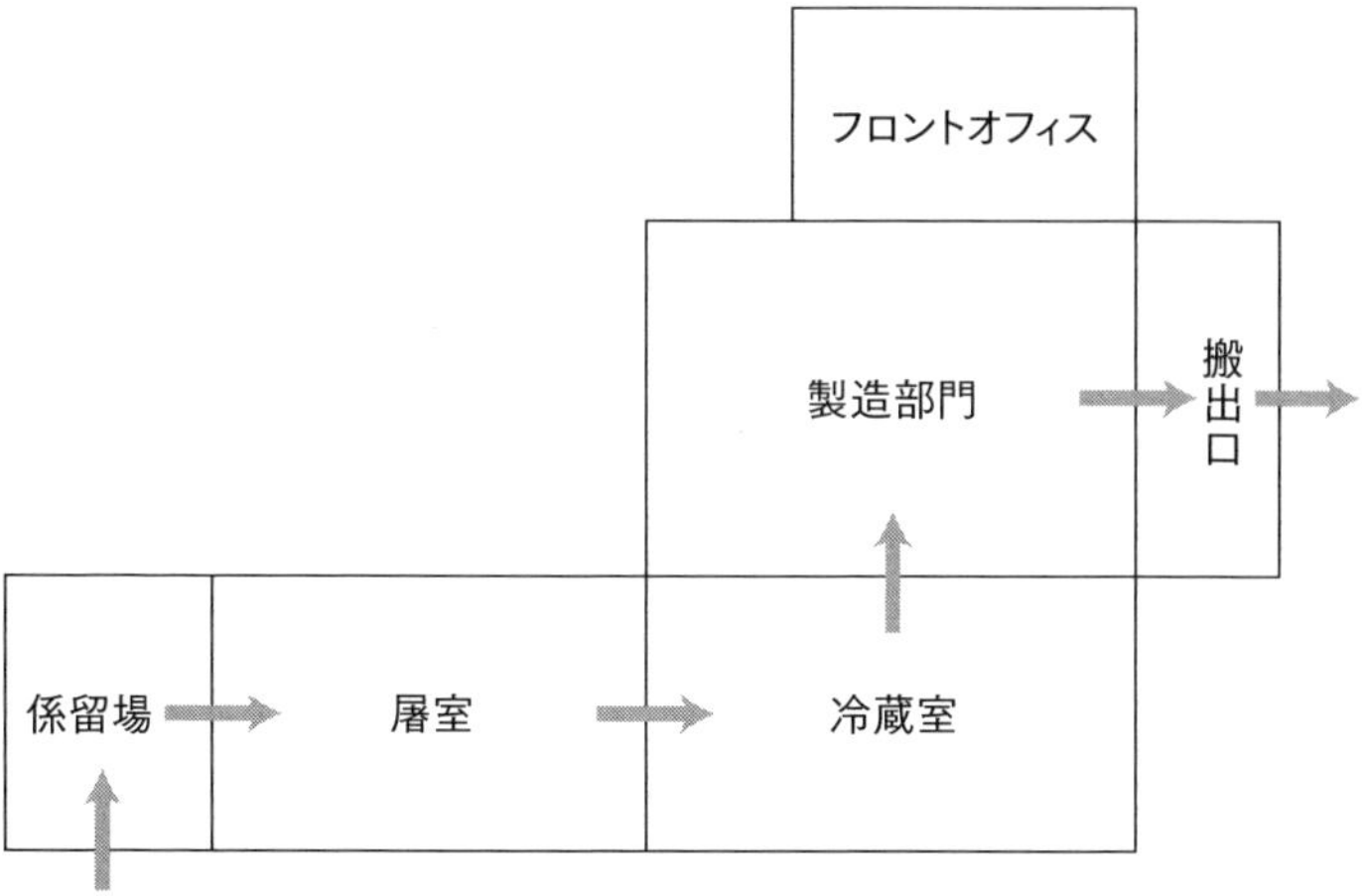

図1　産業屠殺場の構成部門

すると、リズミカルな音が聞こえ始めた。最初は微かな音だったが、次第に速くなり、休みなく続き、ますます大きくなっていく。その正体は、１００個の蹄が金属にぶつかって立てている音だった。私はついに、血が流される場所を発見したのである。

　フェンスの周囲を車で走りながら、私は驚きを禁じ得なかった。というのも、現代の屠殺場に対する無意識の思い込みが的外れだったからだ。蓋のない排水路を大量の血が流れ、苦しむ動物たちの絶叫が鳴り響き、屋外の汚物溜めには腐敗が進行する肝臓や肺が浮かび、筋肉質の解体処理作業員が白い作業着を血まみれにしながら大型の肉切り包丁を自慢げに見せびらかしている場面を私は思い描いていた。屠殺がまったくの不可視で、ありふれた光景のなかに潜んでいるとは、想像もしていなかった。この屠殺場は一見したところ、21

世紀初頭に全米各地で建設された一般的なビジネスパークと何ら変わりない。

屠殺場の建物は、ひとつの区画をまるごと占めている。窓はなく、外壁は肩の高さまでがコンクリートで、その上はトタン板が使われ、屋上には巨大なファンが取り付けられている。建物の周りは黒いアスファルトの舗装道路と金網で囲まれ、複数の警備小屋が点在している。正面にはガラスとアルミニウムで造られた現代的なオフィス棟があるが、これは大量生産施設の表向きの顔にすぎない。建築材、規模、構造、レイアウトのいずれも、南側のコミュニティカレッジ、東側の工具工場、北側のペット用品店と大差なく、外観はどのような施設にも当てはまる。側面に穴の開いたセミトレーラーが往来し、蹄をリズミカルに打ち付ける音が聞こえ、悪臭が漂ってこなければ、どのような作業が内部で進行しているのか見当がつかない。

フロントオフィス

体格のいい近寄りがたい雰囲気の大男が
扉の向こうのオーク材の回転椅子に座っている
扉の向こうまで強烈な悪臭が侵入し
身振りを交えて無駄話に興じる急ぎ足の出荷者を直撃する
何千頭もの雄牛や雌牛や子牛が動き回る足音
たくさんの子羊や薄汚れた雌羊の怯えた鳴き声

豚の唸り声
男たちの悪態とラバの鳴き声が混ざり合い
大男の耳には現実離れした音楽のように響く(3)

見込み客や政府の役人、あるいは解剖用の臓器や眼球を回収するために近隣の医科大学や眼科教室から派遣された職員などの部外者は、屠殺場を訪れるとまずフロントオフィスに足を運ぶ。現代のオフィス棟は、背後の建造物の付属としては場違いにしか見えない。背後の建造物は外壁にトタン板を使った搭状構造物で、窓はなく、屋上には灰色の金属ケースがいくつも設置されている。このケースに覆われた長方形のブロックのなかでは、ファンが音を立てて回転している。駐車場からコンクリートの階段を進んだ突き当りのオフィス棟には、遮光ガラスの両開きドアがふたつ据え付けられ、それによって東側と西側に二分されている。二階建ての西側は、青色ガラスの吹き抜けの壁が印象的で、光沢のあるスチール製の大きな垂直の支柱によって構造が支えられている。一方、東側は平屋で、壁はコンクリートだが、西側と同じ青色ガラスによってふたつに区切られている。この対照的な造りは相反する要素を示唆している。西側は権力と透明性を表現しているが、東側からは、秘密を囲い込んだ掩蔽壕《えんぺいごう》のようなメンタリティが感じられる。そしてオフィス棟の真後ろに回ると、トタン板の外壁が特徴的な屠殺場の巨大な建造物が姿を現し、圧倒的な存在感を放つ。オフィス棟は東側も西側も、結局は脇役でしかない。それが前面に建てられたのは、内部で進行する汚い作業を隠すことが目的である（図1）。

訪問者はオフィスの正面玄関からなかに入ると、白人女性の受付係に出迎えられる。受付係が座っている椅子と机を挟んで向かい合う場所には、豪華な革張りの椅子が2脚置かれている。椅子と椅子のあいだには小さなコーヒーテーブルが置かれ、その上には食肉加工業界の雑誌が積み重ねられ、それらいずれにもこの会社の業績が紹介されている。背後の壁には、職場の安全性を評価した金賞や銀賞の盾が飾られている。受付係の机はダークウッドの広い厚板で造られ、横に大きく張り出して宙に浮かんでいる様子はなかなか洒落ている。机の後ろにはパーティションがないため、部屋の東側の壁まで遮られずに見渡せる。壁には大きな窓があり、きれいに刈り込まれた芝生がフロントオフィスの三方を囲んでいる風景を眺めることができる。

フラットスクリーンのコンピュータが両端に6台ずつ、長くて広々としたワークテーブルに間隔を空けて並べられている。このワークテーブルは、受付係と東側の壁のあいだのスペースを占めている。フォーマルな長ズボンを穿き、長袖のシャツにネクタイを締めた12人のクルーカットの白人男性が、画面の前の革張りのオフィスチェアに座っている。年齢は30代半ばから50代はじめで、全員がハンドフリー機能付きの電話機を使っている。コンピュータの画面には、スプレッドシート、グラフ、地図、ドラッジ・レポート〔訳注：アメリカ合衆国の政治ニュースを集めた保守系のウェブサイト〕、グーグルの検索結果などが表示されている。この職場の南側は次第に幅が狭くなり、最後は廊下になっている。廊下の東側は副社長のオフィス、西側は会議室の壁に挟まれ、どちらも内部は見えない。この廊下の突き当りには亜鉛めっき鋼の扉があって、扉は閉じられている。

会議室の四方の壁のうち3つは透明のガラスで、5フィート〔約1・5メートル〕間隔で黒い鉄骨に支えられている。鉄骨は、床から天井に向かって斜めに伸びている。ガラスの壁越しに訪問者は、光沢のある金属製の会議用テーブルと、それを囲むたくさんの革張りの椅子を見ることができる。天井に埋め込まれた柔らかなスポットライトは、銀色のテーブル全体を黄色い光で照らしている。残りの半透明の壁は飾り気がなく、中央に1枚だけ、数平方フィートほどの小さな窓が開いている。この窓には、会議室の内部から操作するブラインドがかけられている。

会議室の西側は、フロントオフィスのスペースが吹き抜けの部屋に通じている。この部屋の北側の半透明の壁を通して、青緑色の眩しい光が漏れてくる。壁の内側では、生機《きばた》〔訳注：未加工段階の生地〕と黒いプラスチックを素材にした胸までの高さの仕切りによって、フロアスペースが小さな仕事場に分割されている。仕事場を占領する事務職員も、品質保証と食品安全を担当するマネージャーも、全員が白人女性だ。この小さな仕事場の西側は、厚さ10インチ〔25センチメートル〕の金属製の扉に突き当たる。オフィス棟の西北端にあたるこの分厚い扉の向こう側は、屠殺場の生産現場からは最も遠い。ここは社長室で、住人は白人男性だ。

小さく区切られた仕事場と社長室の南側には、撚り合わされた金属ケーブルが天井から何本も等間隔で吊るされ、張り出した部屋につながる打ち放しコンクリートの階段を支えている。赤と黒の抽象的なデザインで、グラスファイバーで作られた等身大の牛が、階段の下に据えられ、うつろな目で前方を見据えている。張り出した部屋の真下にあたる階段の裏側は、木製のパーティションによってトイレとそれ以外の場所に分割されている。こちらにはコピー機、ファクス、営業部門の職員用の郵便受け、そして小さなテーブル、冷蔵庫、電子レンジ、電気のドリップ式コーヒーメーカーを揃えた小部屋が準備されている。階上に張り出した部屋には、正面がガラス張りのオフィスがふたつあって、ひとつは人事部長用、もうひとつは第二副社長用で、どちらも白人女性が務めている。このふたつのオフィスは西側ですりガラスの扉に突き当たり、この扉の向こうは大きな会議室に通じている。会議室には長い長方形のガラスのテーブルが置かれ、それをたくさんの革張りの椅子が取り囲んでいる。

フラットスクリーンのコンピュータ、会議室、パーティション、業界誌、賞状の盾、コーヒーマシンが準備されたホワイトカラーやピンクカラー（女性）のワークスペース、社内メモ、ボタンダウンシャツ、ハンドフリー機能付きの電話機など、現代では世界中の大都市や郊外の無数のオフィススペースでお馴染みの設備が整えられた空間は、汚れを取り除かれた安全地帯で、大量生産を支える大がかりな屠殺場に比べれば、単なる添え物にすぎない。ふたつの領域は厳密に区別されている。オフィスはよく手入れされた芝生で三方を囲まれているが、金属製の外壁の裏側には、屠殺場の残りの部分がそっくり隠されているのだ。この外壁はフロントオフィスの南側の境界で、向こう側の建物はオフィスを見下ろすほど高い。屠殺場は市民権、人種、階級、学歴が様々に異なる人たちから成り立つが、特権階級と現場の作業員の領域はそれぞれ区別され、壁がその境界を明確に定めている。

壁は物理的なスペースと同様にカテゴリーも分割する。フロントオフィスと裏の部屋、作業を構想する側と実行する側、独創的な仕事と決まりきった仕事、管理職と平社員、北と南、白人と褐色・黄色・黒人といった有色人種、クリーンな職場とダーティーな職場、「文明的な」環境と「野蛮な」環境が、それぞれ壁によって分割されている。屠殺場では800人以上が働いているが、フロントオフィスの仕事に従事しているのは25人にすぎない。彼（女）らは壁で隔離されて守られながら、壁の反対側で働く作業員の人生の大半を左右する決断やプロセスに関わる権限を与えられている。その意味では、屠殺場のフロントオフィスは世界各地のフロントオフィスと何ら変わらない。現場で何かを経験して感情を揺さぶられる貴重な機会（あるいは苦労）を持たないまま、離れた場所から姿を見せずに他人の人生を支配する。空爆、特にアメリカ空軍のドローンによる無人攻撃は、このような距離の確保を先端技術によって極限まで追求した典型例だが、屠殺場のフロントオフィスの南の壁は、目の前の物体を用いた原始的な方法で距離の確保に成功している。そこからは、壁、鏡、チェックポイント、ゲートなどのありふれた技術でも、物理的に近い距離ならば効果的な隔離の手段になり得ることがよくわかる。(4)

不意の訪問者から見れば、こうした壁は絶対的な境目のように感じられるが、日々の経験のなかでじっくり観察を続けるうちに、たくさんの抜け穴や侵入箇所の存在を確認できるようになる。たとえば（白人男性の）副社長の執務室と会議室に挟まれた廊下は、亜鉛めっき鋼の扉に突き当たる。この扉はフロントオフィスからしかロックできないが、フロントオフィスと他の部門のあいだを結ぶ唯一の通路になっている。この扉を経由して、奥にある屠殺場の様々な部屋から文書が提出され、フロントオフィスしか訪れない関係者に点検してもらう。あるいは逆に、選ばれた訪問者はこの扉を通って屠殺場に入り、職場の雰囲気を体感するだけでなく、視界を遮る南の壁の背後に何が存在しているのか内部情報を得ることができる。

あるいは、壁に設けられた侵入点としてもっとわかりやすい事例を考えてみよう。それは会議室の小さな窓で、ブラインドはフロントオフィス側からしか操作できない。パワーポイントを使ったセールス・プレゼンテーションが佳境に入り、ブラインドが仰々しく引き上げられるところを想像してほしい。すると見込み客は革張りの椅子を回転させ、壁の向こう側には何があるのか、興味津々で覗き込むだろう。

壁のところどころに開けられた小さな孔からは、屠殺場に内在する矛盾が浮き彫りにされる。そこを覗くな、覗いてはいけない、覗く必要はない、と壁は語りかける。ところが、亜鉛めっき鋼の扉や窓は、覗いてごらん、覗いてもよい、覗くことができる、と誘いかける。頑丈な壁や扉と窓のあいだのこうしたコールアンドレスポンス（呼びかけと応答）によって、現代のフロントオフィスは自らが企画して補佐する屠殺の作業と物理的に結びつくと同時に切り離されている。知ってはいけない、知る必要はないと一方は訴え、知ってもよい、知らないのはおかしいともう一方が応酬するコールアンドレスポンスは今日、異質のもの同士を仲介すると同時に引き離すプロセスの大きな原動力になっている。

製造

fabricate　動詞

1．技能が要求されるものを作る。組み立てる、製造する。

2．否定的な意味：「でっち上げる」。（伝説や嘘などを）構想または考案する。（書類を）捏造する。

『オックスフォード英語辞典（Oxford English Dictionary）』

産業屠殺場のつぎの区画は、フロントオフィスの小さな四角い窓から覗くことも、亜鉛めっき鋼の扉を通って移動することもできる。その区画とは製造部門だ。ここでは何百人もの作業員がナイフやのこぎりを手に持って、冷凍された枝肉をステーキやもも肉やローストに切り分けて包装したうえで、世界中の卸売業者や小売業者のもとへ出荷する。ここでの作業には製造のスキル、すなわちある種の組み立て能力や職人技が必要とされる。しかし同時に、ここには話をでっち上げ、構想・考案する作業も伴う。欺瞞という錬金術を使い、現代の産業社会の「肉」にまつわる神話——実際には嘘——を正当化するのだ。牛の屠体は、頭、皮、蹄、内臓を取り除いた枝肉として冷蔵室から製造部門に運ばれてくるが、かつて生命のあった生き物の基本的な輪郭を明確にとどめている。脚は蹄の部分が切断されただけであり、首と広い肩の上に頭がないのはいかにも不気味だ。さらに、あばら骨も背骨も残されているし、背割りされても脊髄は取り除かれていない。このような枝肉は製造部門を一巡するまでには、「プライマル」カット〔部分肉〕やさらに細かい「サブプライマル」カットに製造・加工され、きれいに収縮包装されて箱詰めにされるため、かつて生きていた動物の一部だとはわからない。実際にここでは、肉の部位だけでなく言葉も生まれ変わる。製造部門は生産現場であると同時に隠れたワークショップのフロアでもあり、食肉牛という言葉はステーキに、雌の子牛という言葉はハンバーガーへと、ここでいきなり変化を遂げる。

亜鉛めっき鋼の扉を通ってフロントオフィスから製造部門へ移動すると、様変わりした環境に衝撃を受ける。こちら側にはガラスもスチールも見当たらない。壁は腰の高さまでむきだしのコンクリートで、その上にはオフホワイトのトタン板が天井まで続いている。天井からは直径3フィート〔91センチメートル〕の環形ハロゲンライトがいくつも吊るされているが、この程度の明るさでは壁の最上部はよく見えない。床は粒子の粗いコンクリートで、硬くて湿り気があるだけでなく、水や脂肪の塊で滑りやすい。強烈なフラッシュライトを当ててようやく見える天井は、支柱と同じぐらい大きなコンクリートの横桁で補強されている。自然光が差し込む地点はひとつもない。テーブル、切断装置、エアコンのファン、ホース、レール、光、コンベヤーベルトを取り除けば、風通しの悪い格納庫のような空間には四角いコンクリートの支柱しか残らない。そしてバクテリアの成長を最小限に抑えるために、製造部門の温度は自動冷却システムによって華氏50度〔摂氏10度〕近くに保たれている。

製造部門は、平行に並ぶ6つの「作業台」に分割されている。広いプラスチックのコンベヤーベルトの両側に、平らな金属製の作業台が設置されている。切り分ける肉の部位の作業ごとに、およそ50人の作業員と1人の監督が割り当てられ、滑りにくい高台に肩を並べて立ちながら、作業台に向かって働いている。水圧式や空気式の切断器を使う作業員もいるが、ほとんどは片手持ちのナイフを使う。長さは数インチから1フィート〔30センチメートル〕以上まで様々だ。利き手にはナイフを持ち、もう一方の手にはオレンジ色のプラスチックのグリップが付いた金属製のフックを持って、移動してくるコンベヤーから枝肉を摑んで引き寄せる。

作業員は、セーター、ジャケット、タイツ、パンツの上からフロックと呼ばれる長くて白いコートを着用し、足首までの高さで、つま先にスチールキャップの入った革製の安全靴を履いている。手や腕がナイフで切断されないように、ゴム手袋の上から白い軍手をはめ、前腕はワイヤーメッシュの袖で覆われている。そして頭に白いヘルメットをかぶると、装備一式は完成する。白いフロックを着用した製造部門の作業員は、まるで発明間近の研究員のような様子で、枝肉を切り分けては様々な肉を創造していく。作業着からは、職場が衛生的かつ清潔で、よく管理されていることがわかる。さらに、製造作業が整然と進行しているため、屠体の外見や呼称がいきなり変化してもおかしくないと納得できる。

距離と隠蔽が権力メカニズムとして作用している場所はどこでも、白いフロック姿の作業員が働く製造部門と似たような環境で、忌まわしいものを許容できるものに作り変える肉体作業が進行していると考えてもいいのだろうか。あるいはこの製造部門のような場所では、入ってくるときは鳴き声を上げていた牛が生命を奪われ、きれいに包装された牛肉として出荷されるのと同様に、錬金術師の手にかかったように言語表現も突如として変化すると考えてもいいのだろうか。結局のところ、受け入れがたいものを許容できるものに変化させて心身におぞましさを感じさせないように取り除くことが必要な政治プロセスでは、製造部門のように実体的にも抽象的にもふたつの作業を同時にこなしている。すなわち、組み立てや製造に取り組む一方で、フレーミング〔訳注：ある事柄を説明する際、伝え方や表現を変えることで、相手に与える印象を変えること〕や捏造を行ない、伝説や嘘をでっち上げているのだ。その結果、戦争で殺された罪のない人々は「巻き添え被害者」となり、死刑囚は「処刑され」、国家は「制圧され」、先住民は「掃討作戦」で「分散される」。「標的」は「破壊兵器を使った作戦」で「排除され」「始末される」。捏造の種類は様々で、言葉や想像力が限界まで駆使される。[5]

フロントオフィスから製造部門を覗く窓はブラインドで覆われているが、そこは、一般社会とそこで進行する捏造行為のあいだの、物理的にも言語的にも矛盾した関係を暗示している。捏造行為は人々の知覚を統制することで、ショーマンシップやプライドの源泉になり得るが、このように機能させるためには、捏造行為を支える内部構造を見えない場所にとどめておかなければならない。それでこそフィクションは現実として成り立ち、偽りのストーリーを語る言葉は、現実を反映しているものと見なされる。生産現場では、フィクションが創造されるプロセスを統制することへのプライドと、それを明らかにすることへの警戒心が共存している。

冷蔵室

冷蔵室の入口に魔法を使って瞬間移動すると、つぎのような光景に遭遇するはずだ。臓物を取り除かれた白い枝肉と暗赤色のレバー（肝臓）が、まだ湯気が立ち上る状態のまま、それぞれ専用のラインに吊るされて平行に並び、広いコンクリートの階段を前後左右に揺れながら下りてくる。階段の下から最上部を見上げても、開口部を見ることはできない。揺れ動きながら近づいてくる枝肉と枝肉のあいだには、切断された舌と尻尾がひとまとめにされてフックに吊るされている。一方、レバーのラインの傍らには、レバーを目いっぱい吊るしたカートがいくつも並んでいる。レバーにフックを刺したときの傷からは、血がゆっくりと滴り落ちてくる。冷蔵室は、生きた牛が加工肉に生まれ変わるプロセスの中間地点であり、ナイフを入れられた屠体はまだ完全には解体されていない。尻尾、胴体、舌、レバーなどの部位は原形をとどめている。しかもそれが大量に集まってくるため、かつては大きな体の一部だったとは容易には想像できない。

冷蔵室は複数の大きな部屋から構成される。人気のないツンドラのような場所で、蒸し暑いジャングルさながらの屠室と、管理の行き届いた製造部門を隔てるように位置している。そして製造部門の部屋と同様、壁は腰の高さまでがコンクリートで、その上はオフホワイトのトタン板が天井まで続いている。巨大な四角いコンクリートの柱が等間隔で並び、それを横桁が天井で補強している。窓はなく、外から光も空気も入ってこない。大きなハロゲンランプが何本も、細い金属棒からぶら下げられている。照明の真下は明るく、遠ざかるにつれて暗くなるが、隣のランプの照明で再び明るくなる。ただし、製造部門の部屋のスペースは下から作業台によって区切られているが、冷蔵室のスペースは上から分割されている。冷蔵室では、金属レールが横に隙間なく平行に取り付けられ、レールの両端で別の2本のレールに接続される。この2本のレールは冷蔵室を縦に走り、最後は製造部門へと続くが、数フィート間隔で金属スペーサーが圧入されているため、枝肉は冷蔵室を通って生産部門に運ばれるあいだ間隔を乱さない。この2本の「縦」のレールは、幹線道路のようなものだ。一方のレールで屠室から運ばれてきた枝肉は、24時間から48時間後にはもう一方のレールで製造部門に運ばれていく。枝肉は冷蔵室に置かれているあいだ、何百本も連なる「横」のレールのひとつで、凍った状態で保管される。レール1本につき、48体の枝肉を吊るすことが可能だ。毎朝、まず製造部門に最も近いレールから順番に、冷凍状態の枝肉は縦のレールに移され、製造部門へと運ばれていく。すると、もう1本の縦のレールから屠られたばかりの牛の枝肉が到着し、空になったレールに吊るされるため、レールは再び満杯になる。

冷蔵室への入口は、ディクライン（decline）と呼ばれる階段の下に設置されている。このコンクリートの階段は幅が30フィート〔9メートル〕ほどで、軽量コンクリートブロックの壁に挟まれている。階段を上りきるとトタン板の壁に突き当たり、屠室への開口部が階段と直角に設置されているため、なかの作業は冷蔵室から隠れて進行する。枝肉を運ぶ頭上のレールは、屠室を出て階段の中心まで進むと、鎖歯車によって直角に曲がる。頭上のレールから吊るされた枝肉は、階段の最上段の開口部から屠室を離れ、冷蔵室の入口までゆっくりと下りていく。入口では、高さ15フィート〔4・5メートル〕の重い断熱扉が鎖を外されて開かれている。冷蔵室を断熱状態にしておくため、この扉は休憩時間には閉じられる。閉じると枝肉の流れが途絶えるため、一日の始めや休憩時間のあとに最初の枝肉が到着する前には開けておく必要がある。

毎日作業が開始される時点では、ディクラインは乾いて染みひとつない。しかし一日の終わりには、コンクリートの階段はところどころしか見えない。重さ400ポンド〔181キログラム〕の枝肉が頭上を揺れながら下りてくるため、飛び散る脂肪の塊や血溜まりで階段は埋め尽くされてしまう。就業時間のあいだ、階段はずっと蒸し暑い。頭上のレールの音は騒がしく、枝肉が揺れてぶつかり合う音が終始鳴り響く。このような状態では、階段を上り下りするのにも、頭上で揺れる胴体の下をくぐって横に移動するのにも危険を伴う。

冷蔵室の内部は、温度が華氏33度〔摂氏0・5度〕から34度〔摂氏1・1度〕と、氷点よりもやや高めに保たれている。頭上には横のレールに沿ってスプリンクラーが等間隔に設置され、スイッチは自動的にオンかオフになる。オンのときは運ばれてきた枝肉に水が噴射され、冷凍されるまでの時間が短縮される。冷蔵室の床には、金属格子に覆われた細長い配水管がいくつも走っており、2本のレールにつき1本が準備されている。天井の真下では、巨大なファンの音が耳を弄する。まるでジェット機が高度の低い場所に閉じ込められ、エンジンをかけても永遠に飛び立てないような印象を受ける。ディクラインが冷蔵室の入口に突き当たる場所では、むせかえるような強い刺激臭が鼻をつくが、十分に冷却された冷蔵室のなかには消毒液の清涼感のある臭いが充満している。

枝肉の冷蔵室への出入りを円滑に進行させるために、レーラーと呼ばれる数人の作業員が配置されている。皆が明るい黄色のレインスーツの下に温かい衣服を重ね着し、頭には白いヘルメットをかぶっている。防水性の緑色のゴム手袋の上には、白い軍手をはめている。主な作業道具は、オレンジ色のプラスチックのグリップ付きのふたつの短い金属製のフックで、これを移動してくる胴体に差し込んで動きを止めてから、手で押したり引いたりして縦のレールから外す。冷蔵室の壁には制御ボックスが取り付けられており、レーラーはその油圧スイッチを操作しながら、縦のレールをどの横のレールに接続するか決める。他にも冷蔵室の入口には、ふたりのレーラーが歩哨のように立っている。入口の両側にひとりずつ配置されており、先端にスポンジを付けた長さ15フィート〔4・5メートル〕の金属棒を手に持っている。屠室から運ばれてきた熱くて湿った空気が冷蔵室の冷たい空気とぶつかると、頭上のレールに汚染された水滴が形成される恐れがあるため、スポンジで拭き取るのだ。レーラーは首を伸ばして目当てのものを発見すると、枝肉が階段から冷蔵室に入るまでのスペースも時間もごく限られた状況で、頭上のレールの水滴に長いポールの先端を軽く押し当てる。レーラーのもうひとつの仕事は、特別にタグ付けされた枝肉を見つけたら細菌のランダム検査専用のレールにサンプルとして移動させることだ。あるいは高齢の牛は、牛海綿状脳症（BSE、狂牛病）に感染しているリスクが高いため、やはり専用のレールに移動させなければならない。特別にタグ付けされた枝肉が冷蔵室の入口に近づいてきたら、レーラーには迅速な行動が求められる。専用の横と縦のレールをつなぐスイッチをオンにして、タグ付けされた枝肉が専用レールにまっすぐ向かうように操作する。そのあとは、タグ付けのない枝肉が12秒も経たないうちに運ばれてくるため、すぐにスイッチを切って元通りにしなければならない。

こうして黄色いレインスーツ姿のレーラーは冷蔵室のあちこちや入口に配置されているが、他にも冷蔵室では2種類の作業員が働いている。ひとつのグループは製造部門のすぐ近くに配置され、製造部門の補助的な仕事をこなす。作業員は手持ちサイズのエアナイフを振りかざし、肋骨の真ん中で胴体に水平の切込みを入れ、製造部門で肉を切り分ける作業の準備を整える。もうひとつのグループはディクラインが冷蔵室に入っていく手前に配置され、屠室の補助的な仕事をこなす。ここでは舌、尻尾、レバーなど、包装して出荷するまで余分に冷凍時間が必要とされる部位の処理にあたる。

冷蔵室の過酷な寒さは、思いがけない恩恵をもたらしてくれる。監視がかなり緩くなるのだ。黄色いレインスーツ姿のレーラーにも、屠室や製造部門の補助的な作業員にも、それぞれ現場監督が付いているが、彼らは屠殺場の他のエリアでも必要とされる。冷蔵室で長時間滞在するためには温かい服を重ね着しなければならないが、それでは作業効率が悪くなる。そのため、冷えきった作業場の環境はかなり自由で、特にレーラーは仕事柄、冷蔵室の広いスペースを自由に歩き回ることが許される。黄色いレインスーツ姿のレーラーは、いうなれば屠殺場の無法者で、冷凍されて何列も連なった胴体のあいだや、頭上の照明の明かりが届かない場所に隠れてしまう。こうした監督の目に付きにくい場所では、頭上のレールから水滴をふき取るための長い金属棒が、ちゃんばらや決闘の武器に早変わりして、無警戒の同僚を背後から槍のように突き刺す。胴体から振り落とされてクーラー室の床で瞬く間に固まった脂肪が、拾って投げつけられる。巨大なコンクリートの支柱に寄りかかれば、所定時間外に休憩することができるし、監督や検査官が寒さに震えながら慌ただしく通り過ぎるときは、後ろに隠れていれば見つからない。あるいは、血溜まりをマーカーにして使えば、トタン板の壁をホワイトボードに、嫌われ者の監督を風刺する漫画を描けるし、即席で英語のレッスンを行なうこともできる。屠室と製造部門を隔てる極寒のツンドラのような冷蔵室は、自発性や遊びが許される場所でもあり、そこだけ見ていると、すぐ背後に潜んでいるものの正体を見誤ってしまう。

第3章　屠　室

職務番号3、ノッカー：ノッキングボックスで作業する。腹乗せコンベヤーに乗せられ両脇から締め付けられて動きを制約された牛の額に、エアガンでボルトを撃ち込む。

屠室とフロントオフィスを直接結ぶルートは存在しない。いったん建物の外に出て回り込むのが最短距離だ。さもなければ、ふたつの場所のあいだを移動するには、冷蔵室や製造部門を経由する迂回路を通らなければならない。屠室とフロントオフィスは別の建物にあるわけではないが、物理的な距離はこれ以上ないほど隔たっている。そんな孤立状態は、職場の監視体制にも反映されている。製造部門はフロントオフィスのスタッフによって監督されるが、屠室を管理する責任者のオフィスは屠室内に設けられている。こうして一般社会からも屠殺場の他の部署からも場所や業務が孤立している屠室では、露骨な言葉が使われ、遠回しな表現しか許されない他の部署と一線を画している。屠室というのは、そのものずばりの名称であり、これによって動物の命を奪うインサイダーと、屠殺場の他の部署や一般社会のアウトサイダーとのあいだに距離が創造されている。アウトサイダーは命を奪う行為から直接的な恩恵を受けても、自らは一切関与しない。

いまや肉は特徴のない画一的なパッケージに入れられ、ラップで包まれて出荷されるが、それと同様に言葉も、好ましくない表現を避け、オブラートに包み、無難なものに置き換えられる時代になった。屠室という言葉を使うのは、騒々しい鶏を連れてディナーパーティーに現れ、ワインを楽しむゲストでいっぱいのリビングルームで鶏の首を絞めてからキッチンで死体を鍋に放り込むようなものだ。実際、食肉産業や畜産学関連の教科書では、屠殺は「収穫（harvesting）」、屠室は「収穫部門（harvesting department）」と呼ぶように学生を指導している。しかし、オーウェル的な再教育の試みは成功しなかったようで、動物の命を奪う場所には屠室という不快な表現が、正式な名称に限らず使われ続けている。そして作業員は屠室作業員と呼ばれ、本人たちも何のこだわりもなく自分たちをそう呼んでいる(1)。

このように呼称の違い、すなわち言葉の魔法によって、屠室は製造部門からかけ離れた世界になっているが、屠室の労働環境、ドレスコード、監督・検査体制も他とは異なる。製造部門のなかはほぼ一定の温度に保たれ、枝肉は冷蔵室で急速冷凍されるため、筋肉の血液も凝固する。内臓はすべて取り除かれており、寒さによって臭いはほとんどなくなる。冷蔵室と製造部門は固体を処理するため、染み出てくる液体を扱う屠室よりも衛生的だ。屠室には、血液、尿、糞便、嘔吐物、脳みそ、胆汁などの液体が常に存在している。床、壁、機械、ナイフ、衣服、そして作業員の体にも、何らかの液体が飛び散っている。製造部門は乾いた冷たい空気が充満しているが、それとは対照的に、屠室の空気は熱くて湿っている。屠体が切り開かれるたびに、熱や湿気が室内に放出されるのだ。屠室の臭いは場所ごとに異なるが、どれも生き物の臭いである点は共通している。屠られた直後から冷凍されるまで、どの段階でも糞便、尿、脳みそ、血液の臭いが混じり合っている。

製造部門で進行する動物の均質化は、規律正しくて決まり事が多く、予測可能な生産体制のもとで進められる。対照的に、トラックから降ろされて屠室の生産プロセスに生きた状態で放り込まれる動物は、それぞれ体格もサイズも様々で、個性が強くてユニークだ。キルボックスへと続くシュートに追い立てられて後ずさりする牛、極度の疲労や病気で倒れ込んでしまう牛、角を切り取るのに苦労する牛、腹部が膨らんでいまにも出産しそうな牛、規格外れに大きな牛、予想外に小さな牛など様々だ。このように独自性が強く、不規則性が定常化している状態が、屠室では当たり前なのだ。ここは冷蔵室と同様、個性を消し去ったうえで、料理の材料を作り出す。冷蔵室に到着する時点では、皮膚、角、性器など、個性が発揮される部位が枝肉からすべて取り除かれているが、冷蔵室では均質化がさらに徹底される。枝肉はどれも温度が統一され、隣同士で区別がつかず、どこから見ても同じものが何千も連なっている。こうして枝肉は、肉「製品」に作り変えられる準備が整うのだ。

製造部門では、お揃いの白いフロックを着た作業員が横一列に肩を並べて立っているため、全員が一斉に同じ作業をこなしているような印象を受ける。対照的に、屠室は作業員の人数が少なく、互いのあいだは少なくとも1フィート〔30センチメートル〕から2フィートは離れている。製造部門と比べてフロアスペースははるかに広いが、作業員の人数は半分強にすぎない。さらに屠室の作業員のほうがひとり当たりに割り当てられるスペースが広く、体を自由に動かせる（ただし自由とはいっても、ラインのスピードにかなり制約される）。このように作業員の密集度が製造部門と異なるのは、屠室の場合、大きな動物を殺して皮を剥ぎ、内臓を取り出す作業を順番にこなすからでもある。皮を剥ぐ前に命を奪い、内臓を取り出す前に皮を剥ぐなど、ひとつずつ進めていかなければならない。動物が屠られ、皮を剥がされ、内臓を取り出されてようやく、複数の生産ラインの同時進行は可能になる。

屠室作業員の服装は自由だ。大体はTシャツで、無地のものもあれば、「イエスキリストは人生を変えてくださった（Another life changed by Jesus Christ)」といったメッセージ付きのものもあるし、夢に思い描く素晴らしい人生のイラストがプリントされたものもある。たとえば、高級なオープンカーの後部座席で美しいカップルがキスしているイラスト、肌もあらわな女性のイラストの下に「夢の女（My Dream Woman)」という言葉がプリントされたものなどがある。製造部門の雰囲気は暗く、活気がほとんどない。すぐ近くで隣の作業員が働いているが、誰もが黙々と仕事に精を出し、会話を交わすことも視線を合わせることもない。これに対し、屠室の雰囲気はもっと騒々しい。歌や叫び声や口笛がしょっちゅう響き渡り、同じラインで働く作業員同士の会話もめずらしくない。監督の目が行き届かない場所では、作業員は脂肪の塊を投げ散らかし、輪ゴムを撃ち合って遊んでいる。

これだけ職場環境が異なると、監督管理の方法も異なる。製造部門では、複数の作業台が平行に配置されていて作業員同士の距離が近いため、監督が容易である一方、作業員にとっては監督の行動が予測しづらい。製造部門の監督は高い場所から目を光らせている。そのためほぼ全員の行動を確認できるし、作業員は監視されていても気づかない。これに対し、屠室では作業が順を追って進められるため、監督するのは難しいが、作業員は監督の行動を予測しやすい。向こう側で何が進行しているか確認するために、監督はいちいち歩いていかなければならない。そして監督が近づいてくると、作業員は口笛や顔の表情や手ぶりで情報を伝える。米国農務省の検査体制に関しても、製造部門と屠室のあいだには顕著な違いが存在する。製造部門では生産プロセスが均一で規則正しいため、連邦食用獣肉検査官を1名派遣すれば全体を十分に監督できる。これに対して屠室では、個性豊かな動物を処分しなければならないため、最低でも9人の検査官が常に必要とされる。

ひとつの決められた作業をこなし続ける製造部門や冷蔵室とは異なり、屠室はふたつのフロアに分かれている。生きた牛や屠体や臓物の処理に関わる中心的な作業は、2階で進行する。これに対し、機械修理室、フック洗浄室、化学薬品貯蔵庫、箱の加工機、ボイラー室、空気圧縮機、ペットフード保管室など補助的な設備は1階にまとめられている。

図2「屠室の概観」には、産業屠殺場の屠室の全体図を記した。一方、図3~7では、全体像を構成する複数のエリアの詳細が記されている。オリジナルは、何カ月にもおよぶフィールド調査で私が苦労のすえ仕上げた手書きの図で、現代の屠室で作業や空間がどのように分割されているのか、窺い知ることができると思う。図のなかの円は、作業員が働く場所を表している。円のなかに記されている1から121までの番号は、屠室での作業の種類だ。なかには複数の円に同じ番号が記されているケースがあるが、この場合は複数の作業員が同一の作業に従事することを表している。屠室での仕事は流れ作業で順番に進行する。まずは生きた状態で運ばれてきた牛を荷下ろしして、体重を測定する。屠室で屠られて解体された枝肉は専用のラインで冷蔵室に運ばれた後、今度は冷凍状態で製造部

門に運ばれる。104番から121番までは、内臓や足を処理する補助的な仕事や衛生面でのサポートに従事する作業員を表している。図のあちこちに伸びている太い黒線は頭上を走るレールで、屠られた牛の屍体が吊るされて運ばれていく。それ以外にも全体図に示されているように、屠体から切断されて取り除かれた様々な部位が、他の複数のラインで運ばれていく。監督、品質管理作業員、農務省検査官は、それぞれ異なるパターンで表示されている。そして巻末の付録Aでは、各番号に割り当てられた作業を具体的に説明している。番号と同様にこの説明も、作業の様子を数カ月にわたって私が観察したすえに完成させたものだ。

図のなかの数字と付録Aの説明を突き合わせれば、現代の屠殺場で作業や空間がどのように分割されているのか、十分に理解することができる。屠室の地図で牛がたどる道を1番の作業から追跡し、牛が何をされ、屠室を移動するうちに個体がどのように変化していくのか想像してみよう。牛はどの時点で殺されるのか。尻尾、蹄、皮、頭、心臓、肺、肝臓、腸をどの時点で失うのか。さらに各作業員は、屠室で割り当てられた場所から、何を見ることができるのか考えてみよう。移動してくる動物の屠体は、各作業員にはどのように見えているのだろうか。たとえば8番の「スティッカー」と84番の「スパイナルコード・リムーバー」では見方が異なるし、84番と111番、すなわち「オマサム・アンド・トライプウォッシャー・アンド・リファイナー」のあいだでも、見方はずいぶん変わってくる。121種類の職務があれば、121種類の見方があり、121種類の異なる経験が存在する。

屠室の空間全体を様々な角度から眺め、物理的な特徴・機能・経験などに基づいて対照的なふたつ

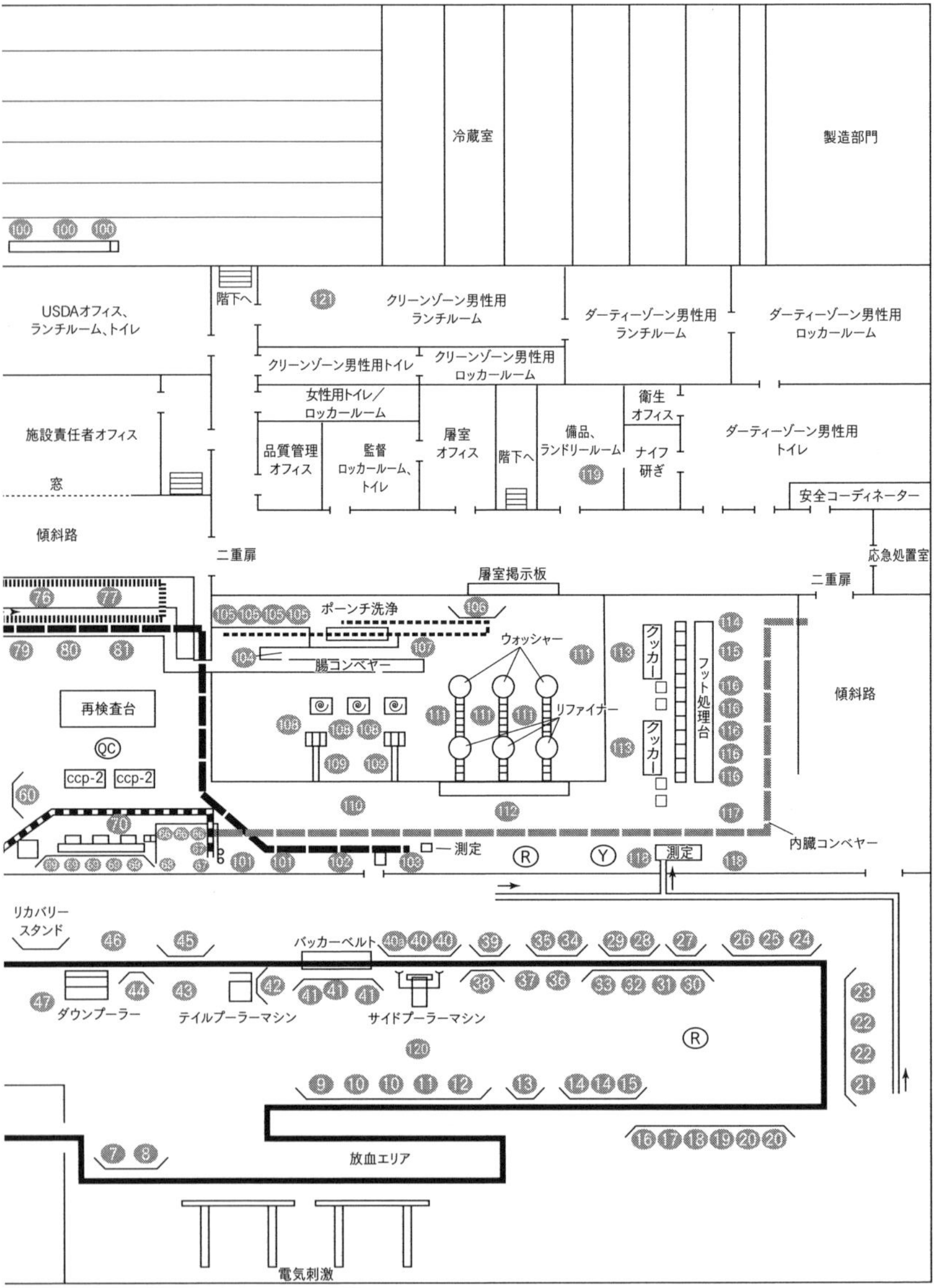
冷蔵室
製造部門
階下へ
クリーンゾーン男性用
ランチルーム
ダーティーゾーン男性用
ランチルーム
ダーティーゾーン男性用
ロッカールーム
USDAオフィス、
ランチルーム、トイレ
クリーンゾーン男性用トイレ
クリーンゾーン男性用
ロッカールーム
女性用トイレ／
ロッカールーム
衛生
オフィス
施設責任者オフィス
品質管理
オフィス
監督
ロッカールーム、
トイレ
屠室
オフィス
階下へ
備品、
ランドリールーム
ナイフ
研ぎ
ダーティーゾーン男性用
トイレ
窓
安全コーディネーター
傾斜路
二重扉
応急処置室
屠室掲示板
二重扉
ポーンチ洗浄
ウォッシャー
腸コンベヤー
クッカー
フット処理台
傾斜路
再検査台
QC
ccp-2
ccp-2
リファイナー
クッカー
内臓コンベヤー
測定
R
Y
測定
リカバリー
スタンド
パッカーベルト
ダウンプーラー
テイルプーラーマシン
サイドプーラーマシン
R
放血エリア
電気刺激

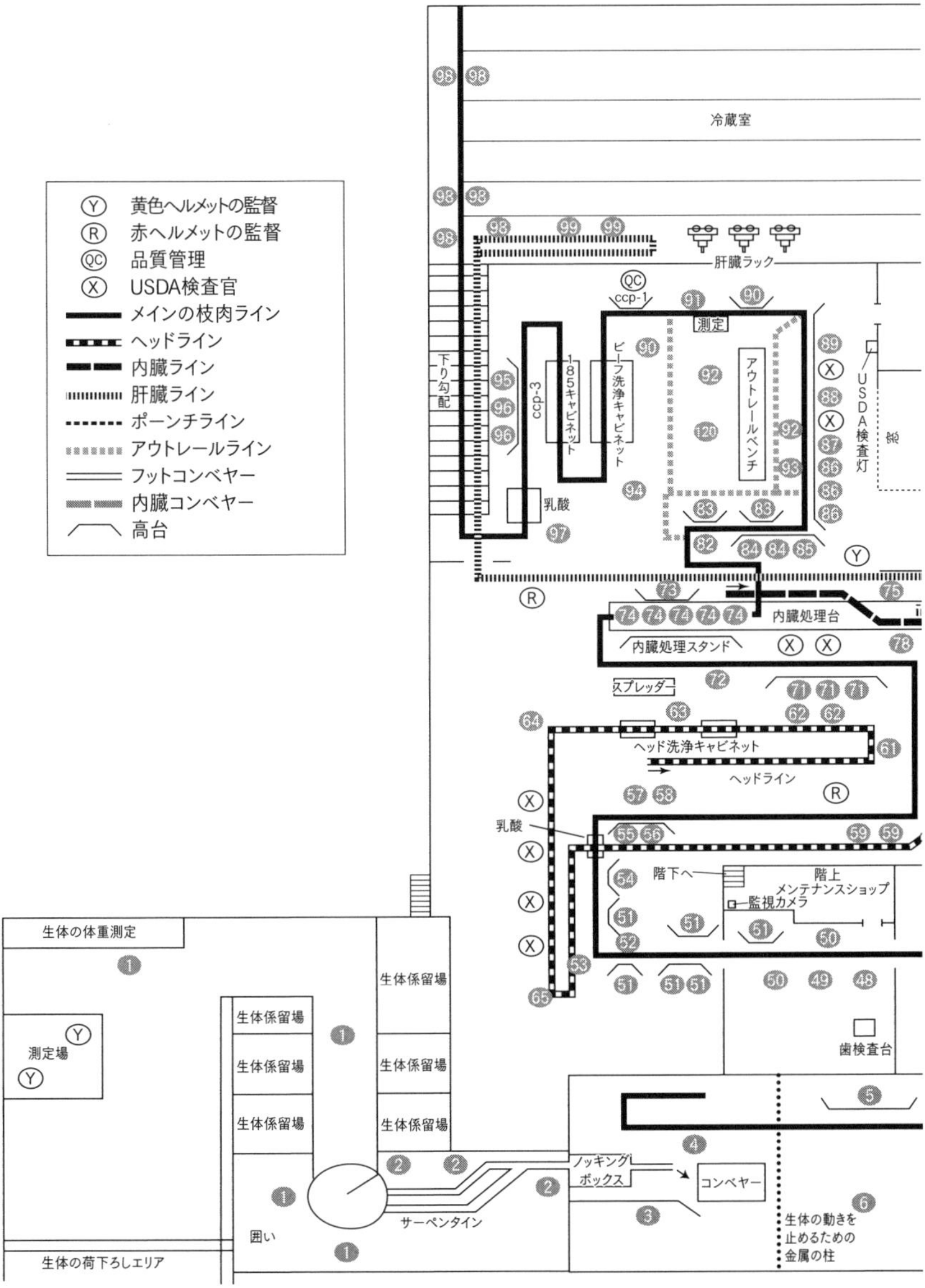

黄色ヘルメットの監督
赤ヘルメットの監督
品質管理
USDA検査官
メインの枝肉ライン
ヘッドライン
内臓ライン
肝臓ライン
ポーンチライン
アウトレールライン
フットコンベヤー
内臓コンベヤー
高台
冷蔵室
肝臓ラック
ccp-1
測定
アウトレールベンチ
ビーフ洗浄キャビネット
185キャビネット
ccp-3
下り勾配
乳酸
USDA検査灯
内臓処理台
内臓処理スタンド
スプレッダー
ヘッド洗浄キャビネット
ヘッドライン
階下へ
階上
メンテナンスショップ
監視カメラ
歯検査台
生体の体重測定
測定場
生体係留場
囲い
サーペンタイン
ノッキングボックス
コンベヤー
生体の動きを止めるための金属の柱
生体の荷下ろしエリア

図2　屠室の概観

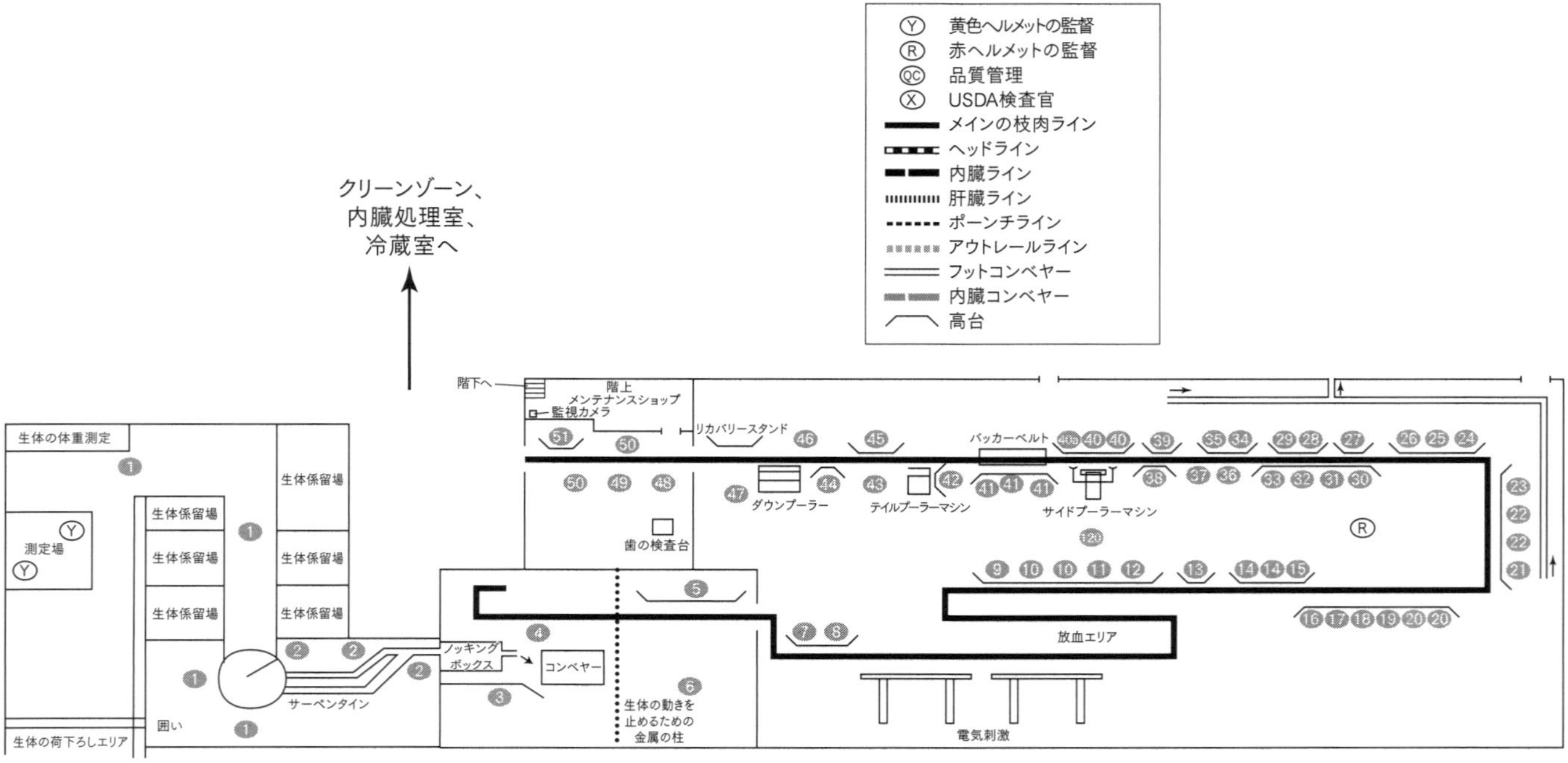
クリーンゾーン、
内臓処理室、
冷蔵室へ
Y 黄色ヘルメットの監督
R 赤ヘルメットの監督
QC 品質管理
X USDA検査官
メインの枝肉ライン
ヘッドライン
内臓ライン
肝臓ライン
ポーンチライン
アウトレールライン
フットコンベヤー
内臓コンベヤー
高台
階下へ
階上
メンテナンスショップ
監視カメラ
リカバリースタンド
バッカーベルト
生体の体重測定
測定場
生体係留場
生体係留場
生体係留場
生体係留場
生体係留場
生体係留場
生体係留場
ダウンプーラー
テイルプーラーマシン
サイドプーラーマシン
歯の検査台
ノッキングボックス
コンベヤー
サーペンタイン
囲い
生体の荷下ろしエリア
生体の動きを
止めるための
金属の柱
放血エリア
電気刺激

図3　ダーティーゾーン

の要素を組み合わせてみると、屠殺が順序だてて進行するプロセスへの理解が確実に深まる。たとえば内側と外側、生と死、クリーンゾーンとダーティーゾーン、メインラインと補助ライン、2階と1階、監督と作業員といった分け方が可能だ。こうして分類してみると、屠室では作業や空間の分断が徹底していることがよくわかる。

内側／外側

牛をトレーラーから荷下ろしするエリアと係留場は外側、牛が屠られて解体される作業場は内側に分類される。荷下ろしエリアと係留場（檻）は、厳密には屋外ではなく、半閉鎖型の構造物のなかにある。コンクリートの壁は頭までの高さしかなく、その上に取り付けられた何本もの金属棒でブリキの屋根が支えられている。そのため壁と屋根のあいだには隙間が空いているが、壁が頭の高さまであって外からなかを覗くことはできない。荷下ろしエリアの床はレンガのブロックで、複数の係留場に分割され、いずれも金属パイプで囲まれている。係留場には4人の作業員（地図では1番）が待機している。出荷者ごとにひとつの檻に閉じ込められた牛は、作業員によって円形の囲いに移動させられる。この囲いには大きなゲートがあって、ゲートの幅はローラーで調節可能だ。幅を「圧縮」して狭めれば、なかの牛は窮屈になり、2本の曲がりくねったシュート（2番の近く）のどちらかに追い込まれる。2本のシュートは次第に狭まり、最後は1本になって、室内のノッキングボックスへと向かう。

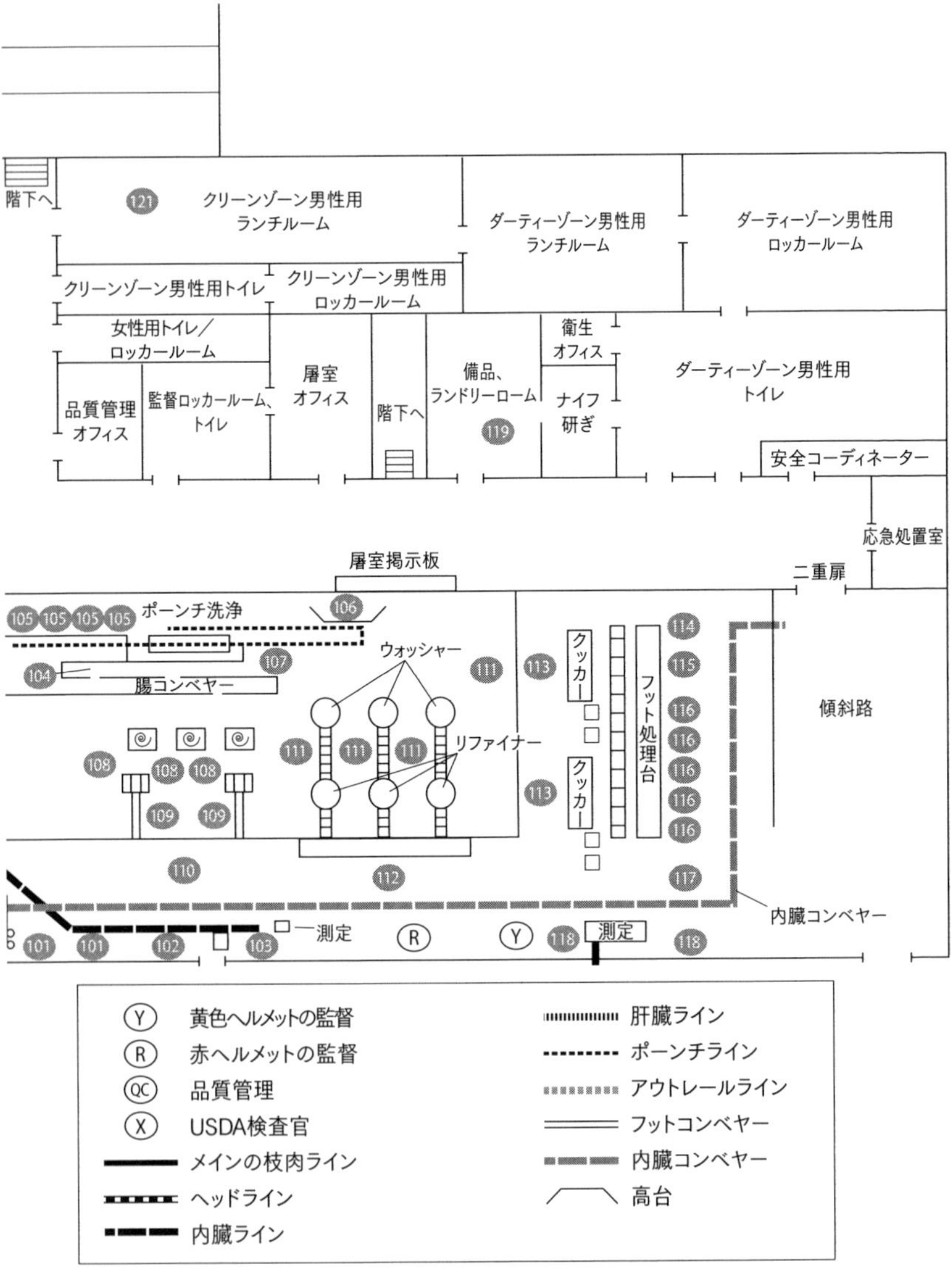

階下へ
121
クリーンゾーン男性用ランチルーム
ダーティーゾーン男性用ランチルーム
ダーティーゾーン男性用ロッカールーム
クリーンゾーン男性用トイレ
クリーンゾーン男性用ロッカールーム
女性用トイレ／ロッカールーム
品質管理オフィス
監督ロッカールーム、トイレ
屠室オフィス
階下へ
備品、ランドリーローム
119
衛生オフィス
ナイフ研ぎ
ダーティーゾーン男性用トイレ
安全コーディネーター
応急処置室
二重扉
屠室掲示板
105 105 105 105
ポーンチ洗浄
106
104
107
腸コンベヤー
ウォッシャー
111
113
クッカー
フット処理台
114
115
116
傾斜路
108
109
111
リファイナー
110
112
117
内臓コンベヤー
101
102
103
測定
R
Y
118
測定
118
Y 黄色ヘルメットの監督
R 赤ヘルメットの監督
QC 品質管理
X USDA検査官
メインの枝肉ライン
ヘッドライン
内臓ライン
肝臓ライン
ポーンチライン
アウトレールライン
フットコンベヤー
内臓コンベヤー
高台

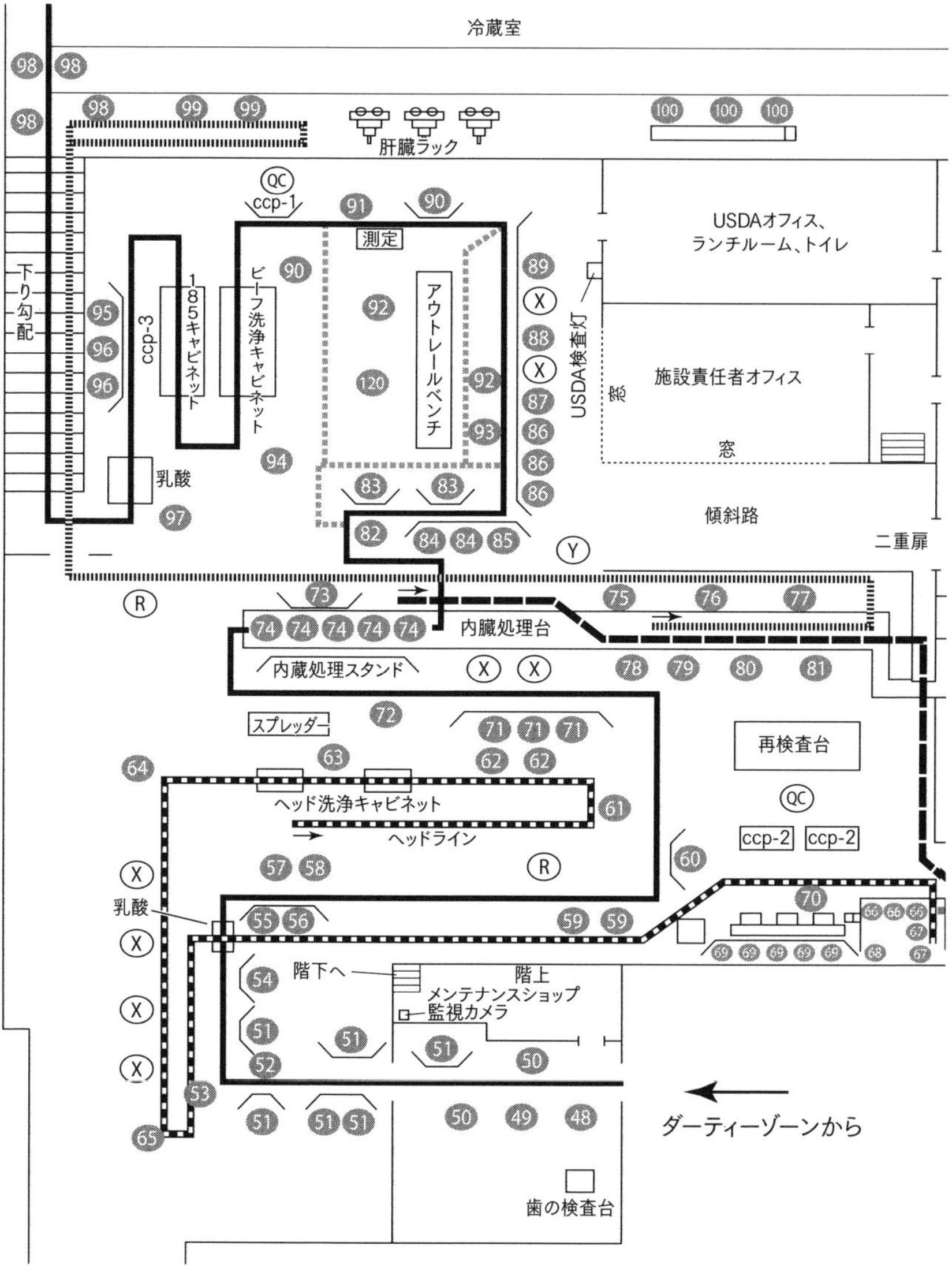
冷蔵室
肝臓ラック
QC
ccp-1
測定
アウトレールベンチ
USDAオフィス、
ランチルーム、トイレ
USDA検査灯
施設責任者オフィス
窓
窓
下り勾配
ccp-3
185キャビネット
ビーフ洗浄キャビネット
乳酸
傾斜路
二重扉
内臓処理台
内蔵処理スタンド
スプレッダー
再検査台
QC
ccp-2
ccp-2
ヘッド洗浄キャビネット
ヘッドライン
乳酸
階下へ
階上
メンテナンスショップ
監視カメラ
ダーティーゾーンから
歯の検査台

図4　クリーンゾーン

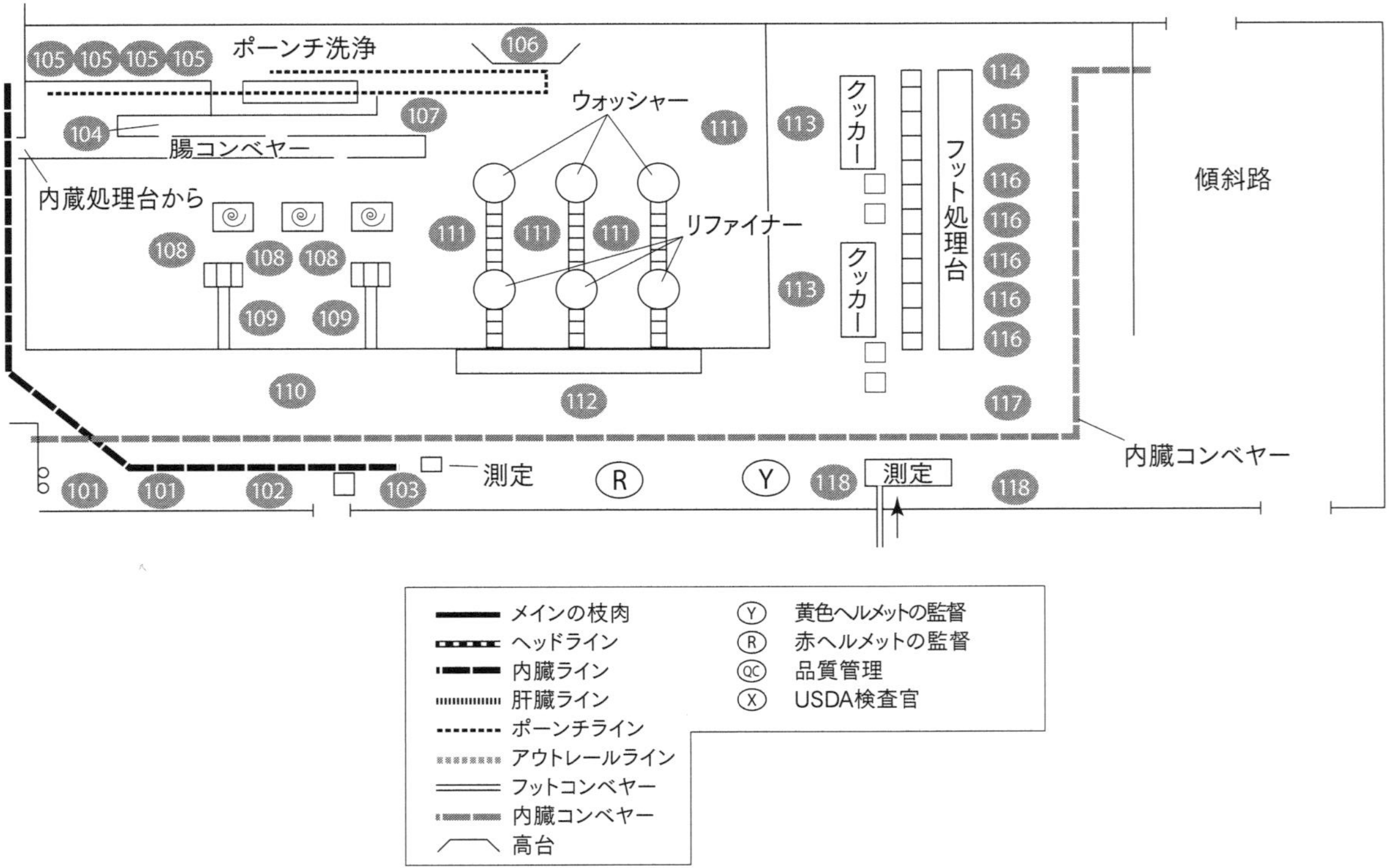

105
105
105
105
ポーンチ洗浄
106
104
107
腸コンベヤー
内蔵処理台から
ウォッシャー
リファイナー
108
108
108
109
109
111
111
111
111
110
112
113
113
クッカー
クッカー
フット処理台
114
115
116
116
116
116
116
117
傾斜路
内臓コンベヤー
101
101
102
103
測定
R
Y
118
測定
118
メインの枝肉
ヘッドライン
内臓ライン
肝臓ライン
ポーンチライン
アウトレールライン
フットコンベヤー
内臓コンベヤー
高台
Y 黄色ヘルメットの監督
R 赤ヘルメットの監督
QC 品質管理
X USDA検査官

図5　内臓・フット処理室

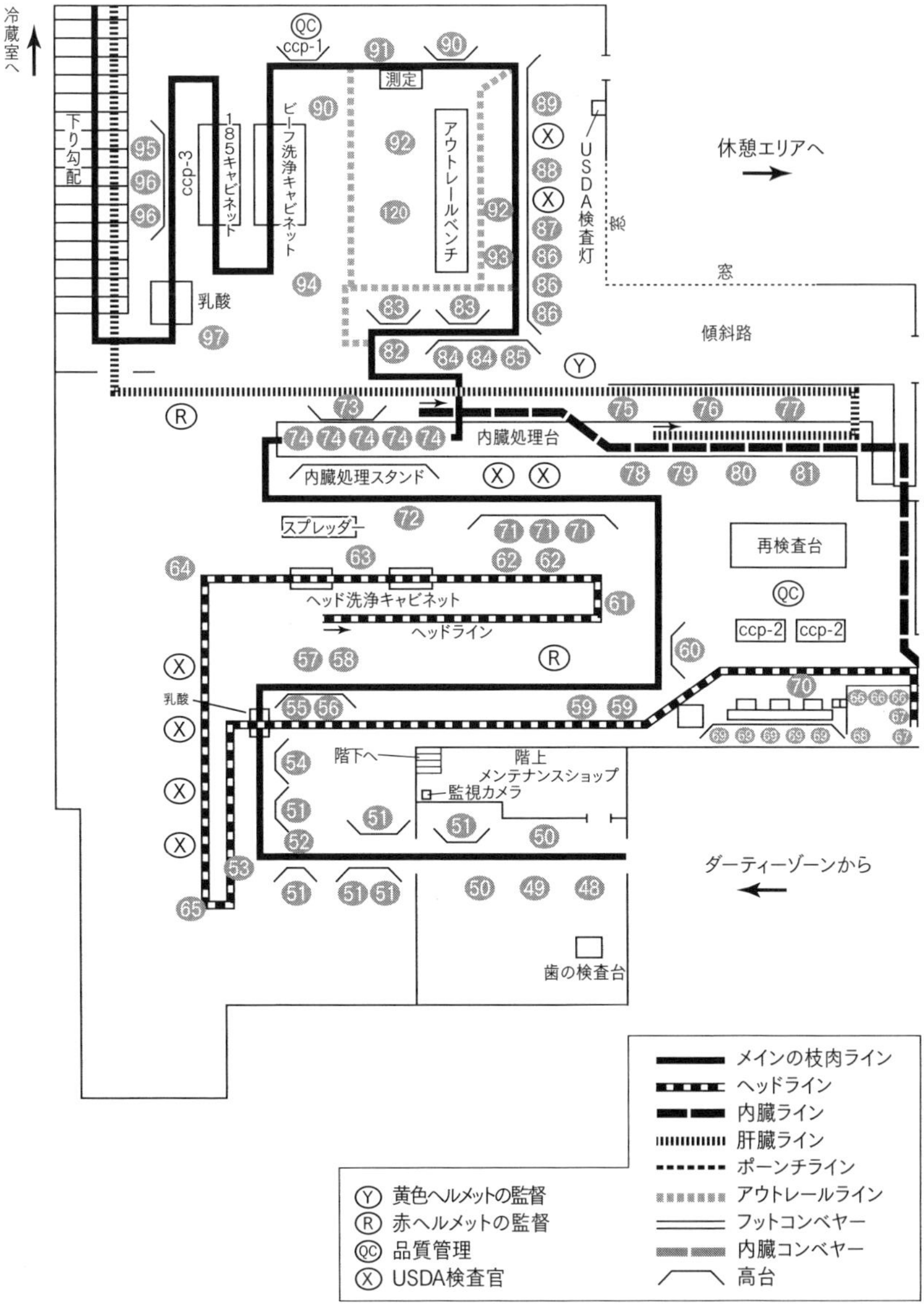

図6　クリーンゾーン、メインの枝肉ライン

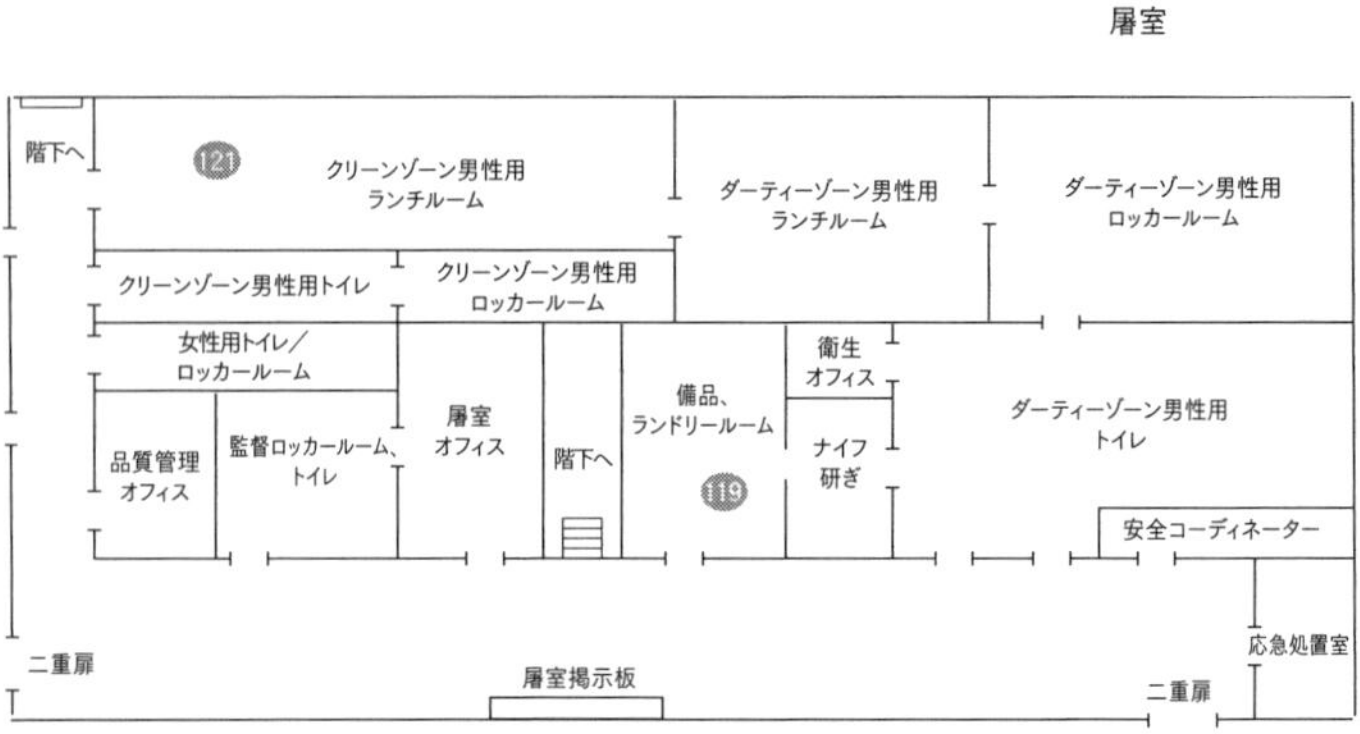

図7　休憩室、オフィス

農務省の食品安全の観点から言えば、外側と内側は厳密に区別して「交差汚染」を回避しなければならない。有害なバクテリアが外部から内部に持ち込まれては困る。しかし実際のところ、ふたつの空間をまたいだ移動は継続的に行なわれている。そもそも、生きた牛はシュートから羽蓋を通過してノッキングボックス（3番の近く）へと移動し、屠殺場の内部に入っていく。また、係留場やシュートの作業員は、トイレやロッカールームや食堂を利用するため、製造現場のなかを歩いていく。さらに農務省検査官も、係留場に閉じ込められた牛の生体検査を行なうため、係留場と屠室の内部を行き来する。

生／死

屠殺場で生と死を隔てる正確な地点は、打額・放血エリア（8番の近く）のどこかに位置するが、実際に牛を屠る作業は建物の壁の内側に入ってから始まり、そこからさらに50フィート〔15メートル〕ほど、ラインに沿って進行する。屠るプロセスは2段階から成り、互いに相手の作業を直接見ることはできない。第1段階はノッキングボックス、第2段階はプレスティッカー（7番）とスティッカー（8番）でなされる。

追い込み口に入った牛は、サーペンタイン〔曲がりくねった通路〕を歩かされる。建物の外側と内側を隔てる羽蓋を通過すると、向こう側は金属の傾斜路になっていて、そこから大きくて真っ暗な金属製の箱に向かって下りていく。このノッキングボックスに入る直前、牛はノズルからミストをスプレーされる。傾斜路はここまでで、その先は逆U字形の金属製のコンベヤーとなり、牛は腹部を下から支えられ、脚は宙づり状態になる。ノッカー（3番）は油圧でコンベヤーの動きを調節し、ノッキングボックスの幅を狭めて牛を締め付ける。ノッカーがボタンを押すと、金属製のコンベヤーは前進し、牛の頭が長方形の箱の外に飛び出す。もし牛が暴れまわって抵抗するようなら、幅をさらに狭める。コンベヤーに吊るされて両脇を絞めつけられた牛は、頭しか動かすことができない。

こうして牛が動けなくなると、ノッカーは長い金属製の空気銃を手に取る。この空気銃は、カウンタバランス型ケーブルによって、頭上のバーからぶら下げられている。銃は円筒形で、長さはおよそ1フィート〔30センチメートル〕、直径は8インチ〔20センチメートル〕、重量は10ポンド〔4・5キログラム〕ほどだ。ノッカーは銃を構えると、牛の頭が動かない一瞬を捉えて眉間の部分に押し付ける。銃の筒先を牛の額に押し付けた圧力で安全装置が解除され、空気銃は作動する。ノッカーが引き金を引くと、長さがおよそ5インチ〔12センチメートル〕、直径が1インチ〔2・5センチメートル〕の円筒形のスチールボルトが飛び出す。ボルトは牛の頭蓋骨に侵入してから、すぐに引っ込む。ボルトが発射されるときには、プシュー、プシューという衝撃音が聞こえる。ボルトが引っ込むと、頭蓋骨に開いた穴から灰色の脳みそが飛び出し、ノッカーの衣服や腕や顔に飛び散ることも多い。数秒後には傷口から血液がほとばしり、酸化してえび茶色になった液体が泡立ちながら流れる。牛の頭がいきなり垂れ下がるときもあり、そうなると頭は金属製のコンベヤーにぶつかるか、（隣の牛とのあいだの距離が短ければ）前にいる牛の臀部に衝突する。あるいは首が硬直して頭が不自然な形で固定され、顔が宙を見上げている牛もいる。そうなると、首と頭は痙攣を起こしたかのように激しく震える。頭が垂れ下がるにせよ首が硬直するにせよ、牛の目は通常はどんよりと曇り、舌は口から垂れ下がっていることが多い。スチール製のボルトのパワーや角度や侵入した位置によっては、牛が意識を失わないことがある。そうなると大量に出血して暴れまわる牛に向かって、再び銃を打ち込まなければならない。

銃を発射してからノッカーがコンベヤーを動かすと、牛は別のコンベヤーに落下する。こちらは緑色のプラスチック製で、幅は広く、金属製のコンベヤーのおよそ5フィート〔1・5メートル〕下を走っている。この時点で牛は意識がないため、頭から落ちることが多く、歯が折れることや舌を嚙んでしまうこともある。牛がプラスチック製のコンベヤーに落下してくると、シャックラー（4番）が左の後ろ脚に金属製のフック付きチェーンを巻き付ける。このチェーンは、車輪を介して頭上のレールと連結している。レールが車輪を前進させると、牛は左の後ろ脚から宙に持ち上がり、最後は頭を下にして垂直にぶら下がる。この時点では、右の後ろ脚と2本の前脚が盛んに動くことが多く、まだ生きていて意識があるような印象を与える。しかし食肉産業の刊行物によれば、こうした動きは純粋に反射的なもので、意識があるわけではない。意識の有無を確認する手がかりは、舌と目だという。まだ意識を失っていない牛はしばしば嘔吐する。緑がかった悪臭のする吐しゃ物が床に堆積し、頭の傷から流れてくる血液と混じり合う。

この時点では、間隔を開けるための装置が頭上のレールに取り付けられていないため、牛を等間隔に吊るすことができない。そのため牛は密集状態のまま、チェーンで固定された脚は動かさず、残りの脚を一斉にばたつかせている。そして床には、頭上から落ちてくる赤い血液と緑色の液体が一面に広がる。しかしつぎに、高台に乗って待機しているインデクサー（5番）が、長い金属棒を使って牛同士の距離を等間隔に空けてから、ドッグと呼ばれる金属製の輪をレールに差し込む。1頭の牛の両側にドッグが等間隔に差し込まれるため、このあとラインで待ち構える作業員は、一定のリズムに従って作業を進めることができる。他にもインデクサーは、銃で撃たれたあとも意識が残っている徴候を見せている牛がいないか観察する。起き上がろうとする牛、刺激に対して反射的に瞬きする牛、口から弛緩した舌を突き出していない牛は、意識が残っている。いずれかの徴候に気づいたら、インデクサーは家畜銃を手に取る。銃には22ロングライフル弾のような弾薬が込められていて、それが牛の頭めがけて発射される。ノッカーの銃はプシュー、プシューと静かな音を立てるが、こちらはライフルの発射音のような鋭い音が響き渡り、火薬の刺激的な臭いが空気中に充満する。

インデクサーのエリアを通過すると、頭上のレールは2回、直角に曲がる。最初に曲がるとき、レールは壁の後ろに回り込むため、屠室でつぎの作業が進められる場所からは、ノッキングボックスとインデクサースタンドが見えなくなる。そして2回目に直角に曲がると、頭上のレールは最初と同じ向きに戻る。ここにはプレスティッカー（7番）とスティッカー（8番）が待機しており、ノッキングボックスやインデクサーとのあいだは壁で隔てられている。プレスティッカーとスティッカーは、同じ高台に乗って作業を行なう。牛が近づいてくると、プレスティッカーはナイフを手に取り、牛の首の部分を垂直に切り開く。牛はまだ反射的に脚を動かしているため、蹴られないように横から近づかなければならず、ナイフを持たないほうの手は顔の前にかざすことが多い。こうして態勢を整えてから、プレスティッカーは前進して首に切込みを入れ、できるだけ速く安全な場所まで後退する。

スティッカーは、プレスティッカーからおよそ3フィート〔0・9メートル〕離れた場所で待機している。プレスティッカーが入れた垂直の切込みにハンドナイフを突っ込み、頸動脈と頸静脈を切断する。すると大量の血がほとばしり、滑り止め付きの高台から床へと流れ出していく。熟練したスティッカーともなると、どれくらいの量の血液がどの方向に流れるか正確に予想して、血まみれになる事態を防ぐことができる。

正確には、頸動脈と頸静脈を切断してとどめを刺した直後、電気刺激処理と放血が行なわれるエリアのどこかで牛の命は奪われる。このエリアでは、頭上のレールはS字形にカーブしている。レールの真下には金属の網をかぶせた溝があって、上からこぼれてくる血のほとんどを受け止め、床に設置されたタンクに排出する。貯蔵された血液は、のちに販売される（牛の体の部位の様々な用途に関しては、付録Bを参照）。電気刺激装置は、電気を帯びた2本の金属製のクロスバーから成り、側壁に固定されている。ここを通過するときに牛がバーに触れると、電圧の衝撃で大きく揺れ動き、死にかけていた心臓が刺激されるため、血液は体内を循環したあとに、切断された静脈から体外に出てゆく。尻尾を切断するテイルリッパー（9番）の作業場に牛が到着するまでには、完全に命を失っているはずだ。

図8を見ればわかるが、屠室では生と死の空間が厳格に隔てられなければならない。牛は予定より早く死んでも、逆に生き長らえても問題が生じる。たとえば牛が病気持ちだったり、疲労困憊していたり、何度も電気ショックを受けてストレスを募らせていたりすると、ノッキングボックスへと続く曲がりくねったシュートの途中で倒れてしまうことがある。もし、牛がふたつの追い込み口が合流してまもない地点で気絶すると、生きた牛が屠殺場に入っていく通路は完全にふさがれ、深刻な危機を招く。

あるいは、ノッカーがボルトを額に打ち込んでも牛が気絶しないときに、金属製のコンベヤーをすぐに止めないと、牛はまだ意識のある状態で緑色のプラスチックのコンベヤーに落下していく。そうなると通常、牛はコンベヤーから飛び出して屠室を走り回るが、頭上では気絶した牛が脚にチェーンを巻かれてぶら下がり、床には血液や吐しゃ物が撒き散らされ、強烈な臭いが充満しているためパニックに陥る。これは決してめずらしいことではないため、逃げ出した牛が屠室の他の場所に行かないように、ノッキングボックスとインデクサースタンドのあいだ（地図上の点線）には金属製の囲い

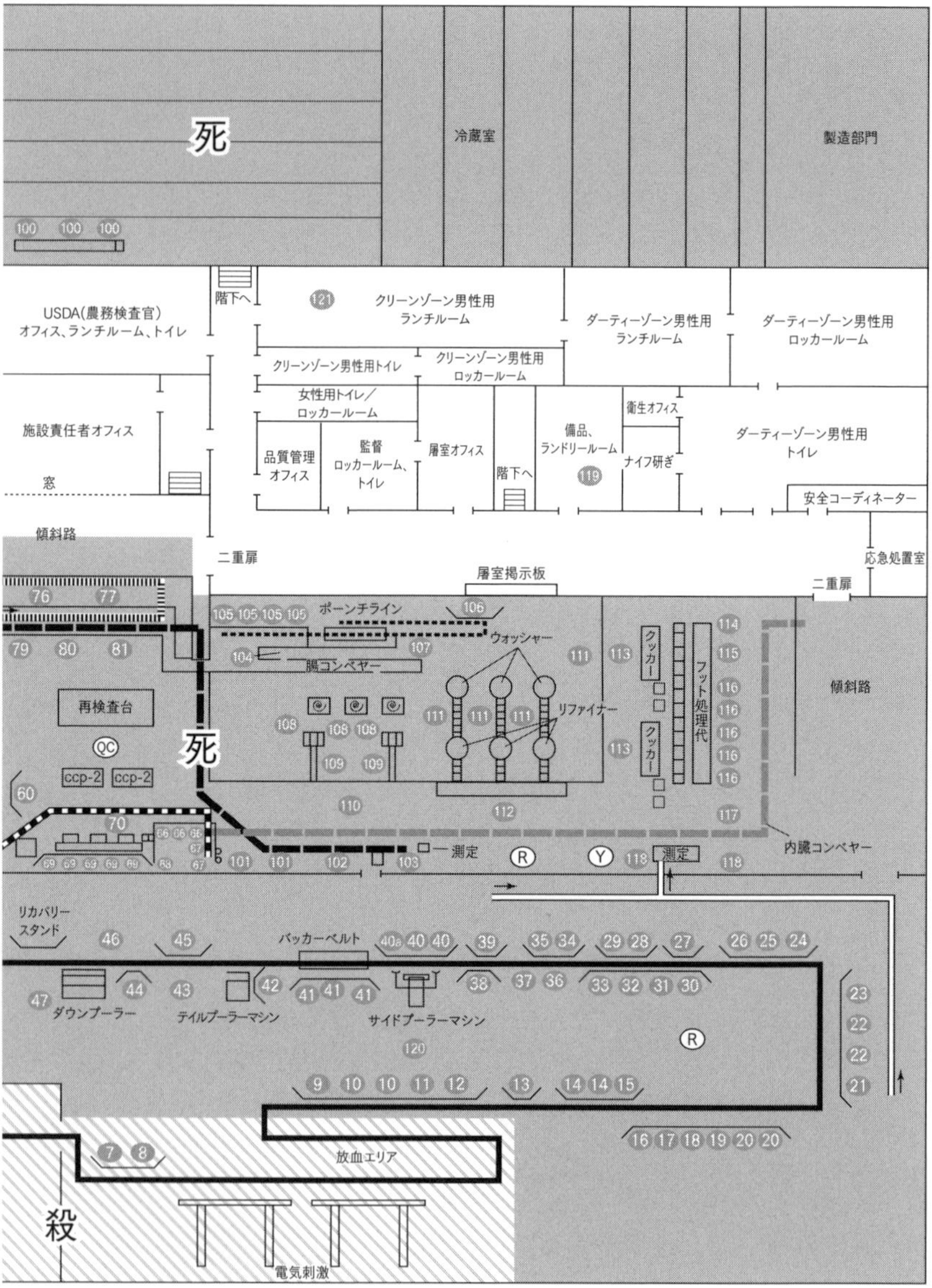

死
冷蔵室
製造部門
100 100 100
階下へ
121
クリーンゾーン男性用
ランチルーム
ダーティーゾーン男性用
ランチルーム
ダーティーゾーン男性用
ロッカールーム
USDA(農務検査官)
オフィス、ランチルーム、トイレ
クリーンゾーン男性用トイレ
クリーンゾーン男性用
ロッカールーム
女性用トイレ／
ロッカールーム
衛生オフィス
施設責任者オフィス
備品、
ランドリールーム
ダーティーゾーン男性用
トイレ
品質管理
オフィス
監督
ロッカールーム、
トイレ
屠室オフィス
階下へ
ナイフ研ぎ
119
窓
安全コーディネーター
傾斜路
二重扉
応急処置室
屠室掲示板
二重扉
76 77
79 80 81
105 105 105 105
ボーンチライン
106
107
ウォッシャー
104
腸コンベヤー
111
113
クッカー
フット処理代
114
115
傾斜路
再検査台
108 108 108
111 111 111
リファイナー
116
QC
死
109 109
113
クッカー
ccp-2 ccp-2
60
110
112
117
70
66 66 66
67
69 69 69 69 69
68
67
101 101 102 103
測定
R
Y
118
測定
118
内臓コンベヤー
リカバリー
スタンド
46 45
パッカーベルト
40a 40 40
39
35 34
29 28
27
26 25 24
47
ダウンプーラー
44
43
テイルプーラーマシン
42
41 41 41
サイドプーラーマシン
38
37 36
33 32 31 30
23
22
22
R
120
21
9 10 10 11 12
13
14 14 15
16 17 18 19 20 20
7 8
放血エリア
殺
電気刺激

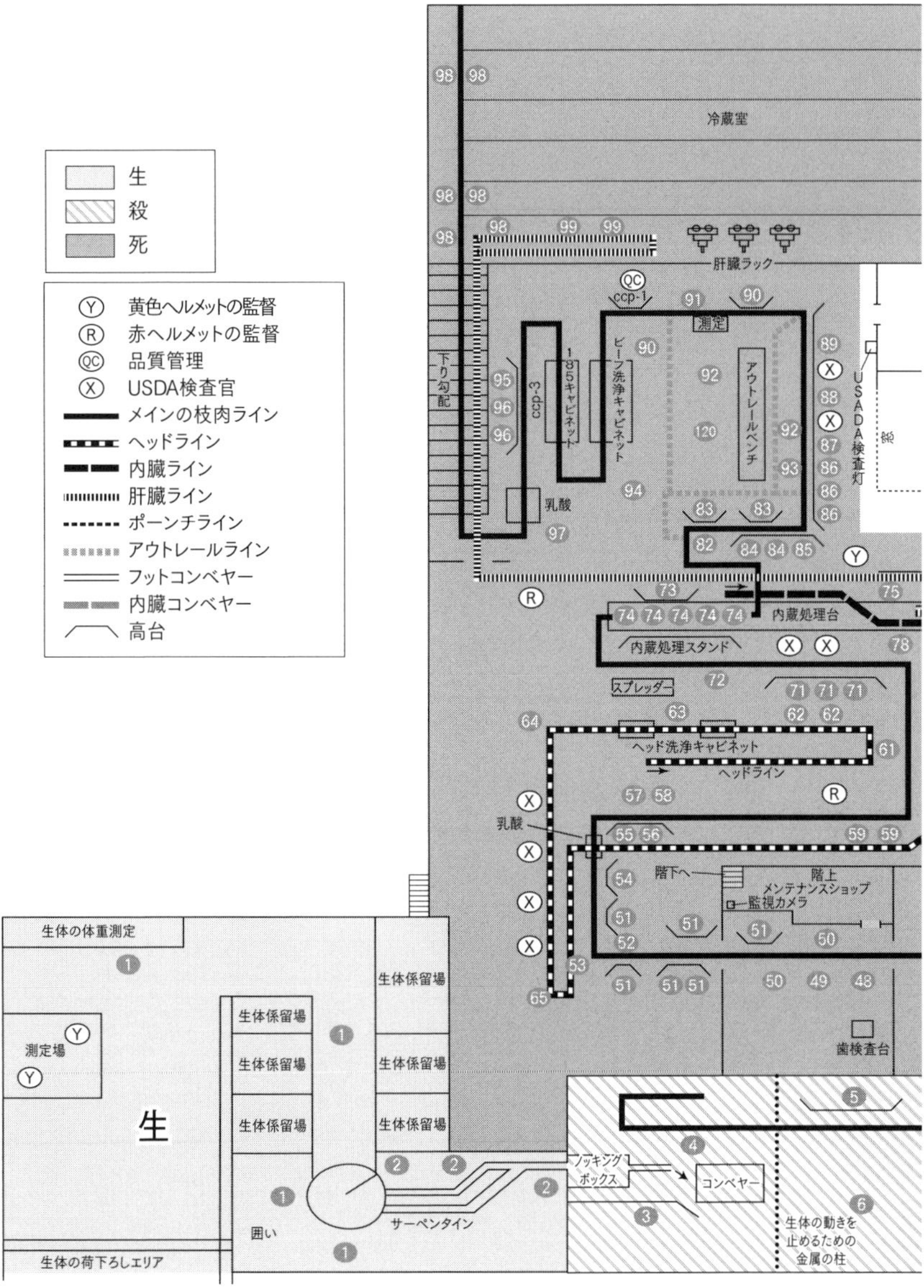

生
殺
死
黄色ヘルメットの監督
赤ヘルメットの監督
品質管理
USDA検査官
メインの枝肉ライン
ヘッドライン
内臓ライン
肝臓ライン
ポーンチライン
アウトレールライン
フットコンベヤー
内臓コンベヤー
高台
冷蔵室
肝臓ラック
下り勾配
ccp-3
185キャビネット
ビーフ洗浄キャビネット
ccp-1
測定
アウトレールベンチ
USADA検査灯
乳酸
内蔵処理台
内蔵処理スタンド
スプレッダー
ヘッド洗浄キャビネット
ヘッドライン
乳酸
階下へ
階上
メンテナンスショップ
監視カメラ
歯検査台
生体の体重測定
測定場
生体係留場
生体係留場
生体係留場
生体係留場
生体係留場
生体係留場
生
囲い
サーペンタイン
生体の荷下ろしエリア
ノッキングボックス
コンベヤー
生体の動きを止めるための金属の柱

図8　生・殺・死の区分

門が特別に設けられている。牛が逃げてパニックに陥ると、身の危険にさらされるシャックラーは梯子を上ってノッキングボックスの高台に避難しなければならない。一方、ノッカーがエアホーンを3度鳴らすと、監督が駆けつけ、施設の責任者に無線で連絡する。責任者は22口径のライフル銃を手に持ち、シャックラーの背後にあるガレージのドアまでやってくると、扉を開き（ここにも金属製の囲い門がある）、牛に銃弾を発射する。うまく命中すれば牛は床に倒れるため、メンテナンス・スタッフがボブキャット社製のリフトを使って緑色のプラスチックのコンベヤーまで体を持ち上げ、牛は再び拘束されてラインに戻される。

ノッカーが牛を気絶させることに失敗してもインデクサーが気づかないというシナリオもあり得る。そうなると、牛は意識のあるまま後ろ脚でぶら下げられ、プレスティッカーとスティッカーの作業場に運ばれてくるため、足を蹴り、体を揺らして激しく抵抗する。この時点で、プレスティッカーとスティッカーは決断を迫られる。背後の柱には赤いボタンがあって、それを押せば生産ライン全体が停止する。もしも農務省検査官が近くにいれば、プレスティッカーかスティッカーのいずれかがボタンを押し、インデクサーが牛にピストルの弾を命中させるまで待機する。もしも検査官が近くにいなければ、プレスティッカーもスティッカーも牛の体を切り裂こうとするが、うまく仕留められないことが多い。意識のある牛にナイフを切り込むと、怪我をするリスクがきわめて高いからだ。そうなると牛は、電気刺激処理と放血のエリアまで、意識のあるまま運ばれてくる。そしてテイルリッパー（9番）が尻尾、ファーストレガー（10番）が右の後ろ脚、バングキャッパー（11番）が肛門をそれぞれ切り取るあいだも、意識は残っている。

ところが、ここの作業員は屠室の床から10フィート〔3メートル〕の高さの高台に立っているため、牛の頭を見ることができない。そのため、切込みを入れている動物に意識が残っていても気づかない。牛が体を切られる痛みでもだえる様子は床からしか見えず、牛の頭と目の動きでしか観察できない。(2)

このような異常事態が発生しては困るため、屠室では生と死の分かれ目を明確に区別しておかなければならない。ある地点までは牛が生きていなければならず、別のある地点からは死んでいなければならない。ノッカーとスティッカーのあいだには50フィート〔15メートル〕ほどの長さのエリアがあって、そこにいるあいだに牛は命を失わなければならない。

図9からは、屠殺場のおよそ800人の作業員のうちの何人が生きている牛を見ることがあるのか、命を奪うプロセスに直接関わるのか、あるいはその場面を目撃するのか、確認することができる。そこからは、生と死の領域が区別される作業場において、大半の作業員は命を失った牛の処理に関わっていることがわかる。まだ生きている牛を扱い、殺される場面を目の当たりにするのはごく少数で、命を奪うプロセスに直接関わる作業員はさらに少ない。そのうえ、牛を屠るプロセスそのものも複数の段階に分かれており、互いに見えない形で進行する。後述するが、屠室の空間や作業は屠殺場の他の部門から孤立しているが、屠室のなかもまた、命を奪う行為が他からは見えないように配置されている。

クリーンゾーン／ダーティーゾーン

屠室の空間は「クリーンゾーン」と「ダーティーゾーン」に分割され、それは屠室の作業編成に最も大きな影響をおよぼす。ふたつのゾーンを物理的に隔てる地点はダウンプーラー（47番）で、大型の油圧機械が宙づりにされた牛の皮を剝いでいく。この地点よりも手前で作業が行なわれるエリアはダーティーゾーン、それ以降の作業が進められるエリアはクリーンゾーンとなる（図10）。クリーンゾーンはハイド・オフ（皮なし）・エリア、ダーティーゾーンはハイド・オン（皮つき）・エリアと呼ばれることもある。

このように区別される大きな理由は、食の安全だ。屠殺場に運ばれてくる牛の皮には糞便や吐しゃ物や食べ物が付着しているが、食の安全を確保するためには皮を剝ぎ、汚染物質が皮の下の肉にまで侵入するリスクを最小限に抑えなければならない。3台の大型の油圧機械が、皮を肉から引き剝がしていく。順番に、サイドプーラー（40番）、テイルプーラー（42番）、ダウンプーラーと呼ばれる。テイルリッパー（9番）の作業が終わると、3台のプーラーの前やあいだで待機している作業員は手作業で皮を剝き、機械による皮剝きがスムーズに進行するように下準備を行なう。ハンドナイフやエアナイフで皮と皮膚のあいだに切り込む作業が多いため、皮を引っ張ったり触れたりすることがある。食の安全という見地からは、これらの作業員の手や衣服や道具は、肉の汚染源になる恐れがある。

交差汚染の問題の部分的な解決策のひとつとして、ここの作業員や彼らが取り扱う設備は、他とは

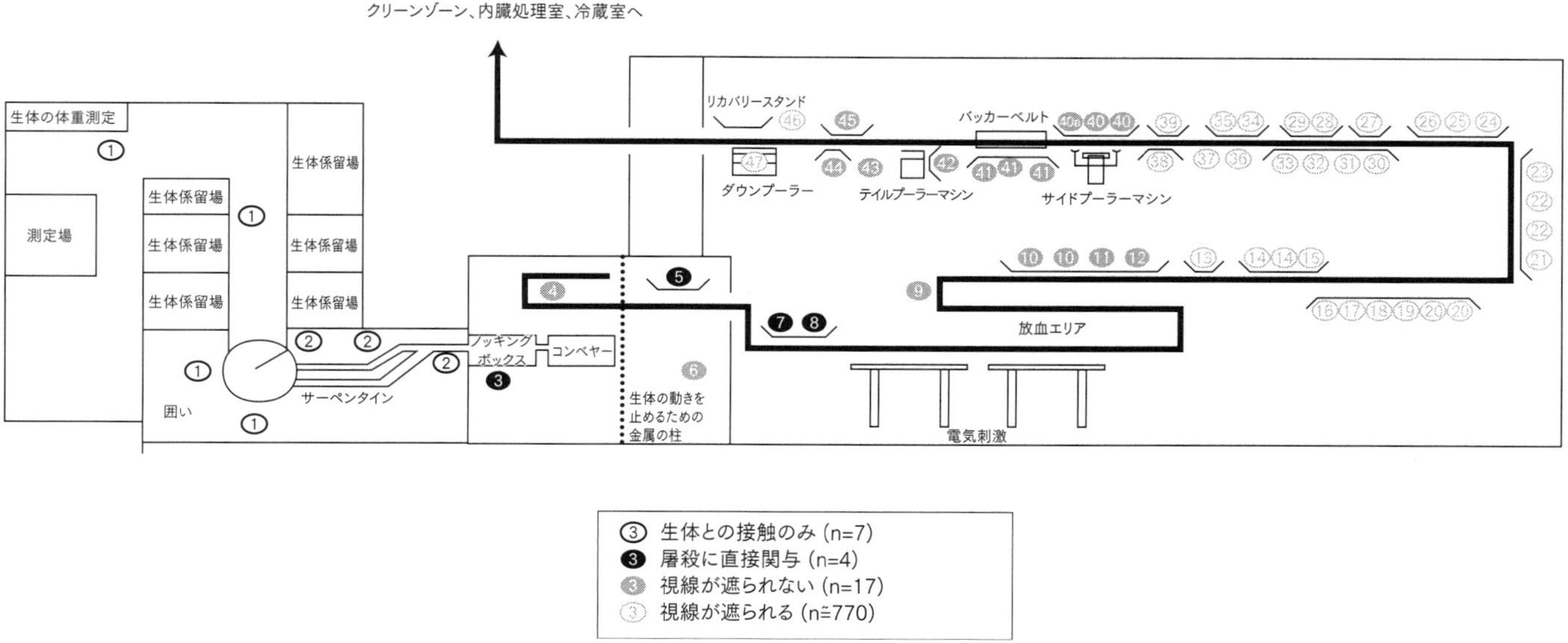
クリーンゾーン、内臓処理室、冷蔵室へ
生体の体重測定
測定場
生体係留場
生体係留場
生体係留場
生体係留場
生体係留場
生体係留場
囲い
サーペンタイン
ノッキングボックス
コンベヤー
生体の動きを止めるための金属の柱
リカバリースタンド
ダウンプーラー
テイルプーラーマシン
バッカーベルト
サイドプーラーマシン
放血エリア
電気刺激
③ 生体との接触のみ（n=7）
❸ 屠殺に直接関与（n=4）
③ 視線が遮られない（n=17）
③ 視線が遮られる（n≒770）

図9　屠殺ゾーンの視界

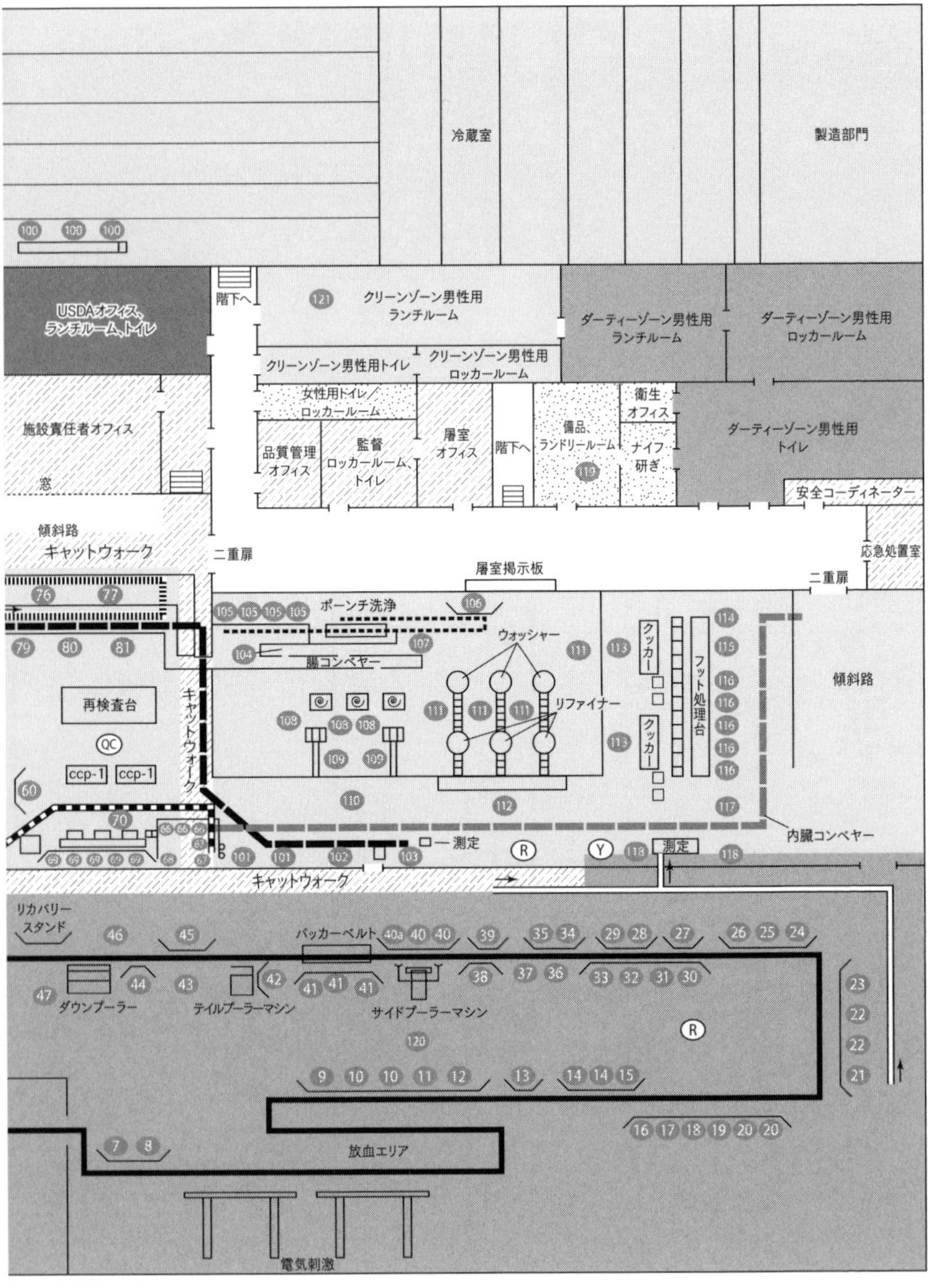

冷蔵室
製造部門
USDAオフィス、ランチルーム、トイレ
階下へ
クリーンゾーン男性用ランチルーム
ダーティーゾーン男性用ランチルーム
ダーティーゾーン男性用ロッカールーム
クリーンゾーン男性用トイレ
クリーンゾーン男性用ロッカールーム
施設責任者オフィス
女性用トイレ／ロッカールーム
品質管理オフィス
監督ロッカールーム、トイレ
屠室オフィス
階下へ
備品、ランドリールーム
衛生オフィス
ナイフ研ぎ
ダーティーゾーン男性用トイレ
安全コーディネーター
窓
傾斜路
キャットウォーク
二重扉
屠室掲示板
応急処置室
二重扉
ポーンチ洗浄
腸コンベヤー
ウォッシャー
クッカー
フット処理台
傾斜路
再検査台
QC
ccp-1
ccp-1
リファイナー
クッカー
キャットウォーク
内臓コンベヤー
測定
R
Y
測定
キャットウォーク
リカバリースタンド
パッカーベルト
ダウンプーラー
テイルプーラーマシン
サイドプーラーマシン
R
放血エリア
電気刺激

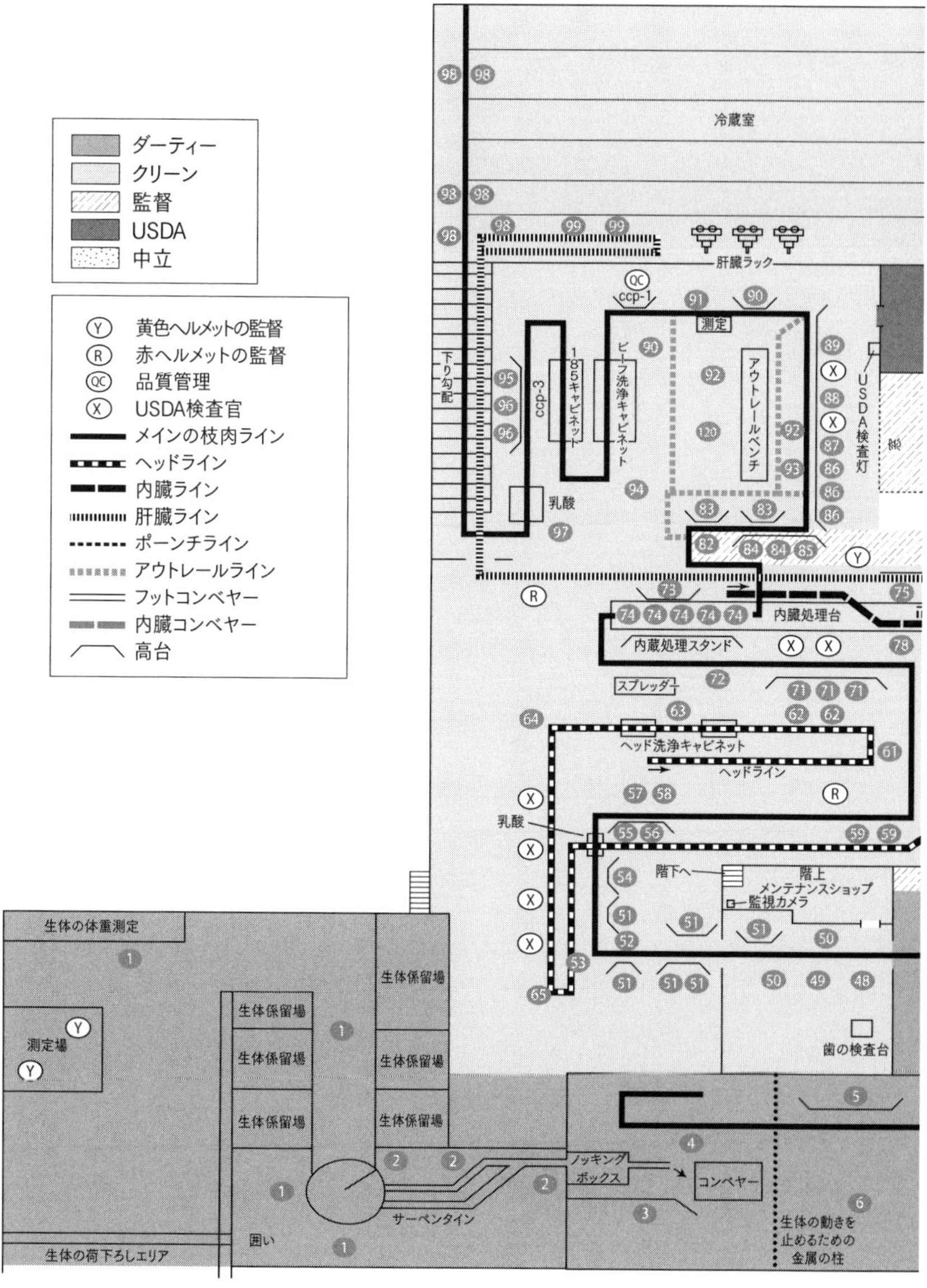

図10　ダーティーゾーンとクリーンゾーン

区別される。こうして区別される作業員はダーティーマンと呼ばれ、グレーのヘルメットをかぶっている。これに対し、クリーンゾーンの作業員のヘルメットは白い。さらにダーティーゾーンの作業員は、トイレ、シャワー、ロッカー、食堂も異なる。屠室のホールには非常口への道順を示した安全マップが貼られているが、そこにも「ダーティーマン用トイレ」「ダーティーマン用シャワー」「ダーティーマン用食堂」と記されている。一日の作業が終わると、ダーティーゾーンの作業員は他の作業員とは異なる洗濯かごに作業服を放り込む。女性の作業員は2名だけである。肛門の処理をするバングスタッファー（31番）と、ナイフで余分な脂肪を切り取るウィザードナイフ・ベリートリマー（40番a）しかいない。「ダーティーウーマン」には専用の施設がないため、「クリーンウーマン」とトイレを共有する。男性の場合はクリーンゾーンの作業員の専用施設があって、「クリーンマン用トイレ」「クリーンマン用シャワー」「クリーンマン用食堂」と表示されている。

こうして屠殺場はクリーンゾーンとダーティーゾーンが物理的に分かれているが、それぞれスケジュールが異なるため、区別はさらに徹底される。毎朝6時半には最初の牛がノッキングボックスに到着するが、ダーティーゾーンを通過してクリーンゾーンにやってくるまでにはおよそ30分を要する。したがってダーティーゾーンの作業員は午前6時半に待機していなければならないが、クリーンゾーンの作業員の仕事は7時まで始まらず、あとの工程になるほど開始時刻は遅くなる。一方、終業時刻はダーティーゾーンの作業員のほうが30分以上早い。

屠室のなかをふたつに区別する方法はいずれも設計者の視点からは理想的で、それはダーティーゾーンとクリーンゾーンという区別も例外ではない。ただし、ここでも区別は常に厳密に守られるわけではない。特定の職種の作業員――監督、清掃作業員、品質管理、農務省検査官――は服を着替えず、ブーツをきれいに洗わないまま、ふたつのスペースを日常的に何度も往復する。またクリーンゾーンの作業員の昼休みが30分遅いことから、ダーティーゾーンの作業員は、自分たちの食堂に準備された電子レンジがふさがっているときは、クリーンゾーンの食堂の電子レンジを利用する。さらに午前中の15分間の休憩時間には、どちらのゾーンの作業員も駐車場にやってきて交流し、キッチンカーで買ったタコスを同じ場所で食べる。

食品の安全に配慮する関係者は、屠室の衛生環境に配慮してダーティーゾーンとクリーンゾーンという分類を行なうが、実はふたつのゾーンでは作業員の経験も異なることのほうが重要かもしれない。食品の安全という見地からは、皮が付いている段階は不潔、皮を剝がされたあとは清潔だと見なされるが、作業員が取り扱う対象は前者では生き物、後者では屠体となる。シュートからダウンプーラーに至るまでのプロセスを観察すれば、牛が1頭の大きな動物から枝肉に変化するまでの流れを目撃することになる。シュートでは、どの牛もユニークな特徴を備えており、品種、性別、体高、幅、皮の模様、好奇心の度合い、目、角、鳴き声も様々に異なる。しかし外見に関しては、牛は銃で撃たれて拘束され、宙に逆さまに吊るされたあと、ユニークなアイデンティティを徐々に奪われ、動物から均質的な材料へと変容するプロセスが始まる。このプロセスは肉が箱詰めされて製造部門を出ていくまで完了しないが、最初の段階で最も劇的な変化が進行する。

まずはテイルリッパーが、尻尾の付け根から3分の1のところでまでを切り取ってから、つぎに肛門から右後ろ脚の内側まで切込みを入れる。そのあとの作業はファーストレガーが引き継ぎ、今度は右後ろ脚の皮に切込みを入れてから、皮を引っ張って剝ぎ取る。すると、すぐ下に隠れていた真珠のように白くて光沢のある肉が初めて姿を現す。そのあとも持ち場で待機している作業員が順番に皮を切断して剝いていくため、プロセスが進むにつれて露出する肉の部分は増えていく。蹄は手動の巨大な剪断機で切断されるが、そこには「切断の危険があるため注意」という警告が貼られている。

そのあとエアナイフが臀部の周りの皮を剝ぎ取ると、その部分にブリードスタンパー（30番）が、青いインクで品種確認のマークを記す。このマークは、製造部門に到着するまで消えない。「A」は黒毛のアンガス牛、「H」は赤毛のヘレフォード牛、「C」はアンガス牛とヘレフォード牛の交雑種で、黒毛に白い斑点が特徴的だ。やはり黒毛に白い斑点が目立つホルスタイン牛などは、「牛」の代名詞ともいえる存在だが、食肉としての価値は低いため、マークも付けられずにラインを進んでいく。

つぎに2名の作業員（36番と37番）が血溜まりのなかに立っている。どちらも手袋をはめた手を牛の鼻の穴に突っ込んで広げてからハンドナイフの一撃で切り取る。そのつぎは耳で、片手で押さえたまま切り取る。切断される部分は小さいが、どうしても血が噴き出すことが多く、作業員の目に入るときもある。切り取られた耳は桶に投げ捨てられるが、一日の終わりにはその数は5000個以上にもなる。

牛は生産ラインを進むうちに何度も切込みを入れられ、サイドプーラーにやってくるときには、臀部から腹部にかけてきれいに皮を剝かれている。いまや皮は前部が開いたローブのようにぶら下がり、肥えた白い肉が丸見えになっている。ふたりの作業員がそれぞれローブの端を持ち、引っ張ると長さ1フィート〔30センチメートル〕の金属製のクランプに引き込んで固定する。それからボタンを押すと、クランプが皮を巻き込む。作業員のひとりがコントロールパネルに向かってレバーを作動させると、油圧アームによって皮は横方向に引っ張られ、背中の部分を残して引き剝がされる。

すると今度は3人のバッカー（41番）が、移動してくる牛と同じ速度で動くコンベヤーベルトに乗って、牛の背中の中ほどにエアナイフで「ポケット」を作る。このポケットからは、あとで2番目の油圧機械であるテイルプーラーのアームが挿入される。バッカーたちはほぼ完全なシンクロ状態で動き、移動する牛の右側から作業に取り組む。左手でエアナイフの引き金を引いて、皮と肉のあいだにスペースを作っていく。つぎは牛の左側に移動して――ここでも一糸乱れず動くのは、スペースが限られているからだ――エアナイフを右手に持ち替え、左側で同じことを繰り返す。この2回の作業によって牛の背中の皮と肉のあいだにアームを挿入する通路が出来上がると、バッカーは直ちにベルトを降りてシンクが3台並んでいる場所に行き、エプロンを水で洗い、185度の熱湯を入れた容器にナイフを浸す。それから再び一糸乱れぬ動きで持ち場に戻り、移動してくる屠体のあいだで出入りを繰り返す。

テイルプーラーの作業員は、バッカーが作ったばかりのスペースにバナナバーと呼ばれる厚い金属のアームを差し込む。それからボタンを押すと、アームが持ち上がり、背中の真ん中から尻尾まで皮がきれいに剝かれる。いまや皮は背中の一部と頭の部分だけを残してケープのように垂れ下がっている。上半分は完全に皮を剝かれ、ハロゲンライトの明かりの下で青白く光っている。

そして最後に牛がダウンプーラーに到着すると、作業員は垂れ下がっている皮をフックで引っ張り、長くて丸い金属製の機械にセットする。これはクランプとローラーのふたつの役割を兼ねている。皮全体をクランプにセットしてからレバーを動かすと、ローラーが勢いよく回転し、動物の頭にまだ残っている皮が剝がされる。皮が完全に剝がされたあと、作業員がふたつ目のレバーを引くと、今度はローラーが逆回転し、皮はシュートを落ちていく。ここまでくると、シュールな光景に圧倒される。眼玉を剝き出し、歯は折れ、頭には穴が開き、肉が真珠のように白く輝く物体が、皮を剝ぎ取ったばかりの金属のローラーから姿を現す。

ダウンプーラーでは、クランプのローラーの力が強すぎて、後ろ脚の膝の腱が切れてしまうことがある。そうなると牛は、血まみれの床に落下する。こうなったら、ウィンチで持ち上げてレールに戻さなければならない。あるいはダウンプーラーの力が不十分だったり、完全に取り除かれなかった角を挟んだりすると、頭からぶら下がっている皮全体が床に引きずられる。そうなったとしてもダウンプーラーのオペレーターは生産ラインを止めず、代わりに警笛を鳴らす。すると監督がナイフを持って駆けつけ、皮を手で取り除く。これは厄介な作業で、しかも時間は限られている。なぜなら、牛はこれからクリーンゾーンに入っていくため、屠体がバキュームクリーナー（51番）を通過して角を曲がり、プレウォッシュキャビネット（54番）に入る前に皮を完全に取り除く必要があるからだ。蹄、耳、唇、角、皮を失った牛は、今度は屠室のクリーンゾーンを移動していく。ここでも脱動物化（de-animalization）は進行し、頭（58番）と尻尾（73番）が切断され、腸や内臓が取り除かれ（74番）、屠体は脊髄に沿って真っ二つに割られ（83番）、出来上がった枝肉は製造部門に送られるまで冷蔵室で吊るされる。ここまでくると屠体は動物のようには見えないが、体の様々な部位が大量にまとめられている光景には圧倒される。

切断された頭は移動式のフックに吊るされ、ヘッドチェーンと呼ばれる別の作業ラインを移動する。胴体から切り離された頭は、作業しやすいように人の胸の高さに吊るされており、ヘッドフラッシャー（61番）までゆっくり移動する。そのつぎには舌が取り除かれ、頭の隣のフックにぶら下げられる（62番）。このラインはふたつのキャビネットを通過するが、そこではちょうど洗車のミニチュア版のように、ノズルから水がスプレーされる（63番）。そのあとは4人の農務省検査官が待機しており、頭に小さな切込みを入れると、分泌腺を取り出し、病気や異常の兆候がないか調べる。頭のラインは検査官のもとを離れると、逆戻りしてから急上昇し、屠体が連なるメインのラインと交差する。この時点では、メインのラインはプレウォッシュキャビネットから出てきたばかりであるため、まだ頭が切り離されていない。フックに吊るされた頭と舌は屠室の高い場所を移動していくが、高さは床からおよそ30フィート〔9メートル〕のところに作られたキャットウォーク（作業用の狭い通路）とほぼ同じだ。およそ3フィート〔0・9メートル〕下には金属製の受け皿が準備され、絶えず滴り落ちる血を全部とはいかないが、ほとんど受け止める。やがてラインは下降して、頭の作業台のエリアに入っていく。ここには高台とコンベヤーベルトがあって、11人の作業員〔66番〜69番〕が唇を切り取り、できるだけ多くの肉を頭から取り出す。作業を終えるまでには、顎が頭蓋骨から切り離され、どちらも光沢のある象牙色の物体と化して、ゴム製のコンベヤーベルトに乗せられて屠室を離れ、トラックの荷台に落とされると、化製場〔訳注：死んだ家畜の屠体の処理施設〕に運ばれていく。頭から取り出された肉は3つのカテゴリーに分類される。頭部肉、頬肉、リップ肉で、いずれも60ポンド〔27キログラム〕ずつ箱詰めにされ〔70番〕、コンベヤーで倉庫まで運ばれ、のちに販売される。

肝臓も、頭と同じように処理される。屠体から取り除かれ〔74番〕、内臓処理台で待機している農務省検査官の検査を受けてから、専用のチェーン〔77番〕にフックで吊るされる。チェーンは屠室の高いところまで上昇してから、壁の穴をくぐって下降し、冷蔵室までディクラインを下りていく。そして冷蔵室に到着するとフックから外され、今度は待機しているカートのフックで吊るされ、冷凍処理されてから〔99番〕包装される〔100番〕。尻尾、心臓、ウィーサンド〔喉〕〔食道の内層で、ハンバーガーに使われる〕は体から取り出されると、同じチェーンで運ばれる。このチェーンは内臓処理台〔78番〕のはるか上を横切り、屠室と内臓処理室を隔てる壁と平行に走ってから下降して、オファル〔臓物〕パッカー〔102番〕とテイルウォッシャー・アンド・パッカー〔103番〕のもとに向かい、そこでフックから外され包装されてから重さを測定される。

屠室のクリーンゾーンは、メインのラインがひとつだけのダーティーゾーンよりもはるかに細かく区分されている。白い肉が剥き出しの屠体を吊るしたメインのチェーンの他にも3本のチェーンが、様々な高さや角度で行き交っている。見えないほど高いところを走っているかと思えば、胸の高さまで急降下してくる。いずれのチェーンにも特定の部位が密集している。頭専用のラインでは、皮を剥かれて血の気のない頭が揺れている。目玉は眼窩から飛び出し、舌は口から垂れ下がっている。別のラインには尻尾が連なっているが、筋肉が未だに反射的に痙攣している。このラインでは、弾力のある心臓と揺れ動く食道が、交互に運ばれていく。さらにもうひとつのラインには、重量感のある象の耳の形をした肝臓が連なり、まるで隊列を組んでいるようで、厳かな雰囲気を醸し出している。

頭専用のラインの光景には衝撃を受ける。いつ果てるともなく、頭が屠室の高い場所を通って次々と運ばれていく光景からは、ダーティーゾーンで見るよりも鮮明に、驚くほど大量の牛が殺されていることが把握できる。体から切り取られた部位がずらりと並んでいるだけでも衝撃的だが、あらゆる部位のなかでも顔は、生きていたときの痕跡を明確に残しているため、凄惨な破壊行為の恐ろしいイメージがいつまでも心に付きまとう。とはいえ、屠殺場では均質化が効率的に進行するため、個性が最も顕著に残された部位も、ほどなく頭、頬、唇の3種類の肉に切り分けられ、どれも同じようになる。そして、すべてを取り除かれた白く輝く頭蓋骨と折れた顎の骨は、化製場に売られていく。

尻尾、食道、心臓、肝臓のラインは、頭とは異なる。頭のラインでは顔が個性を残しているが、ここではどの部位も没個性的で見分けがつかない。尻尾の筋肉は未だに反射的に痙攣し、肝臓からは湯気が立ち上っているが、これらの部位を組み合わせて1頭の動物を再現するにはかなりの想像力を働かせなければならない。

メインライン／補助ライン

屠体から切り離された部位は、それぞれ専用の補助生産ラインで運ばれていく。補助ラインには以下のものがある。頭骸骨や顎から肉を取り除くヘッドテーブル、心臓・食道・尻尾の重さを量って箱詰めする臓物包装エリア、胃腸を洗浄するガットルーム、蹄を洗浄して処理してから包装するフットルーム、のちに紹介する「階上／階下」という区分けでは階下に分類されるペットフードルームである。付録B「牛の体の部位と用途」からは、枝肉以外の部位が驚くほど多くの分野で製品として利用されていることがわかる。

メインラインと補助ラインの作業員の配属には男女格差がある。屠室では12人の女性が働いているが、メインラインに配属されるのは2名だけである。それ以外の全員が補助ラインのいずれかで作業する。メインラインでの作業は「本物の」仕事とか「男の」仕事と呼ばれるが、補助ラインでの作業は「二次的な」仕事と見なされ、女性、あるいは怪我などの影響でメインラインの力仕事に向かない男性が割り当てられる。肉体労働の過酷さは関係なく、メインラインは主役の仕事、補助ラインは脇役の仕事というイメージが付きまとう。たとえ脚や内臓を処理しなくても、屠殺場の看板を下ろす必要はない。何といっても、牛肉がメインの製品なのだ。しかし皮肉なことに、「補助的な」作業は屠殺場に大きな利益をもたらす。これがなければ、もはや屠殺場は経済的な競争力を持ち得ない。

補助作業に従事する女性のうち5人は一緒に働いている。フットルームで整列し、加熱処理された脚から脂肪や変色部分を取り除く。そのあと脚は箱詰めにされる（116番）。意図的か偶然かはともかくフットルームのトリミング台は、入口からフットルームを経由してダーティーゾーンの奥へと続くメインラインの傾斜路と並行して配置され、女性たちは傾斜路に背中を向けた姿勢で作業を行なう。一日の終わりが近づくと、男性の監督たちは生産フロアと傾斜路を隔てるコンクリート製のレール付近によく集まる。そして傾斜路に腰を下ろして足をぶらつかせながら、フットトリマーの女性たちの品定めに花を咲かせる。どの女性の体が魅力的なのか話し合い、女性たちが金属製の桶から脚を拾い上げて箱詰めするために体をかがめるときは好色な目でひやかす。

このように補助的な仕事は好奇の視線にさらされる空間ではあるが、ここはまた、屠室のなかでも特にダーティーな作業の一部が見えない場所で進行するエリアでもある。つまり、ダーティーな屠室のなかにあっても、それらは周囲から見えないように隠されているのだ。そんな場所のひとつが内臓処理室だ（105番～111番）。牛のはらわた（胃袋と大腸）はガットナイフを使って取り出されたあと、処理台から金属製のコンベヤーベルトに乗せられ、壁に開けられた小さな穴を通って内臓処理室に入っていく。ここで胃袋は、大腸や小腸と切り分けられると、つぎに別のコンベヤーベルトに乗せられ、はらわた切開室に送られる。この縦6フィート〔182センチメートル〕横12フィートの小部屋では、4人の作業員（105番）が胃袋を切り開き、消化されていない中身を金属の作業台にぶちまけてからフックに吊るす。空になった胃袋は自動洗浄機を通過してトリマー（106番）まで来ると、フックから外されて大きな円形の容器に入れられ、強力な化学物質で洗浄される（111番）。

はらわたを切開する作業員が詰め込まれた小部屋は、開口部に錆びた首振り扇風機が置かれているだけで、換気装置は準備されていない。扇風機をオンにしても、室内の悪臭がかき回されるだけだ。コンクリートの壁が作業員を取り囲んでおり、3フィート〔90センチメートル〕×2フィート〔60センチメートル〕の小さなスペースが唯一の開口部になっている。ここを通過してくるコンベヤーからは、胃袋が途切れることなく運ばれてくる。四方を狭い壁に囲まれているため、かなり窮屈に感じられる。高さ25フィート〔7・6メートル〕ないし30フィート〔9メートル〕の天井の上には明かり取りのための天窓があるため、作業員が自然光を求めて集中力を切らせる心配はない。

はらわた切開室に比べれば、屠室の他のエリアの臭いは穏やかだ。胃袋が切り開かれると、濃密な臭いが発散される。ちょうど、嘔吐物のすえた臭いと腐った卵の硫黄のような悪臭が混じり合った感じだ。まだ十分に消化されていない食べ物は深緑色の粘り気のある液体で、ところどころに黄色いトウモロコシの粒が残されており、それが金属製の作業台に流れ出してくる。作業員が手袋をはめた手で汚物をきれいにすくい取って作業台の向かいの穴に放り込むと、階下にあるホッパー（漏斗のような大型の機械）まで落下していく。胃袋のなかにはたびたび、ガムのパッケージほどの小さな丸い金属の塊が残されている。これはカウマグネットという磁石で、これを飲み込ませておけば、牛が誤って口に入れた金属製の異物が引き付けられる。

牛は反芻動物で胃袋が4つあり、はらわた切開室にはそれが何千個も集められるため、そこから発散される熱と気体で部屋の空気は蒸し暑い。1、2時間も働くと作業員は汗だくになるため、すでに様々な要素が混じり合った耐えがたい臭いには、人間が放つ悪臭が加わる。そして作業員は、この臭いを皮膚の奥まで吸収する。そのため一日の終わりにシャワーを浴びてからロッカールームを歩いても、他の部署の作業員は息を止め、なかには露骨に不快感を示す者もいる。そもそも屠室全体に悪臭が漂っているが、はらわた切開室の臭いは特に強烈だ。そのため、ここはあまり監視の目が行き届かない。フックに胃袋を引っかける作業を真面目に続けているかぎり、監督や農務省検査官が訪れる機会は滅多にない。

内臓処理室の他の部分はもう少しスペースが広いが、それでも過酷な作業であることに変わりはない。大腸は、3人の作業員によってベルトコンベヤーから取り出される（108番）。作業員が腰を曲げて、それを金属コイルに巻き付けると、コイルの開口部から放出される水で小腸は洗浄される。これは加圧水であるため、水の勢いで腸には小さな穴が開く。すると白い腸のかけらが宙に飛び散り、作業員の顔や体を直撃する。そのため一日の終わりには、作業員は全身に腸やその中身のかけらを浴びた状態になる。それは髪の毛にもこびりつき、作業のアングルによっては、ヘルメットのなかにまで侵入してくる。内臓処理室を担当する監督以外は、屠殺場の責任者も農務省検査官もほとんどここに足を踏み入れない。隔離された空間のなかでさらに隔離された空間である内臓処理室では、屠室の基準からしても汚い作業が密かに進行する。

階上／階下

ここまで、屠室は外部と内部、生と死、ダーティーゾーンとクリーンゾーン、メインラインと補助ラインに区別されることを述べてきたが、これらはいずれも、メインの作業が行なわれる階上に限られる。しかし屠室には階上と階下という分類もあり、これもまた物理的・社会的に重要である。階下もいくつかの部屋に分けられているが、そのほとんどは階上での作業を機械や化学処理によってサポートする。

メンテナンスは屠室の階上にも小さなエリアが確保されているが、主な作業は階下で行なわれ、部品供給エリアも準備されている。メンテナンスの作業員は紫色のヘルメットをかぶり、屠室のラインで働く作業員とは異なり、アラマーク社からユニフォームを提供されている。メンテナンスの作業は3つのシフトに分かれており、昼間のシフトでは作業中に故障した機器の修理を行なう。夕方のシフトでは、一日の作業を終えた機器の状態を点検して翌日に備える。そして夜のシフトでは、シュートの溶接、スプロケット（鎖歯車）の交換、作業場の新設や改造など、時間のかかるプロジェクトに取り組む。

メンテナンス作業員は全員が無線を携行しているため、屠殺場のどこでもコミュニケーションを取り合えるし、屠室の監督や責任者との情報交換が可能だ。日中、どこかで不具合が発生してライン全体が止まったときには、それを伝えるために「メーデー」というコード名が使われる。たとえば、屠室から冷蔵室に下りてくるチェーンで問題が生じたら、「ディクラインでメーデー、ディクラインでメーデー」と無線で伝える。すると数分以内に、7、8人のメンテナンス作業員が冷蔵室に続く階段付近に集合し、状況を的確に把握したうえで問題解決に取り組む。

メンテナンス作業員には、屠室の階下に休憩室が準備されている。ダーティーゾーンやクリーンゾーンのラインで働く作業員が利用する階上の休憩室とは異なり、ここには電子レンジは置かれておらず、あるのはホットプレートだけである。汚れた白い冷蔵庫の外側には1枚の白い紙がテープで留められており、そこには大きな太い文字で「他人のランチや炭酸飲料に手を出さないこと。他人のランチを盗まないこと」と印字されている。メンテナンス作業員の食堂の前を通り過ぎるとき、なかで新聞を読んでいる、談笑している、壁にもたれている、あるいは食事をしている作業員を目撃することはめずらしくない。単調な仕事の繰り返しを要求されるラインの作業員とは異なり、メンテナンス作業員は常に待機している状態で、長い自由時間のなかでたびたび発生する予想外の問題の解決に取り組む。

メンテナンスショップ、部品室、休憩室の他にも、階下には複数の部屋があって、屠室の作業をサポートしている。たとえば空気圧縮室からは、エアナイフやノッキングガンなど、階上のすべての圧縮空気式工具で使われる空気が提供される。ボイラー室では水が華氏185度（摂氏85度）まで熱せられ、ポンプで階上に運ばれた湯はナイフなどの機器を消毒するために使われる。電気パネルの並んだ部屋もあり、化学薬品保管室には、様々な化学薬品の瓶が保管されている。あるいは、フックルームにはひとりの作業員が待機しており、ラインで屠体を吊るしてきたフックをつぎに使用する前に洗浄する。ホッパールームには、階上で切り開いた胃袋から抜き出された残留物が投げ捨てられてくる。そしてボックスルームでは、2名の作業員が段ボール箱を作ってコンベヤーに乗せる。段ボール箱は階上の臓物包装エリアまで運ばれていく（112番）。

これらの部屋の存在からは、分業によるセグメント化が徹底されていることがわかる。たとえばボックスルームの作業員は階下から屠殺場に入り、階上に行くのはクリーンゾーンの作業員用のロッカールームと食堂を利用するときに限られる。屠室のメインの作業場には決して足を踏み入れることはなく、普段の就業日に動物に関連する何かに触れることは絶対にない。一日中、ひたすら箱を組み立ててはコンベヤーベルトに乗せる。同様に、フック洗浄室の作業員も、レールの上で騒々しい音を立ててぶつかり合うフックに付着した脂肪や血の塊しか目にすることはない。

このように、屠室の階下は階上と接点のない環境に置かれているが、ペットフードルームは例外である。廊下を隔てて化学薬品保管室の反対側にあり、ホッパールームと隣り合っている。ここで働く2名の作業員のうちのひとりは屠殺場の従業員で、グレーのヘルメットをかぶり、長い金属製の作業台の前に置かれたプラスチック製のグレーチングに立っている。作業台は汚れた白い金属製の壁に押し付けられ、真上には直径およそ1フィート半〔45センチメートル〕のパイプが壁から突き出している。このパイプは、階上で内臓をフックに引っかける作業場（77番）の隣にある金属製の漏斗と接続している。ここからは一日中、牛の4つの異なる部位が漏斗に向かって投げ捨てられる。そして一日中、パイプの反対側から飛び出してきた肺、食道、腎臓、売り物にならない肝臓が、大きな音を立てて落下する。グレーのヘルメットの作業員は、先端にフックの付いた長い金属棒を使って臓物を摑み、ずらりと並ぶ四角い桶のひとつに半円を描きながら投げ入れる。この桶は面積がおよそ8平方フィート〔0・7平方メートル〕、高さが5フィート〔152センチメートル〕で、側面にはまるで軍隊のように黒いブロック文字で「食用ではない」と書かれている。肝臓にはひとつ、肺にはふたつ、食道には3つ、腎臓には4つの桶が準備されている。作業員は一日中、パイプが通された白い壁と自分の体を隔てる全長4フィート〔121センチメートル〕の金属製の台に向かって立ちながら、臓物を桶に投げ込む。床に落ちた臓物もすべて拾われ、それぞれ専用の桶に入れられる。

二人目の作業員は医学研究所から派遣された人物で、ここに入るために研究所は屠殺場に料金を支払っている。彼は、先ほどとは別の長い金属製の作業台と向き合う形で、滑り止め付きの高台に立っている。ここには縦長の金属スクリーンが準備され、金属製の鋭いフックが全部で15個、あちこちに引っかけられている。壁に通されたパイプからは時々、肺、腎臓、食道、肝臓のいずれでもない長方形の塊が落ちてくる。すると、研究所から派遣された白いヘルメット姿の作業員がやってきて、その物体を拾い上げて自分の作業台に持っていく。そしてナイフを取り出して灰色の塊に切り込むと、なかから胎児が出てくる。皮膚は滑らかで、まだら模様がすでにはっきりしている。作業員は首と両方の後ろ脚を摑んで胎児を持ち上げると、金属スクリーンに押し付け、唇をフックのひとつに引っかける。それから首から手を離すと、唇の部分だけ留められた胎児は垂れ下がる。するとつぎに作業員は両手を使い、胎児の肛門を別のフックに引っかける。こうして胎児が唇と肛門でぶら下がった状態になると、今度は首の部分に切込みを入れて、切開部分の下にストローボトルを押し当てる。

それから胎児の体を揺さぶってマッサージすると、下に置いたボトルに血が流れ落ちてくる。体内の血が少なくなるにつれ、作業員は胎児の体を激しく揺さぶる。そしてついに一滴の血も出てこなくなると、作業員はボトルを外して蓋を閉めてから、青いアイスボックスのかち割り氷のなかに詰め込む。こうして集められた胎児の血は、のちに医療用に使われる。血を抜き取られた胎児は、胎児専用の灰色の丸い樽に捨てられ、なかには死体が積み重ねられていく。

このように階下の空間では、機械や化学薬品を使って階上の作業をサポートする部屋と、階上の作業の延長線上で牛の部位と向き合う部屋が並置されている。隣接する部屋の一方の作業員は、牛やその部位を横目に見る程度で与えられた仕事に専念するが、もう一方の部屋では、胎児から血を手に入れる作業に一日を費やす。

監督／製造

屠室の空間は壁や扉で隔てられ、頭上のレールやチェーンで分割され、階上と階下に分かれるが、こうして物理的に区別される以外にも、ヒエラルキーによって異なる空間が割り当てられ、作業員はヘルメットの色で区別される。すでに説明したように、作業員はクリーンゾーンでは白いヘルメット、ダーティーゾーンではグレーのヘルメットをかぶる。こうすれば、屠室のなかで、「持ち場を離れた」作業員や「ラインを離れた」作業員が一目瞭然である。グレーと白の他にも、青やオレンジのヘルメットも見られる。青いヘルメットは歯の状態、オレンジのヘルメットは衛生状態を確認する作業員がかぶる。

歯の点検作業員（48、49番）は、ダウンプーラーのすぐあとのクリーンゾーンに配置されている。この作業は、アメリカで牛海綿状脳症（BSE）すなわち「狂牛」病が発見されてから創造された。農務省によれば、生後30カ月を経過した牛はBSEの感染リスクが高まる。そのため全米各地の屠殺場は、生後30カ月以上の牛をそれ以外の牛と区別して市場に出荷することを義務づけられている。屠室では、こうしたハイリスクの牛は30カ月牛として知られている。

青いヘルメットの作業員は、移動してくる牛の下顎を開けて歯を点検し、生後30カ月を経過しているかどうか判断する。決め手となるのは永久歯の数で、2本以上ならば30カ月以上、2本未満ならば30カ月未満となる。「30カ月」牛（生後30カ月以上の牛）の場合には、肩の部分に「30」という数字が青いインクで記され、額の穴から脳みそが流れ出さないようにコルクが詰められる。さらに瞼と肩には、「30カ月」と書かれた四角形の赤いタグが貼り付けられる。

ラインで働く多くの作業員と比べれば、この仕事は体力的に過酷なものではない。青いヘルメットの作業員は無線機を支給されているため、施設内のコミュニケーションを追跡できるし、30カ月牛が何頭も続いて手に負えなくなれば、応援を要請することもできる。それでも、この作業は順調に進むわけではない。牛の年齢を確認するガイドラインは明確に定められているが、かならずしも現実はその通りにならない。歯が抜けてしまった牛もいるし、嘔吐物や食べ物や血が口のなかに溜まっていて、なかの様子をはっきり確認できないことも多い。そのうえ、顎を開いてなかを覗き込むのは単調な作業だ。9時から12時まで勤務して、そのあいだに2500頭の牛の状態を12秒ごとに確認し続ければ、疲れるのも無理はない。時には2本以上の永久歯がある牛を見逃してしまう。あとからその牛の存在を農務省検査官が確認すれば、見逃した作業員は即座に解雇される。あるいは運が良ければ、3日間の職務停止処分の後に別の部署へ異動となる。

一方、オレンジのヘルメットの衛生作業員は、屠室でも肉体的に特に過酷な仕事をこなす。施設内をあちこち移動しながら、樽に詰められた脂肪をシュートに放り込み、床に落ちた脂肪をシャベルで取り除き、床全体に溜まっている血をかき集めて排水溝に流し込まなければならない。移動してくる牛や牛の部位には、自分の体や使用する器具が少しでも触れてはいけない。違反すれば、解雇や停職処分になる恐れがある。

このように、現場の作業員は白、グレー、青、オレンジとヘルメットの色で分類されているが、監督する立場の作業員も色分けされている。フロアの監督は赤、何でも屋として知られ、監督を補佐する作業員は黄色、品質管理担当の作業員は緑色のヘルメットをかぶる。そして現場で働く作業員は私服だが、監督する立場になるとユニフォームを支給され、クリーニングのサービスも受けられる。

グレーや白のヘルメットの作業員は移動が制約されるが、赤、黄色、緑のヘルメットの作業員は自由に移動できる。グレーや白のヘルメットの作業員はラインで持ち場を離れることができず、許可なしに動いてはいけない。これに対し、赤、黄色、緑のヘルメットの作業員は屠室を自由に歩き回れるだけでなく、必要なときはどのトイレを使ってもよい。さらに、赤、黄色、緑のヘルメットの作業員が享受する移動の自由は、屠室の作業現場以外にも適用される。監督スタッフは、ライン作業員の休憩エリアのすべての施設（食堂、ロッカールーム、トイレ）にアクセスできるばかりか、ライン作業員には進入禁止のオフィスや休憩スペースにも立ち入ることができる。緑のヘルメットの作業員には専用のオフィススペースが準備され、そこでペーパーワークをこなす。

さらに、赤、黄色、緑のヘルメットの作業員は、全員が無線機を持っているため、それを使えば互いに、あるいは屠殺施設の責任者と連絡を取り合える。このように無線機は有用な通信手段であり、その有無は作業員の差別化につながる。重要な情報（今日は何頭の牛が殺されるか、退出時間は何時になりそうか、農務省検査官が特定の時間にどの場所にいるかなど）にアクセスできる作業員はほんの一部で、ライン作業員の耳には入ってこない。無線機は表向き、屠殺場で発生した問題、仕事を満足にこなさないライン作業員、農務省検査官の現在地や活動（彼らは無線機を持たない）について情報を交換する手段である。しかし実際には、私的なコミュニケーションにも使われるため、無線機を持たない作業員との差異が際立ち、監督スタッフは優越感を抱く。

ただし無線機は、統制のための技術としても機能する。屠室ではふたりの責任者（マネージャー）が、赤、黄色、緑のヘルメットの作業員の居場所や活動を監視するために無線機を利用する。責任者から無線で連絡を受けた作業員は、5、6秒以内に応答しなければならない。さもないと責任者は気分を害し、猜疑心を抱く恐れがある。屠室の責任者は、屠殺場全体を自由に移動できるだけでなく、専用のオフィスも準備されている。屠室の隅にある大きな部屋は上質な家具付きで、トリムレール（86番〜89番）と内臓処理台（74番〜81番）を見渡せる。そしてオフィスの大きな窓を通して、屠室のクリーンゾーンのほぼすべてのエリアに目を光らせることができる。クリーンゾーンとダーティーゾーンは向こう側が見えないように壁で隔てられ、牛を屠る作業がオフィスから隠されていることは何とも示唆的である。屠室の責任者は大きな窓越しに、白、赤、黄色、緑、オレンジ、青のヘルメットのみを監視する。こうしてわかりやすく色分けされていれば、皆が自分の持ち場できちんと働いているか、一目で確認することができる。

屠殺場は、外の世界に向かってカメレオンのように本性を隠し、地域の都市景観に違和感なく溶け込んでいるが、実際に存在している証拠は隠しようがない。穴の開いたトレーラーが行き交い、排泄物や臭いに気づいたら報告するように呼びかける自治体の看板が立っている。そこからは、現代の経済では肉が必要とされ、高い需要に支えられて動物の命が容赦なく大量に奪われている反面、関係者以外が残酷な行為と関わらないために多大な労力が費やされている現実が浮かび上がってくる。

屠殺場の外観は何の変哲もなく、周囲に違和感なく溶け込んでいるが、壁の内側の空間は変化に富んでいる。フロント、ミドル、バックの3つの領域があり、そそり立つ山のように目立つ場所もあれば、深い谷のように見えない場所もある。屠殺場はフロントオフィス、製造部門、冷蔵室、屠室から成り立つが、作業員への要求は各部門で異なる。どの作業員も牛を屠るプロセスに貢献しているが、職場で求められる意識や経験は様々だ。しかし、屠殺の実態の隠蔽など絶対にあり得ないと思われる屠室でさえ、徹底した分業が確立しているおかげで牛が屠られる場面を直接目の当たりにする機会は限られ、細かく分割された空間によって感覚が刺激されないように工夫されている。

第４章　今日はこれでおしまい

職務番号53、イヤカッター：ハンドナイフを使い、頭から耳を完全に切り取る。切り取った耳はグレーの容器に入れて処分する。

2004年3月、私は初めてオマハを訪れた。地域調査を行ない、地元の産業屠殺場で雇用される可能性がどの程度あるのか感触を得るためだ。このとき私は、屠殺場の誰とも個人的に連絡を取らなかった。建物の外観を写真で撮影し、地図を作成し、初心者レベルの仕事に空きはないか電話で問い合わせるまでにとどめた。電話での問い合わせにはかならず、「常時募集しています。直接お越しください」という回答が多少言葉遣いを変えて返ってきた。そこから、屠殺場の職は容易に得られることが窺えるが、それはこの業界の従業員退職率の高さを示す統計とも矛盾しない（年間の平均退職率が100パーセントを超える統計もあった）。しかも、ある屠殺場の近くの目抜き通りには大きな常設の看板があって、そこには黒い太字でこう書かれている。「募集：製造、保守、衛生部門に空きあり。すぐに応募を！　雇用機会の平等は保証。TRABAJO：Opprotunidades deEmpleo en Produccion, Mantenimiento & Saneamiento」

6月末、私は東海岸を離れてオマハに向かい、住宅都市整備公団の低所得者用住宅に落ち着いた。パートナーとふたりの娘たちは、私が仕事を見つけたあとに合流する計画だった。(1) 3月の調査旅行のときと同様、この地域の複数の屠殺場に電話をかけ、仕事の空きはないか問い合わせた。そしてそのひとつから、午前7時から8時のあいだに守衛所を訪れてホアンという人物に話をするように指示された。別のふたつの屠殺場では、通常の就業時間のあいだに本人が直接申し込むように伝えられた。しかしどの屠殺場でも、名前も電話番号も訊ねられなかった。

6月のある水曜日の朝、私は屠殺場のひとつに車で向かい、7時少し前に到着した。すでに大草原では、東の地平線に丸い太陽が真っ赤に輝いている。空気中に漂う悪臭に何度も吐き気を催し、それを必死で抑えながら、道路の向かい側にあるペットフードショップに車を停めた。スバルのステーションワゴンに乗ってきたところを見られると調査員だと思われるのではないか、と訳もなく心配したからだ。実際、自分にまつわる何もかもが正体を暴露するのではないか、と気が気ではなかった。今回は訪問者や調査員ではなく従業員として屠殺場に潜入する戦略で臨むため、正体を「暴かれる」リスクへの不安が雑音のように付きまとった。時には弱く、時には耳をつんざくほど騒々しく、屠殺場にいるあいだ絶えず私を悩ませ続けた。この日は、ブルージーンズにグレーのポロシャツという服装で、古いワークブーツを履き、眼鏡の代わりにコンタクトレンズをはめた。それは「インテリらしさ」を隠すためというより、屠殺場の厳しい肉体労働にふさわしい外見を装うためだ。私は28歳で、肌は茶色く、タイで育った。若さと性別、肌の色、そしてアメリカ以外での生い立ちが重なれば、屠殺場の作業員の条件に合致し、採用責任者のお眼鏡にかなうのではないかと期待した。

家畜運搬車がひっきりなしに行き交う大通りを渡ると、真ん前に塗装合板の看板が立てられている。そこには屠殺場の名前が記され、その下には2本の黒い矢印がそれぞれ反対方向を指している。1本目の矢印は右方向で、「フロントオフィス、販売、来客」と書かれ、もう1本の左方向の矢印には「採用、出荷」と説明されている。私は屠殺場の敷地に第一歩を踏み出す前からすでに、作業空間が厳格に区別され、それが権力の基本メカニズムとして作用していることを発見した。まずは右に視線を向け、「フロントオフィス、販売、来客」と書かれた矢印の先を追った。白いコンクリートの私道を進んだ先には、芝生に囲まれた小さな駐車場がある。午前7時前だと、まだ車はほとんど停まっていない。

「フロントオフィス、販売、来客」と記された矢印を目で追いつつも、「採用」と記された左の矢印に向かって足を踏み出した。ここにやってきたのは見学ではなく、作業に参加することが目的なのだ。右側はカーブを描いた私道を進んだ先に、手入れの行き届いた芝生に囲まれた空間が準備されているが、左側は曲がった途端、軽量コンクリートブロックの上に乗った小さな長方形のトレーラーが目に飛び込んでくる。このトレーラーの後ろは金網のフェンスで、金網の上には鉄条網が3列に連なっている。このフェンスの後ろは巨大なアスファルトの駐車場で、ほとんど空きはない。古びた車や新しい車、軽トラックが入り混じっており、なかには扉が原形をとどめないほど錆びた古い車もあれば、朝日を浴びて輝いているものもある。

トレーラーと隣り合っている部分は金網のフェンスが取り除かれ、代わりにオレンジと白のストライプのバーが立てられている。バーは塗装がずいぶん剝げている。トレーラーのなかには、「アメリカン・セキュリティ」というワッペンの付いた濃紺の制服姿の男女が1名ずつ座っている。制服の上にはオレンジの蛍光色のベストを着て、サングラスをかけている。私は木の階段を3段上り、突き当りの窓のなかを覗いて愛想よく微笑んだ。窓に近いほうに座っていた男性は私に視線を向けると、頭を少し上げて驚いた表情を浮かべた。それからガラス窓を開けたため、「仕事を探しているんです」と話しかけた。すると男性は、蓋を外したペンと一緒にクリップボードを私のほうへ突き出してきたため、名前と日付を記入した。男性はそれを受け取ると、やはりコンクリートのブロックの上に乗っている別の細長いトレーラー（こちらは金網の真後ろにある）のほうに向かってクリップボードを突き出して、「あっちへ行きな」と指図した。

私がオレンジと白のストライプのエントリーゲートを迂回してなかに入ろうとしていると、いきなりバーが上がり、大きなトラックが通り過ぎた。牽引している冷凍トレーラーの脇には「ホールフーズ」と大きな赤い文字で書かれており、私の足から僅か数フィートの場所を大きなタイヤが轟音とともに進んでいく。トラックや生きている牛と同様、職を求めて来た者たちは施設の裏側に誘導される。いま働いている作業員も将来の作業員候補も、製造プロセスのインプットのひとつにすぎない。

警備小屋の後ろのオフホワイトのトレーラーは、トタン板を使った粗末な造りで、木の階段を上った先の扉は閉じられていた。窓が等間隔に付けられているが、どれもブラインドが閉じられていて内部を覗くことはできない。階段の上り口あたりには、褐色の肌と黒髪の5人の女性がうろついている。まだ若そうで、年齢は16歳から20歳ぐらいに見えるが、スペイン語で会話を交わしている。私が「おはよう」と、にこやかに声をかけても無視したままだ。私は彼女たちを遠巻きにして歩き、トレーラーの階段を上って扉を開けた。

なかは暗い。部屋を照らす明かりは、中央に取り付けられた薄暗い電球しかない。少し時間が経過して目が暗さに慣れると、なかの様子が見えてきた。トレーラーの壁は茶色いベニヤ板で裏打ちされているが、その大半はたわんでいるか、剝がれている。長い壁に沿って木のベンチが並び、短い壁にはグレーのプラスチック製の折り畳み式テーブルが押し付けられている。テーブルの隅には黄色い電話が置かれ、下には金属製のグレーのファイリングキャビネットがある。キャビネットの引き出しは2段で、下段のほうには大きな南京錠がかけられている。

ベンチには大勢の人が座っている。数えてみると23人で、髪の毛と目が黒い。肌の色は白から黒まで様々だが、ほとんどは私と同じで薄茶色をしている。年齢はまちまちで、若い女性は大体がジーンズかスウェットという服装で、へそ出しのタイトなシャツを着ている。若い男性は、バギージーンズにフード付きのスウェットシャツを着ており、中高年の女性はドレスパンツにプリントシャツという服装で、ハンドバッグや財布を持っている女性もいる。長袖の足首丈のワンピースを着ている女性もひとり見かけた。中高年の男性は、ジーンズに長袖か半袖のドレスシャツを着て、カーボーイブーツとカーボーイハットで決めている。そして例外なく、口ひげ、やぎひげ、顎ひげなど、ひげを生やしている。

黒髪に茶色い目の若い女性が、グレーのプラスチックのテーブルの隅のほうに座っている。彼女は私を見ると微笑み、「応募用紙をお求めですか？」と英語で訊ねた。幸いにも、少なくとも外見は、非英語圏からの移民を装えたようだ。私がうなずくと、彼女はファイリングキャビネットの上段の引き出しを開けて、紙とペンを取り出した。私は「ありがとう」と言って、それを受け取った。

ベンチにはあまりスペースがなかったため、私は外に出て用紙に記入した。用紙には配属先の希望を記入する欄があり、屠殺、製造、倉庫の3つの選択肢があった。私は「屠殺」にチェックしてから、名前、社会保障番号、職歴、身元保証人2名の記入に移った。身元保証人が必要なことは予想していたため、あらかじめ了解を取っていた2名の名前を記入する。学歴については一切記入する必要がない代わりに、屠殺場で働いた経験の有無を答える項目があった。ここはノーにチェックを入れるが、牧場で生きた牛を相手に働いた経験はあった。タイからの交換留学生としてアメリカを訪れたとき、オレゴン州の田舎の牧場で不定期に働いたのだ。すべて大文字で記入して、汚い字を心がけた。筆跡やスペリングや文章で、正体が露見しては困るからだ。(2)

こうしてトレーラーの外で応募用紙に記入しているあいだに、職場に侵入して実態を観察する行為には落とし穴や限界があることに気づかされた。そもそも、この屠殺場に、いやどこの屠殺場にも採用されなかったらどうすればいいだろうか。トレーラーのなかは人が大勢いたが、間違いなく、全員が採用されるわけではない。こんなときの常で、私は競争心を抑えられなくなった。絶対に採用される、採用されなければならない、採用されなければ困る、と気持ちはエスカレートするばかりだった。採用されなければ、今回のプロジェクトは始まらないのだ。しかしそんな切実な思いには、罪悪感の入り混じった別の疑念も付きまとった。というのも、もしも私が採用されたら、どうしても働きたい誰かがひとり、不採用になってしまう。それにもかかわらず仕事を勝ち取ってやろうなんて、そんな権利が自分にはあるのだろうか。こうして私は大きな不安と罪の意識に苛まれながらも、身分を隠し、筆跡を変え、個性を消し去る重圧に耐えた。現場に侵入して作業を観察するためには、そこまで徹底して自分を偽る必要があった。

応募用紙を完成させ、トレーラーのなかの女性に手渡した。「外でお待ちください」と、彼女が今度も微笑みながら言ったため、私は踵を返して再び外に出た。この時点では、トレーラーの周りに立っている人の数が増えていた。小さな集団もあれば、ひとりで立っている人もいる。まだ数人は、応募用紙に記入している最中だ。トラックが行き交い、駐車場のゲートのバーが上がって通過できるのを待つあいだ、エンジンはアイドリング状態にされている。そして風向きが変わるたびに、空気中には新しい種類の臭いが漂ってくる。

さらに8台のトラックがゲートを通過したあと、不愛想な表情を浮かべた大柄の男性が警備小屋のほうからゆっくりとした足取りで近づいてきた。黒いジーンズに革のブーツ、黒いポロシャツの上から黒いインサレーションベストを羽織り、白いヘルメットをかぶって無線を携行している。私たちのほうには一瞥もくれず、階段を勢いよく上ってトレーラーに入っていった。トレーラーの外にいた女性たちは彼の姿を見た途端に談笑をやめ、あとに続いて階段を上った。そのあとに他の応募者も続いたため、トレーラーのなかは混み合い、人が腰かけているベンチとベンチの隙間に立つしかなかった。

男性がテーブルの上に腰かけると、テーブルは彼の重みで揺れた。彼は若い女性と聞き取れないほどの小声で二言三言会話を交わすと、彼女から応募用紙の束を受け取った。それを選り分けながら、たびたび首を横に振っては独り言をつぶやく。トレーラーに集まった全員の視線が彼に注がれ、確認している応募用紙のほうへ全員が首を伸ばしている。何度か応募用紙に目を通しているが、全部で7枚しかない。トレーラーのなかと外には、全部で少なくとも30人の応募者がいるのだから、これには驚いた。男性は用紙に目を通すたびに、困った様子で首を振っている。彼の手は大きく、右手の人差し指が第2関節で切断されている。この人物が、電話で教えられたホアンなのだろう。

時間が経過するにつれて、不採用の可能性への不安は募る一方で、ついにはパニック状態に陥った。そしてホアンが3回目に応募用紙を確認したときに自分の用紙を見つけると、少し前にある年配者が取った行動を真似て私はこう言った。

「それは僕です」

ホアンは用紙から目を上げて私を一瞥すると、ゆっくりとした口調でこう説明した。「まだ何も決まっていない。いまは、ナイフを扱った経験のある人間を探しているところだ。あとでもう一度来てくれれば、何か情報があるかもしれない」

「衛生関係でも製造部門でも、どこでも構いません。どうしてもここで働きたいんです」と私は必死で訴えた。ホアンは私に視線を向けると、「あとで」確認してくれと繰り返すばかりだった。私とその前に発言した年配者を除けば、部屋にいる応募者は誰も口を利かない。私は口を閉ざしたが、頬は熱く火照っている。ちょうど、教室で威勢良く手を挙げて順番でもないのに大声で質問に答えようとする生徒のような気分だった。

最後にホアンは応募用紙の束をテーブルに戻し、部屋中をゆっくり見回してから、カーボーイハットをかぶった年配者を指さして「身分証明書」と命じた。彼は立ち上がり、後ろポケットから財布を取り出し、運転免許証とソーシャルセキュリティーカードを提示した。つぎに別の年配者と、隣に座っていた若い女性が選ばれて、やはり身分証明書をホアンに提示した。彼はこの3人に対し、外に出るようにと身振りで合図した。

ホアンは目の前のテーブルに置かれた6枚の身分証明書を確認してから、目線を上げずにこう宣言した。「Es todo por hoy ——今日はこれでおしまい」。若い女性は鍵を取り出し、ファイリングキャビネットの下段の引き出しの南京錠を解除した。それから、全部で1フィート半〔約50センチメートル〕の厚さになる記入済みの応募用紙の束をかき分けながら、テーブルの上の身分証明書と一致する3枚を抜き取った。不採用となった応募者は、ゆっくりと無言のままトレーラーを次々と出ていった。3人の新規採用者は、駐車場の向かい側のカーブした縁石に腰を下ろしていたが、私たちと目を合わせようとしない。突然、私の前にいた若い男性が誰にともなくこう言った。「なんだよ！　年寄りばかり採用しやがって」

その日の午前中のうちに、私は近くにある別の産業屠殺場に車で向かった。先ほどの屠殺場の職業紹介所はトレーラーを間に合わせに使った粗末なものだったが、それとは比べ物にならない。レンガ造りのオフィスビルのなかにあり、しかも市内を走る4本の街路のひとつを渡った向こう側には、メインの屠殺場が道路に面して建てられている。そして毎日午前9時から午後3時まで開放されている。私がビルに足を踏み入れたとき、先客はひとりしかいなかった。痩せて背の高い黒人男性が、3つ準備された長いプラスチック製のテーブルのひとつで応募用紙に記入している。私が入室すると顔を上げたため、挨拶を交わした。部屋は照明が明るく、エアコンが効いている。隅には自動販売機が置かれ、白い壁にはカレンダーが掛けられている。部屋の奥の扉は半開きの状態で、「扉が閉まっているときは面接中につき、ノックも入室も禁止」という張り紙があった。

扉をノックすると、「どうぞ」と男性の声が聞こえた。L字型のテーブルの後ろには、30歳前後の痩せた白人男性が座っている。顔には赤い口ひげをたくわえている。応募者を待ちかねている様子だったため、仕事を探していることを伝えた。すると「わかった、これに記入して」と答え、数枚の紙を手渡し、最初の部屋に戻るよう指図した。先ほどの黒人は、まだ記入を続けている。小さなスケジュール帳を手早くめくりながら、そこに書かれている内容を応募用紙に書き写しているところだ。私は別のテーブルで記入を始めたが、用紙は先ほどの屠殺場のものと似ている。

すべて記入してオフィスに戻ると、赤い口ひげの男性はテーブルに両足を乗せてカップヌードルを食べているところだった。私から応募用紙を受け取ると、一瞥もくれずに書類の山に放り投げてこう言った。「いまは空きがない。月曜日の午前6時15分に来てくれ」

「空きが出る可能性はどのくらいあるんですか」と私は粘った。

私の問いかけに苛立ちながらも、男性は落ち着いた様子でこう説明した。「いいか、この時点では空きがないと言ったんだ。これからどこかに空きが出そうだと思わなければ、月曜日にまた来てくれとは言わない」

私は礼を言って、そそくさと退散した。そして、相変わらず記入を続けている黒人には、手を振って挨拶をした。

翌朝、私は最初に訪れた屠殺場を再び訪問することにして、7時15分前に到着した。一定の台本に従って進行する儀式の概略は、2回目にしてすでに明らかだった。警備小屋に行って記名したら、他の応募者と一緒にトレーラーで待機して、先端が切断されたホアンの指を差してもらえる幸運を祈る以外に、ほとんどやることはない。指名を受けないうちに「今日はここまで」とホアンが宣言したら、失業者の世界に舞い戻るのだ。この日は、トレーラーにすでに16人の先客がいて、昨日と同じ顔触れも多い。連れ立ってきた応募者を除けば、誰も会話を交わすことはなく、昨日と同じ張り詰めた沈黙が続いた。一握りの新参者が応募用紙に記入している。彼らの顔は切実な感情を隠しきれない。誰もが一縷の望みにかけている。それ以外の応募者はすでに用紙を提出しており、何とか採用してほしいと嘆願する段階に入っていた。

極度の緊張に襲われ、採用はほぼ不可能だという絶望感にとらわれながらも、ホアンが現れれば誰かが応募者から採用者へと一気に早変わりすることが、最終的に屠殺場に採用されることになる応募者にとっては毎朝の儀式になった。「ここが気に入らなければ、帰ってもいいんだぞ」と応募者は繰り返し聞かされる。しかし、斡旋会場となったトレーラーでの経験から判断するかぎり、誰もが前に進むしかない。言語や在留資格の影響で職種が大きく制約される応募者は、なかなか簡単に採用されないからだ。そしていざ採用されると、今度は閉鎖的な環境で厳しく監視される。

ホアンは7時5分過ぎにトレーラーに入ってきた。「ブエノスディアス（おはよう）」と彼が言うと、私たちも一斉に「ブエノスディアス」とつぶやく。ホアンは若い女性から新しい応募用紙を受け取ると、特にひとりの応募者に興味を持った様子だった。それは、ずんぐりした体形に褐色の肌の男性で、クリーム色のシャツに白いパンツという服装だ。どんな経験があるのかホアンにスペイン語で訊ねられ、「門歯」と答えた。ホアンはうなずき、本人確認書類の提示を求めた。そして運転免許証とソーシャルセキュリティーカードを受け取って内容を確認すると、今度は在留カードの提示を求めた。そして男性が首を振ると、今度はホアンも首を振った。在留カードがなければ、ここで働くことはできない。

応募者が静かに座っているあいだ、ホアンは何度か無線に話しかけて「いまの数は」と、ジェイソンという名前の人物に問い合わせた。「276、276だ」と無線で応答があると、ホアンはわかったという様子でうなずいた。そのあと応募用紙をさらに数回めくってから、「エス・トド・ポロイ」といきなり宣言し、つぎに私のほうを向いて「今日はこれでおしまいだ」と英語で付け足した。応募者の半分は、トレーラーの扉に向かって移動した。昨日トレーラーの外で見かけた女性たちも含めた残りの半分は、「いや、今日はまだ終わりじゃない」と訴えるかのように座り続けている。しかし、「エス・トド・ポロイ！」と、ホアンが先ほどよりも大声で繰り返すと、今度は全員が腰を上げた。

皆で一緒にトレーラーの扉に向かったが、私はなかなか立ち去れず、ホアンのほうを向いてこう訊ねた。「どの職場もいっぱいなんですか、屠殺や衛生の関係の職場も？」。すでに答えはわかっていたが、自分がどれだけ切実に働きたいと願っているか、理解してもらう狙いがあった。それに、相手の人間性を探ってもみたかった。ホアンは私の大胆な発言に驚いたが、気分を害したわけではなかった。訛のある英語でゆっくりとこう説明してくれた。たしかに空きはない。チャック〔首から肩の肉〕を骨から引き剝がす作業の経験者が、若干名必要な程度だ。いまは経験者以外を雇うことはできない。そこで私は、自分は呑み込みが早いし、よく働くとアピールした。そんな熱意にほだされたのか、決して悪気はなさそうに、来週またここに来て確認するように勧めた。そこで私はふざけた調子で軽口をたたき、顔を忘れられては困るから明日また来ると応じた。するとホアンは笑いながらこう答えた。「心配ない。きみの顔は忘れないさ。おれの記憶力は抜群で、誰でも一度会ったら顔を忘れない。2、3年前にここで働いていたやつらが戻ってきて、まさかおれが顔を覚えているとは思っていなかったようだが、ちゃんと覚えていたのさ」

この発言を受けて、応募用紙を管理している女性はうなずいてこう言った。「本当よ。全員の名前を覚えているんだから」。この短いやり取りに勇気づけられ、私は「あなたたちの名前は？」と訊ねた。男性は予想通りホアン、そして女性はミシェルといった。

車に到着した頃には雨が降り始め、澄みきった空気に悪臭が混じり合った。黒い口ひげを生やし、ブルージーンズに黒いTシャツ姿の男性が、私の前を歩いていく。コーナーを曲がり、インターステートにかけられた歩道橋を渡ると、降りしきる雨のなかに傘もささずに歩いていった。この日の朝、彼は誰にも話しかけず、誰にも話しかけられなかった。彼にとって、「今日はこれでおしまい」である。

金曜日の午前7時、トレーラーには14人の応募者が集まっていた。5人の若い男性とふたりの若い女性が応募用紙に記入している。つまり今回は、7人が再訪者ということになる。5人の男性のうち4人はひとつの集団で、そのなかのひとりが指南役を務め、応募用紙に記入が必要な様々な数字を教えている。そしてひとりは黒人で、年齢は30代だろうか。青いシャツを着て、携帯電話をしきりにチェックしている。

7時5分過ぎ、ミシェルが現れ、「ブエノスディアス（おはよう）」と挨拶した。電話が鳴り、彼女は応答すると、5分間ほど話し込んだ。「何人なの？　ふたり、それとも3人？」という会話が聞こえる。電話が終わったところで、私は「おはよう、ミシェル」と話しかけた。すると彼女は挨拶を返してから、屠室で数人の空きが出て、経験は問わないと教えてくれた。今日はきっと採用されると励ましてくれたが、ホアンが来ればという条件付きだった。「普段、金曜日は来ないの」だという。

5分後、ホアンがトレーラーに現れた。そして新しい応募用紙に目を通すと、視線を上げて例のアフリカ系アメリカ人のほうを見た。「最近の2カ月間について何も書いてないいな」とホアンから指摘された男性は、警備員をしていたと説明した。「月曜日にまた来てくれ。そのとき考えよう」と言われると、「月曜日?」と繰り返し、ホアンがそうだとうなずくと、トレーラーを出ていった。

そのあとホアンは部屋を見回し、応募者全員に向けてスペイン語で、いまのところ空きはないが、来週か再来週に確認するよう周知した。どこかに空きが出たら電話連絡があるのか、ひとりの男性が訊ねた。そうではなく、ここに来て自分で確認するようにとホアンは説明すると、つぎに私のほうを向いて、居残るようにと顎をしゃくって合図した。

私と、まだ応募用紙の記入を続けているひとりの男性を除き、全員がトレーラーをあとにした。ホアンはミシェルに、ファイリングキャビネットから私の応募用紙を取り出すように指示してから、私には本人確認書類とソーシャルセキュリティーカードの提示を求めた。栄えある賞を勝ち取って私は有頂天になった。大勢の応募者のなかから選抜され、屠殺場で働く特権を手に入れたのだ。

ホアンが私の書類を点検しているあいだ、私はこれからの仕事について質問攻めにした。作業(冷蔵室でレバー〔肝臓〕を吊るす)、勤務時間(朝6時から作業が終了するまでだが、通常は5時頃に終業)、勤務日(1週間に6日だが、この4週間は土曜日が休日になっている)、装備(長靴と手袋のヘルメットは支給されるが、仕事場は冷蔵室であるため、防寒着を準備しなければならない)、給料(彼にはわからないため、監督に訊く必要がある)について質問した。それから、処理する牛の種類(アンガスとヘレフォード)、1日に屠殺される牛の数(およそ2500頭で、1時間につき300頭近く)、作業員の数(800人以上)も訊ねた。私は、耳ではなくレバーを吊るす作業でよかったとジョークを飛ばした。レバーなら1日に2500個ですむが、耳だと2倍の5000個になってしまう。するとホアンは笑いながらこう言った。「脚じゃなくてよかったな。脚だと1日に1万本になる」。レバーはどこへ行くのかと私が訊ねると、ロシアや中東に輸出されると教えてくれた。この屠殺場はレバーの輸出契約を結んだばかりであるため、新たに人員を補充する必要が生じたのだという。

ホアンは、私の応募用紙の上の部分に運転免許証の番号を記入して、「ソーシャルセキュリティーOK」と書き込んだ。それからミシェルと一緒にここを出て屠室に向かうよう指示した。ミシェルによれば、屠られた牛が切り刻まれる製造部門がホアンの担当だった。さらに、彼はすべての部門の採用も手がけている。そして、この施設のラティーノの出世頭だが、仕事には「厳しく」、かならずしも作業員から好かれていないと教えてくれた。

車で来たかどうかミシェルに訊ねられ、そうだと答えると、駐車場に停めるようにと指示された。そこで、金網のフェンスまで車を移動して、「従業員用」と書かれた2番目のゲートに乗りつけると、警備員がゲートを開けてくれた。ミシェルとは先ほどのトレーラーの近くで落ち合い、彼女のあとについて施設のなかに入った。コンクリート製の搬出口の付近には、冷凍専用のセミトレーラーがいくつも連なっている。その前を通り過ぎ、フロントオフィスの背後の大きなコンクリート構造物に沿って歩いていく。隅にある冷凍トラックの搬入口の近くで、このコンクリートの構造物は終わり、白くまばゆいアルミニウムや金属製の外壁に変わった。平屋根に設置されたタービンのようなファンの数は、こちらのほうが多い。

「食肉包装工場で働いた経験はある？」と、歩きながらミシェルが訊ねた。私が首を振ると、「すごく驚くから」と言って、「ここは違うの。本当に違うのよ」と続けた。そこで、どこが違うのか詳しく知りたいとせがむと、こう教えてくれた。「まったくお手上げの人たちもいるの。せっかく採用されても、2時間後にはトイレに行くからと持ち場を離れてそのまま戻らなかった人もいるわ。1日だけ頑張った人、1週間は持ちこたえた人たちもいるけど。製造部門はそこまでひどくないの。肉の血はすでに凍っているから。でも屠室は、それこそ血だらけで不潔よ」

「仕事を好きになれるかなれないか、そこが大切ね」と、ミシェルはしばらく間を置いてから付け足した。自分は屠室でしっかり働くと、私は彼女に見えを切った。「でも、あなたは冷蔵室に配属されるから、最悪というわけじゃないわ。暖かくしてね」と忠告してくれた。

ミシェルは非常に友好的な様子だったため、私はずっと気になっていた質問をぶつけた。「どうしてホアンは僕を雇ってくれたのかな」。彼女は肩をすくめて笑った。「わからない。あなたがナイスガイだから気に入ったんじゃないの」

建物の周囲を歩き続け、両開きのガラス扉のところで立ち止まった。扉の上の壁にはこの屠殺場のロゴ入りの大きな看板があって、「この扉の向こうでは、世界一素晴らしい食品製造チームが働いている」と書かれている。ここは作業員の入口なのだ。フロントオフィスと同じ建物だが、入口は反対側にあって、市内の幹線道路からは離れている。屠られる牛がトラックから降ろされる場所と同じ側だ。ミシェルが扉を押さえてくれて、私はなかに入り、狭くて長い廊下を歩いた。吹き抜けの壁は粗いコンクリート製だ。狭くて低いワイヤーメッシュのベンチに数人の作業員が腰かけ、壁にもたれてタバコを吸っている。みんな白いヘルメットをかぶり、廊下は暖かいのに厚着をしている。暑くて湿気があり、息が詰まるような臭いが充満していた。

廊下を半分ほど進んだところの壁には、ガラス張りの掲示板が設置されている。なかには労働安全衛生庁（OSHA）からの通達、最低賃金やセクハラについての方針が細かい字で書かれているが、ガラスが光ってほとんど読み取れない。廊下の突き当りには、先ほどと同じタイプの両開きのガラス扉があって、このすぐ先に3つ目の両開きの扉がある。その先は二手に分かれ、左側には長くて広い廊下が続き、光沢のある床はコンクリート製で、シンダーブロックの壁には白いペンキが塗られている。一方、右側の壁には明るく照らされたボードに「コミュニケーションセンター」と記され、2枚の同じポスターが貼られている。一方は英語、もう一方はスペイン語で、どちらも「怒らないで」というタイトルが付けられている。そして怒った顔をした男性のユーモラスなイラストに大きな黒い文字が重ね合わされ、つぎのような警告文が書かれている。「怒ると職場の人間関係を損ない、ストレスが増え、生産性が低下します。さあ、大きく深呼吸をしてから10まで数えて。その問題には怒るだけの価値があるのでしょうか？　国が違えば考え方も違うのだから、そこを理解しましょう」。ポスターの隣には、毎年恒例の野外親睦会のチラシが貼り付けてあった。

これから数カ月間働くあいだには、気持ちがどん底まで落ち込む経験に何度か見舞われるが、そんなとき、このコミュニケーションセンターはほろ苦いユーモアで私を確実に慰めてくれた。つぎの土曜日は仕事があるのかといった、本当に重要な連絡事項は掲示されない。その代わり、見栄えが良くて元気が出るようなポスターが次々と交代で貼り出されていた。たとえば、オレンジ色の葉をつけた木が描かれ、つぎのような言葉が記されたものがあった。

敗者は約束をしばしば破る。勝者は約束を常に守る。
——デニス・ウェイトリー、モチベーショナルスピーカー、作家

「一考の価値あり。どうか感謝の一言を」というタイトルのポスターもあって、ある作業員についての逸話が紹介されていた。この人物は、上司に命令されたプロジェクトを徹夜で仕上げた。ところが翌朝、上司は成果を横取りし、礼を言うわけでも、感謝を態度で示すわけでもなかった。この哀れなストーリーは、「他人が無神経（crass）でも、自分たちは品位（class）を示して！」という忠告で終わっている。さらに別のポスターには、「図解カレントニュース：理解できないこと」（国際版）というタイトルが付けられ、成長が止まってしまう理由に関する、イェール大学児童健康研究センターの研究結果が引用されていた。

こうしたポスターは何とも滑稽で痛ましい。いずれもコネチカット州ノースヘブンのある企業が大量生産したものだが、屠殺場のような職場にふさわしいとは思えない。おそらくオフィスや銀行を対象に作られたのだろう。ポスターが伝えるメッセージは、屠殺場での日々の経験のほぼすべての

側面と明らかに矛盾している。ポスターは、私たち従業員は本物の感情を持った人間であり（ここでは、生産性向上のために感情が抑制される）、尊敬され評価される必要があり（監督から「無神経」な態度でこき下ろされても、「品位を示す」ことが期待される）、知的好奇心を育むべきだと訴え（なぜ成長を止めてしまうのかといった問題が話題になる）、人格形成に関心を持つよう呼びかけている（モチベーショナルスピーカーや作家の指導を受けるという条件付きになる）。このように人目を引くコミュニケーションセンターは他にもあり、似たような掲示板がある。しかしそこでは、眩しいバックライトで照らされるわけでもないし、逸話が紹介されるわけでもなく、（つぎの土曜日は就業日かといった）すべての従業員が本当に立ち止まって読むべき情報が掲載されている。ひょっとしたら、この自称コミュニケーションセンターは、フロントオフィスが長年温めてきた計画なのではないか。製造現場で働く作業員の権利を侵害するために創造されたフィクションのようにも感じられた。

私はミシェルのあとについて、廊下を左側に進んだ。滑らかなコンクリートの床で、ブーツの底が滑りやすい。廊下の中ほどには、車が通れるほど広い階段が右側にある。階段を上り、白いシンダーブロックの壁を180度曲がってさらに上ると、2階に到着する。ここにも、滑らかなコンクリートの長い廊下が続いている。階段の最上段で、ミシェルは通りかかった男性に「リカルド」と呼びかけた。リカルドはずんぐりした体形で、青い制服に赤いヘルメットをかぶっている。肌は薄茶色で、ふくよかで丸い顔のなかの黒い目は小さい。唇は薄い口ひげの下に隠れ、口ひげは、鼻の脇の大きなほくろから直接伸びているように見える。ミシェルから「冷蔵室の新人よ」と私を紹介されたリカルドは、「今日はオリエンテーションを頼む」と彼女に指示した。それから私を一瞥して、「月曜日の6時半にここに来てくれ」と言った。

「どこに行けばいいんですか？」

「ここに立っていろ。ここに迎えにくる」と、少し訛のある英語が返ってきた。

「この人、牧場で牛の世話をしたことがあるのよ」と、ミシェルがいきなり話した。

リカルドは彼女を見上げ、「へえ」と反応した。

「冷蔵室以外で、何か仕事をするチャンスはありますか」と私は訊ねた。

すると、背後から声が聞こえた。「もちろん。真面目に働いて毎日休まずに来れば、チャンスはたくさんあるよ。出世できることはミシェルを見ればわかる。箱作りの仕事から始めて、いまじゃ新規採用の担当だからな」

振り返ると、背の高いスリムな白人男性がいた。目は黒くて鼻は高く、縮れた黒髪が白いヘルメットの下からはみ出し、濃い口ひげをたくわえている。何か薄い素材のダークブルーのオーバーコートを羽織り、前をはだけているため青いポロシャツが見える。あとはブルージーンズに、黒みがかったワークブーツという服装だ。右手を私のほうに伸ばしてきたため、緊張しながら向きを変えて握手した。彼は「ビル・スローンだ」と言うと踵を返して廊下を歩き去り、そのあとにリカルドが続いた。

あとから知ったのだが、リカルドはこの施設の大勢の監督のひとりだった。ただし、他の監督は製造現場の管理を任されているが、彼の役割は異なる。施設のマネジメントを担当し、「あちこちに顔を出しては問題の処理にあたる」。懲戒処分が必要な場面では通訳を務め、どこかの部署に空きが生じて内部昇進のチャンスが開ければ、ブローカーの役目を果たす。そしてビルは、屠室のマネージャーの息子、つまりこの施設の屠殺部門のナンバーツーが父親だった。そのため人事の決定のほぼすべてに関する権限を持ち、日々の意思決定の多くに携わった。父親が関わっている事柄では決して出しゃばらないが、権限の範囲は広く、懸案の処理を父親に任せるべきか否かの裁量を委ねられていた。たとえば肩書のないライン作業員でもビルと親しい関係にあれば、ほとんど仕事をせずに時間を過ごし、直属の上司の権限を無視しても許された。

再びミシェルに導かれて階下に降りると、照明が眩しいコミュニケーションセンターを通り過ぎて廊下を進んだ。そして3番目の両開き扉をくぐって左に曲がると、すぐに仕切りのない大部屋があった。なかには背もたれのないベンチが何列も並べられ、あちこちで交わされる会話の声で騒々しい。部屋の外には、つぎのような張り紙があった。「屠室の作業員各位。立ち入り禁止区域につき、入室には許可が必要」。白いオーバーコートと白いヘルメット姿の作業員が何百人もベンチに並んで腰かけ、食べ物を猛烈な勢いで口に入れている。外は夏の暑さが厳しいことを考えれば、皆が別の気候帯から移住してきたような印象を受ける。白い仕事着の下に、セーターを何枚も重ね着している。ミシェルと私が前を通り過ぎると、何人かは目線を上げた。私が微笑みながらうなずくと、微笑みを返してくれた。

部屋を半分ほど進んだところに表示も張り紙もない扉があって、ミシェルはその扉を開けた。なかは長方形の小部屋で、さんざん見慣れたシンダーブロックの白い壁に囲まれている。部屋の中央にはプラスチック製のテーブルがあって、もうひとつのテーブルが奥の壁に隙間なく付けられ、小さなテレビが置かれている。別の壁にはガラスのショーケースが設置されている。なかには様々なトロフィー、ラミネート加工されたサッカーチームの写真、米国食肉協会から贈られた複数の額が飾られている。この額は、優れた職場環境と高い安全性を評価されたものだ。

ミシェルは金属製の折り畳み椅子に座るよう私に促すと、これからビデオを観てもらうと伝えた。彼女から手渡されたフォルダーには、この施設の仕事や各種の手当てについての情報が記されている。ビデオのオープニングクレジットには、これは安全に関する事項を周知するビデオであり、赤身肉業界を対象にオマハで制作されたもので、労働安全衛生庁（ＯＳＨＡ）の認可を受けているという前置きがあった。そのあとは1時間にわたり、命令事項と禁止事項に関する退屈きわまりない説明が続く（危険な状況に気づいたらかならず監督に報告する、常にヘルメットを着用する、自宅ではストレッチやエクササイズを怠らない、走らない、ものを背負わない、訓練を受けない限りフォークリフトを運転してはいけない、など）。つぎに、「この職種に共通する」様々な事故についての警告があった（機械による粉砕、切り傷、反復動作による障害、背部損傷、化学火傷、指、腕など体の部位の切断）。そしてそれに続き、怪我が引き起こされる場面の映像が紹介されるが、かならず実際に怪我するシーンの寸前で止められている（フォークリフトのフォークが制御不能に陥って作業員に向かってくるところまでは見せられるが、作業員を直撃する映像は含まれない。あるいは、手にナイフを持ったまま走っている作業員が足を滑らせたような映像はあるが、それによって怪我をしたシーンはなかった)。

私はビデオの情報に集中しようと努めたが、早口で単調なナレーションと、似たような映像の繰り返しは、カーディーラーや住宅ローン専門金融機関のラジオ広告で最後にまくしたてられる法定開示事項の説明を連想させた。しかも私は、採用が決まったときの高揚感がまだ抜けきらず、他のことにじっくり集中できなかった。15分後には、命令事項と禁止事項を記憶するのを諦めた。結局、このあと数週間働いてわかったのだが、このリストは製造ラインの現実と正反対だった(実際の作業員は、危険な状況について監督に報告せず、職場を走り、ものを背負い、操作の仕方を知らなくてもフォークリフトを運転する)。ビデオが30分経過すると、ここでの仕事はあまりにも危険が多く、最初の1週間を生き延びられるだろうかと不安になった。そして40分後には、私が勤務中に何らかの事故に見舞われても、オリエンテーション用ビデオで警告されていたと抗弁できるのだから、屠殺場は困らないのだと理解した。ミシェルは部屋への出入りを周期的に繰り返し、何か質問はないかと訊ねた。

ビデオがようやく終わると、「全部理解した?」と彼女は訊ねた。

「そう思う」と私は答えながら、何も質問されないことを祈った。

幸い質問はなかったが、たくさんの用紙への記入が待っていた。安全に関する研修ビデオをきちんと観たこと、会社は随意雇用方式を採用しているため、いかなる理由であれ事前通知の有無を問わず、いつでも私は退職できるし、会社は私を解雇できること、私が退職時に返却しなかった備品については、費用の払い戻しに同意することを用紙に書き込まなければならない。さらに、私はアメリカ合衆国で雇用される法的資格を有することを証明し、所得税の控除額を報告する必要もあった。この最後の項目を見るだけでは、実際にどれくらいの報酬を得られるのかわからない。ミシェルに訊ねたが、彼女にもわからず、「監督に訊いてちょうだい」と言われた。

つぎにミシェルは私を白い壁の前に立たせ、IDカード用のポラロイド写真を撮影した。写真が現像されるあいだ、私たちは雑談を交わした。そして彼女は20歳で、2年前からここで働いていることがわかった。最初は地下で段ボール箱の組み立て作業に従事していたが、フロントオフィスで採用とオリエンテーションを担当している「別の女性」が退職したため、栄転の運びになった。というのも、彼女は英語もスペイン語も堪能だったからだ。ふたりの幼い子供がいて、サウスオマハで暮らしている。界隈にはメキシコ人が圧倒的に多く、「白人男性はふたり」しかいない。ここは働きやすい職場なのか、ここで働くのは嫌ではないか、他の人たちはおおむねこの職場が気に入っているのか訊ねた。すると答えを濁し、肩をすくめてこう言った。「配属された仕事を好きになれればね」。それから私に仮のIDカードを渡し、月曜日にセキュリティを通過するためにはこれが必要だと教えてくれた。私たちは出口に向かって廊下を歩いたが、途中のカフェテリアは閑散としていて、カラフルな弁当箱がいくつか簡易式のテーブルに置かれているぐらいだ。さらに廊下を進むと、先ほどとは別の男性と出会った。赤いヘルメットをかぶった痩せ細った人物で、白い肌と青白い目をしている。ミシェルから、彼はジェイムズだと紹介された。「あなたの監督よ」と言うと、彼女は私をひとり残し、手を振りながら歩き去った。

ジェイムズからは、仕事は7時に始まり、月曜日から土曜日まで毎日9時間作業が続くと教えられた。そして冷蔵室は寒いため厚着をしてくるように忠告され、昼食は持参しても外のキッチンカーで購入してもいいと言われた。給料はどれくらいなのかと訊ねると、「いまはわからないが、あとで確認しておく」と答えた。それから付いてくるようにと言われるまま、2階への階段を上って部屋のひとつに入った。そこには金属製のユーティリティシェルフが所狭しと並べられ、どれも箱やペーパータオルや石鹸でいっぱいだった。部屋の奥には巨大な洗濯機が何台か置かれている。そして片隅にはメッシュのケージがあって、なかには年配の黒人男性の姿があった。下腹部がせり出し、金縁の眼鏡をかけ、顔には染みがあり、黒い金属製のスツールに座って楊枝を噛んでいる。青いTシャツにパンツ、革のブーツという服装で、白いヘルメットをかぶっている。ベルトには黒い無線が留められていた。

「新人だ」とジェイムズが話しかけた。「月曜日から冷蔵室で働く。ブーツ、グローブ、白いフロック、白いヘルメットが必要だ」。男性はうなずき、「オーケー」と答えた。

ジェイムズからは、月曜日の7時15分か20分前にこの部屋に来るように言われた。私は礼を言ってから階段を下りて、両開き扉をくぐった。それから廊下を歩き、もうひとつの両開き扉をくぐると外に出て、真昼の太陽の眩しい光を浴びた。

架空の都市エスメラルダについて、イタロ・カルヴィーノはこう記している。「エスメラルダの地図には、インクの色を使い分けてあらゆるルートを表示しなければならない。固定されたルートも流動的なルートも、見えるルートも隠れたルートも、すべてが含まれなければならない」[3]。屠殺場の物理的空間や相関空間にも、エスメラルダと同じことが当てはまる。結局、私が固定された明白なルートをインクで描けるようになるまでには数カ月を要し、隠れた流動的なルートを異なる色のインクで描けるまでには、さらに長い時間がかかった。最初の出勤日には、どの作業空間も廊下も扉も壁も、私にとって風変わりで異質に感じられるものばかりだった。そしてどの顔も声も、差し伸べられる手も、どんな人物のものかわからなかった。服装、ヘルメットの色、声に備わった威厳など、手がかりがなかったわけではない。しかし、あとからわかったのだが、いずれもヒントになる一方、しばしば判断を誤らせる原因にもなった。

第5章　10万個のレバー

職務番号119、サプライルーム・スタッフ：ヘアネット、手袋、安全手袋、エプロン、ナイフ、ゴムバンド、ビニール袋、ヘルメットなど、作業員に必要な備品の供給を管理する。

「この野郎、早くしろ！」列の前方から声がした。微かだが、たしかに聞こえる。時刻は午前6時45分。いよいよ屠殺場の作業員としてデビューする。金曜日には施設内の安全性や業務内容についてのビデオを見せられ、頭がすっかり混乱した。そのため週末は何とか内容を理解しようと努め、「レバーパッカー」は何を要求されるのだろうかと、あれこれ想像した。職場環境が寒いことを予想して、ジーンズの下にはタイツを穿き、半袖と長袖のTシャツの上に2枚のスウェットシャツを重ね着した。そして、忘れずに持参するようにと言われたロッカーの鍵を持ち、サンドイッチとフルーツをビニール袋に入れて準備した。

「こいつ、遅いぞ！」

先ほどと同じ耳障りな声がする。かろうじて聞き取れる声が、白いヘルメットとグレーのヘルメットの列の先から聞こえてくる。つま先立ちになって前方に目を向けると、金曜日にジェイムズから紹介された男性がケージのなかのスツールに座っている。両足をスツールの足置きに乗せ、両手を備品棚に突っ込んで、軍手、緑色のゴム手袋、黒いヘアネット、オレンジ色の小さな円錐形の物体（耳栓）の入ったビニール袋を取り出している。列に並んでいる男たちは無言のまま前に進み、自分の順番が回ってくるのをケージの前で待ち続けている。

「とっとと失せろ！」

近づくにつれ、唇の動きが見えるようになった。やはり声の主は例の黒人で、手袋やヘアネットを渡しながら暴言を吐いていたのだ。私の前の男性はその前に並ぶ男性の陰に隠れてこっそりと、中指を立てて侮辱した。やがて、私の番がやってきた。

「新入りだな。どこだ？」

「冷蔵室でレバーを吊るします」

「じゃあ、ナイフはいらない。靴のサイズは？」

「9・5インチ〔24センチメートル〕です」

男性は、巨体に似合わず機敏な動作でスツールを降りると、ケージの後ろまで歩き、新品の白いヘルメット、ビニールに包んだままの緑色のゴム手袋、それに白いコートを持ってきた。そしてその他に、白い軍手、緑色のゴム手袋、黒いヘアネット、耳栓の袋を加えた。「軍手は翌日の朝に返却し、新しいものと取り替えろ。あと、これにサインだ」と言って、クリップボードを私のほうに突き出した。私のせいで列が滞っているため、急いで書類に目を通した。それは、施設を見学し、緊急避難の訓練を受け、救護所の所在地を確認したことを報告し、「清潔で良好な状態で」返却されない備品にかかる費用は最終的に給料から差し引かれることに同意する内容だった。施設の見学はまだだったため、いつになるのかと訊ねた。

「ああ、それか。おれには無理だ。どこに何があるかわからないからな」

私は気を利かせて署名を済ませ、支給された備品を抱えて部屋の向こう側に移動した。このあと数週間が経過してようやく、この黒人がオスカーという名前だと私は知った。オスカーは備品室の責任者で、この産業屠殺場では30年のベテラン（「勤続」の褒美として費用は会社持ちで船旅に招待されこともあった）である。放課後のスクールバスの運転手を務め、カジノが大好きだった。疲れ果てて、休憩時間に食事をとりながら眠り込むこともめずらしくない。そして、屠殺場の作業員を「いいやつだな」とほめるときと、先述したような悪態をつくときがあった。そこにはひとつだけ一貫したパターンがある。食事を分けてくれる作業員は「いいやつ」で、居眠りする様子を嘲笑う作業員は別のカテゴリーに属した。

身長が6フィート〔182センチメートル〕以上の痩せ細った白人が備品室に入ってきた。分厚い眼鏡をかけ、ライトブルーの半袖のポロシャツにダークブルーの長ズボンという服装で、ヘルメットはかぶっていない。私に気づくと、身を乗り出さなければ聞こえないほど小さな声で「新人か？ ロッカーの場所はわかるか？」と訊ねた。私が首を振ると、付いてくるように身振りで示したため、私は彼に従って備品室をあとにした。廊下の突き当りで角を曲がると扉があって、今度はそこに入るよう身振りで示す。扉には「クリーンゾーン男性用トイレ」と書かれている。

「ロッカーはここだ。荷物はここに置いておけばいい。鍵を忘れるなよ」

「ありがとうございます。お名前は？」

「ぼく？」と男性は驚いた表情をしてから、「リック、リックだ」と答え、廊下を後戻りして角を曲がっていった。オスカーと同様、リックについても数週間後には詳しい情報を手に入れた。彼はこの施設の屠室に「安全コーディネーター」として雇われている。ＯＳＨＡ（労働安全衛生庁）の記録管理や行動規範の遵守を担当し、応急手当を施し、毎年行なわれる従業員の健康診断の調整を行なう。さらに、フロントオフィスの食品安全コーディネーターが施設の様々な場所で実施する、微生物レベル検査も手伝っている。穏やかな口調の福音ルーテル派の信者で、教会での礼拝に私を一度ならず誘ってくれた。ちなみにアイオワ州でトウモロコシと大豆を栽培する農家の息子だった。5年前にアイオワ州立大学で工学の学位を取得したが、卒業後の最初にして唯一の職場がこの屠殺場だった。作業員、監督、責任者のほぼ全員から無視され、屠室には滅多に顔を出さない。廊下の突き当りの窓がない小さな「安全コーディネーター用オフィス」で、ほとんどの時間を過ごしている。

クリーンゾーンの男性用トイレには、スツールが5脚、便器が4つ、シンクが4つ据え付けられている。部屋の奥には、「クリーンゾーン男性用ロッカールーム」と表示されている。扉を開くと薄汚れて悪臭を放つ部屋があって、グレーの金属製のロッカーが3列並んでいる。2列はそれぞれ両側の壁に固定されており、部屋の真ん中には両開きのロッカーが置かれ、隙間には白くて細長いベンチが置かれている。トイレの入口とロッカールームのあいだには狭い通路があって、突き当りはタイル張りのシャワールームで、壁にはシャワーヘッドが5つ、等間隔で並んでいる。

1列目のロッカーを奥へ進むと、数人の男性が着替えている最中だった。彼らに会釈しながら歩き続けると、225番のロッカーが空いている。そこでベンチに座り、備品を取り出した。ヘアネットはシンプルなもので、両手でつまんで伸ばしてから頭にかぶった。ヘルメットの外側の素材は頑丈なプラスチック製で、裏にはグレーのプラスチックのインナーが付いている。このインナーが頭のてっぺんと接触し、頭と固いヘルメットのあいだでエアクッションの役割を果たしてくれる。プラスチックのバンドは、顔のサイズに合わせて幅の調節が可能だ。しかし、かぶり心地がいいと、かがみ込んだときや頭を急に動かしたときにずれてしまう。もう少し締め付ければどんな動作をしても微動だにしないが、一日の終わりには頭痛に悩まされる。緑色のゴム長靴はふくらはぎまでの高さで履きづらいが、足にフィットして履き心地のよさに驚かされる。耳栓が入った小さなビニール袋を開けてみると、オレンジ色をした円錐形のフォーム耳栓がふたつ、青いプラスチックの紐でつながっている。試しにこれを耳に押し込んでみるが、大して音は遮断されない。手袋はどうすればいいのかわからないため、ジーンズのポケットに押し込んだ。気がつくとロッカールームには誰もいなくなっていたため、私は荷物を急いでロッカーに収めて備品室に向かった。

採用された日に紹介された、監督用の赤いヘルメットをかぶったリカルドは、廊下で私を見つけると、無線機に向かって何かを話した。数分後には、身長が5フィート〔152センチメートル〕ほどでやせ細った、ダークブルーの制服姿の男性が合流した。口ひげを生やし、明るい黄色のヘルメットの下からはポニーテールが覗いている。この日初めて笑顔を向けてくれた人物だったが、左目の焦げ茶色の虹彩の一部が白目まで侵入しているため、つい怯えてしまった。彼は私の服装を一瞥して観察し、何も言わずに備品室に入っていった。戻ってきたときには白いフロックを持っていて、「寒いぞ」と言いながらそれを私に手渡した。声は若くて張りがあり、英語には外国人のアクセントが残っている。いくらネイティブスピーカーの真似をしても、完全にはなりきれないようだ。

私は2枚目のフロックを1枚目の上から羽織った。廊下は標準の室温であるため、何枚も重ね着すると体は汗ばみ、窮屈に感じられる。若い男性はすぐに部屋を出ていくと、廊下を歩いていった。そしてクリーンゾーンの男性用トイレ兼ロッカールームのほうには曲がらず、大きな両開き扉をくぐっていった。

扉の向こうは大きくて奥行きのある部屋で、金属が光り輝き、騒々しい音を立てている。すぐ目の前では、頭上の明るい照明に照らされながら、幅がおよそ5フィート〔1・5メートル〕、長さが20〜30フィート〔6〜9メートル〕の金属製のコンベヤーが激しく揺れ動いている。どこを見回しても、作業員は白いヘルメットをかぶり、真っ赤に染まった床や高台で作業に従事している。誰もが無言の職場は不気味な静けさに包まれ、私たちに背中を向けている者もいれば、顔を向けている者もいる。統一感はなく、規則性は見られない。さらに有機物と化学薬品を混ぜ合わせたような奇妙な悪臭が充満している。ちょうど掃除が中途半端に終わったトイレのような臭いだ。

ここは廊下よりもさらに暑い。この部屋を足早に通り過ぎ、壁のほうへ向かう。壁は照明で明るく照らされ、フックが引っかけられている。先ほどと同じように作業員の集団が職種ごとに分かれ、無言のまま働いている。ここで右に大きく曲がると、そこは薄暗い照明のコンクリートの階段のてっぺんだった。幅はおよそ15フィート〔4・5メートル〕で、急な階段を下りた先には大きな白い扉がある。高さは少なくとも15フィート、幅は12フィート〔3・6メートル〕ほどだ。ここでは、有機物と化学薬品の臭いのせめぎ合いのすえ、前者の臭いが勝っている。

金属製の手すりを摑んで、黄色ヘルメットの男性が長靴の音を壁に響かせながら、階段を下りていく。そして下まで行くと、小さな金属製のハンドルで扉を強く引っ張った。

扉の後ろの氷点下に近い空気が、階段の吹き抜けの熱くて湿った空気と激しくぶつかり合い、蒸気がもうもうと舞い上がった。もやに隠れてぼんやりとしか見えない黄色ヘルメットの男性から手招きされ、私は冷蔵室の巨大なチャンバーのなかに入っていった。頭と蹄を切り取られ、皮を剝がれた牛は真っ二つに切断され、頭上のフックに後ろ脚で吊るされている。それが部屋中に何列も連なっている。白く発光するハロゲンライトに照らされた生命を奪われた物体には、まったく現実感がない。まるで、巨人の子供の遊戯室に準備された巨大なプラスチック製の組み立てブロックのパーツみたいだ。パートAの肋骨とパートBの肋骨をはめ合わせると、内臓がない空の胴体が出来上がる。そこに頭と蹄を加え、胴体を好きなパターンで色付けすれば、ブロックは完成する。

黒い口ひげの男性がふたり、黄色ヘルメットと目礼を交わして通り過ぎていった。身長が違いすぎて、滑稽なほどミスマッチだ。ふたりは大きな扉を押し開けると、階段の吹き抜けの壁にチェーンでつないだ。蒸気が充満しているため、ふたりの顔はぼんやりとしか見えず、明るい黄色のレインコートの動きでかろうじて存在を確認できた。黄色ヘルメットは姿を消した。しばらくすると、白く凍った枝肉が連なる列の1列目の後ろから、フックがぶら下がった銀色のカートを引きながら再び現れ、カートを私の前に停めた。

ステンレス鋼を溶接して作られたカートは、高さがおよそ6フィート〔1・8メートル〕で、頑丈な底部は3フィート×6フィートの長方形をしている。車輪は4つで、直径がおよそ6インチ〔15センチメートル〕の大きいほうのふたつの車輪は、それぞれ底面の横幅の中心あたりに、直径がおよそ3インチの小さな2つの車輪は、それぞれ縦幅の中心あたりに取り付けられている。カートは常に、大きな2つの車輪と小さな車輪のひとつに支えられている。そして、小さなふたつの車輪のうち床と接触した片方の向きに傾いている。底部には、左右に1枚ずつ、2枚の鋼板が垂直に溶接されている。幅はおよそ4インチ〔10センチメートル〕、厚みは0・5インチで、2枚の鋼板のあいだには、幅も厚みもそれよりやや小さいクロスバーが両側に4列ずつ、全部で8本結合されており、ピラミッドのように先細りしている。さらに、最下段の2本のクロスバーのあいだには、別のクロスバーが溶接され、左右の鋼板をつないでいる。そしていずれのクロスバーからも、10本のフックが突き出している。どれも長さはおよそ4インチ、付け根の直径は1インチで、先端が尖っている。4組のクロスバーに10本ずつ計80本、中央のクロスバーの両側に10本ずつ、合計100本のフックが取り付けられている。まるでヤマアラシが鋼鉄の針を逆立てているようだ。

私の目がこの奇抜な存在にくぎ付けになっているうちに、体はより基本的な部分で大きな痛手を被った。重ね着している衣服の隙間から冷たい空気が浸透し、数分もすると皮膚の下に入り込み、骨にまで達したのである。冷蔵室の向こう側の壁に設置されている小さな温度計の水銀は、32と36（摂氏0度から2度）のあいだを推移している。頭上では巨大な冷却ファンが絶えず耳障りな音を立て、その振動が壁からコンクリートの床にまで伝わってくる。オレンジ色の耳栓を深く押し込むと、音は許容範囲にまで緩和されるが、すぐに緩んでしまう。

黄色ヘルメットがグローブをはめた両手を差し出してきて、最初はそれを呆然と見ていたが、ほどなく手袋をはめるよう私に言っているのだと理解した。すでに指は寒さでかじかんでいる。前ポケットにぎこちない動作で手を突っ込み、備品室で渡された手袋を取り出した。黄色ヘルメットは緑色のゴム手袋をはめているため、私も左手にゴム手袋をはめようとした。すると彼は私の腕を掴み、首を振った。そして自分のゴム手袋をひとつ脱いで、なかに軍手をはめているところを見せてくれた。軍手をはめ、つぎにゴム手袋をはめるまで、ずいぶん時間がかかった。そのあいだ黄色ヘルメットは目をそらさず、私を品定めしている。こんなこともできない恥ずかしさで、私は頰を真っ赤にした。

ようやく手袋をはめ終わると、黄色ヘルメットは冷蔵室の壁を指さした。ここで初めて、私はチェーンの存在に気づいた。太くて色の濃いスチールを編んだケーブルで作られたチェーンが、ふたつの鎖歯車のあいだに緩みなく張られている。鎖歯車は直径がおよそ1フィート半（45センチメートル）で、長い金属棒で天井からぶら下げられている。入口のすぐそばの歯車は、床からおよそ12

フィート〔3・6メートル〕の高さだ。もうひとつの歯車は、床からおよそ5フィート〔152センチメートル〕の高さで、冷蔵室の扉からおよそ10フィート〔3メートル〕離れたコンクリートの支柱の近くに吊るされている。太いケーブルは高い場所の歯車から低い場所の歯車まで伸びて、歯車に巻き付いてから、高い場所の歯車のほうへ戻っていく。こうして、1フィート半の距離を隔てたふたつの鎖歯車は、平行して走るケーブルによって結ばれている。平行に走るケーブルはどこまでいくのか、天井を見上げて観察すると、階段の脇をさらに進み、最後は階段のてっぺんの小さな長方形の開口部に消えていく。ケーブルにはおよそ1フィートの間隔で、先端が鋭い金属製のフックがずらりと並んで光り輝いている。

いきなり鎖歯車が回り始め、ケーブルが動き出した。黄色ヘルメットは2本の指を目に押し当ててから、移動するフックを指さした。私はうなずき、フックのほうへ目を向けた。つぎに黄色ヘルメットは、壁の近くの床に巻かれたホースのところまで歩き、白いバケツに水を満たし、移動を続けるケーブルラインにバケツを持ってきた。それから雑巾を取り出すと水で濡らし、低い歯車を回って近づいてくるフックをきれいに掃除した。そして私にも雑巾を持つように合図した。ふたりのあいだで会話は一言も交わされないが、コミュニケーションはスムーズに進行する。私は雑巾を手に持ち、近づいてくるフックを掃除した。それを数回繰り返すと、黄色ヘルメットは私の手を取り、雑巾をバケツに突っ込み、絞るように動作で示した。それから私の仕事ぶりを観察した。フックを5回掃除したら、雑巾をバケツに入れて水を絞る。黄色ヘルメットが小さくうなずいたため、私は少し元気づけられた。「レバーハンガー」の仕事で何を要求されるのかわからず、何をやっても失敗しそうで、週末は恐れと不安に苛まれ続けた。フックを5本掃除して雑巾を水に浸して絞る作業は、どうやら合格したようだ。

フックを5本掃除してから、雑巾を水に浸して絞る作業を黙々と続けた。やがて蒸気ともやのなかから、私の初仕事で扱うレバーが、高い歯車を回って近づいてきた。これから2カ月半のあいだに私はレバーハンガーとして、10万個以上のレバーを取り扱うことになる。8インチ〔20センチメートル〕のフックに突き刺され、ケーブルの振動で揺れながら、インゲン豆のような形をした赤茶色のレバーが、高い歯車から低い歯車のほうへ移動してきた。それはまるで生きているようだ。低い歯車を回って壁から離れ、こちらに近づいてくると、黄色ヘルメットは私にどくように合図した。そして緑色の手袋をはめた両手でレバーを摑むと、持ち上げて引き抜こうとした。少し手間取ったが、鋭いフックからうまくレバーを外すことができた。濃い紫色の血が、フックの傷跡から滴り落ち、ほどなくゴム手袋の上を大量に流れ、白いフロックの袖口全体に広がっていく。黄色ヘルメットは振り向くと、レバーの左右ではなく上下を両手で挟みながらスチールのカートと向き合い、少しずつ慎重にレバーを押しながら突っ込み、銀色のカートの左側の最も下にあるフックに差し込んだ。再びフックに突き刺されてレバーからは血がほとばしり、明るい銀色の表面には粘り気のある紫色の血痕の輪が瞬く間に広がっていく。

レバーはなんと滑らかなのだろう。白くて弾力のある筋が片方の縁だけでなく、中心部分を横断して走っている。輪郭は象の耳のようだが、端のほうが微妙に狭くなっているところはバラの花びらを連想させる。長さは私の前腕ほど、幅は最も広いところで両手を並べたほどもあり、縁に沿って脂気のある穴や隙間が点在している。そのひとつ〔後大静脈〕をうまく利用して、黄色ヘルメットはレバーをカートのフックに差し込んだ。

レバー（肝臓）は、牛の体のなかで最も大きな器官で、生命の維持には欠かせず、驚くべき再生能力を備えている（クロード・パヴォーの『牛の内臓の生体構造のカラーアトラス（Color Atlas of Bovine Visceral Anatomy）』によれば、ネズミの肝臓は全体の3分の2を切除されても、3週間未満で完全に自己再生される(1)）。成牛の肝臓は最大で25ポンド〔11キログラム〕に達するが、その4分の1は血液が占める。そして様々な機能を備え、たとえば窒素性廃棄物はここで老廃物に転換され、腎臓から排泄される。あるいは胆汁の生成と分泌、ビタミンと鉄分の貯蔵を手がける。そして、サイズの大きさと体腔〔訳注：内臓が収められている場所〕で占める位置のおかげで、体温を維持するための熱を生み出している。いまや体内から取り出されて分離され、カートの左側の下段に吊るされているレバーは、広くて寒い冷蔵室にむせるような強烈な臭いを放っている。

ケーブルはレバーを外されたあと、高い歯車に向かって勢いよく上昇していくが、私は血で汚れたフックの掃除を黄色ヘルメットから動作で命じられた。そのそばでは、内臓を取り除かれて皮を剝がれ、不気味な雰囲気を醸し出す牛の巨大な白い半身が、唸るようにチェーンの音を立てながら次々と運ばれてくる。コンクリートの階段を下りて開け放たれた扉から冷蔵室に入ってくるが、その両側には明るい黄色のレインコートを着て口ひげをはやした凸凹コンビが待機している。私は汚れたフックに手を伸ばしたが、タイミングが遅れた。そしてこのとき突然、自分がどんな作業の一部に組み込まれたのか理解した。湯気が立ち上る肝臓も、抜け殻のような枝肉も、ほんの少し前までは息をして歩き回る動物にとって欠かせない要素だった。しかしいまや、チェーンやケーブルで冷蔵室まで運ばれ、原形をとどめない製品として分離・分別され、解体された肉として扱われる。

しかもレバー処理の部門には、頭を整理する時間もスペースもない。レバーも枝肉も、どちらも容赦なくこちらに向かってくる。ペースが速いため、もたついてはいられず、機敏に反応しなければならない。そんな作業場の光景は現実離れしている。冷蔵室の汚れた白い壁を背景にして赤茶色の肝臓が次々と運び込まれ、コンクリートの床には絶えず血が滴り落ちる。黄色ヘルメットの作業はリズミカルだ。稼働しているケーブルのほうを向いていたと思えば、今度はスチールのカートのほうを向いている。湯気が立ち上るレバーをフックから外し、それを両手のなかで回転させ、後大静脈をカートと向き合わせてから、カートのフックに差し込んでいく。レバーを外し、回転させ、差し込む動作が滞りなく繰り返される。このあと30分間、私たちは無言のまま並んで作業を続けるが、私はリズムを摑めずに苦労した。血だらけのフックを掃除して、雑巾を水に浸して絞る動作を繰り返すが、軍手の上からゴム手袋をはめていても、濡れ雑巾は凍るように冷たく、指の感覚が麻痺する。移動してくる金属製のフックに雑巾を巻き付け、拳を力強く握りしめる。それから拳を上下に動かして柄の部分を掃除し、つぎに前後に動かして曲がった先端から血の汚れを拭き取り、そのあとは取りきれずに残された脂肪や肉のかけらを床に放り投げる。

1台目のカートのすべてのフックにレバーが吊るされると、黄色ヘルメットは前のめりになってカートを押し、7、8フィート〔2メートル以上〕離れた場所まで運んでから、2台目の空のカートを押して戻ってきた。彼はレバーを外し、回転させ、カートのフックに差し込み、私はフックの汚れを拭き取り、雑巾を水のなかで絞る。黄色ヘルメットと私の作業に、ようやくリズムが生まれた。そこで私は、思い切って声をかけることにした。

「僕はティム！」と、つぎのレバーが低い歯車を回ってやってくるまでの2秒間に、私は大声で叫んだ。しかし黄色ヘルメットは肩をすくめ、血だらけのグローブをはめた手を耳に押し当てている。頭上の冷却ファンの音は耳を弄する。私がもう一度叫ぶと、今度は微笑んだ。そして作業着に触れながら、「ハビエルだ」と教えてくれた。そのあと何度か、手ぶりを交えながら大声で会話を交わしたすえ、ハビエルはメキシコ人で、この屠殺場には13年近く勤務していることがわかった。仕事は「まあまあ」という程度だが、「給料は十分」だという。大声で会話を交わしながら、2台目のカートもいっぱいになった。そしてハビエルが3台目のカートを運びながら戻ってくると、私はまず自分を、つぎにレバーを指さした。ハビエルは驚いた様子を見せたが、私の手から雑巾を取り上げると、場所を変わるよう動作で示した。

レバーは固いけれども粘性がある。私は作業を始めながら、移動してくるフックからレバーを持ち上げて外すときには、正しく圧力をかける必要があることをすぐに理解した。圧力が弱すぎると手から滑り落ち、強すぎると崩れてしまう。大体は問題なく外れるが、時折何かが引っかかってうまくいかない。そんなときはハビエルが手伝いに来て、フックが通り過ぎないうちに、私に代わって取り外してくれる。ほとんどのレバーは表面に膜が張っている。傷はなく滑らかだが、柔らかくて圧力に弱い。たまに深い切り傷が残されたものもあれば、外膜全体が引き裂かれているものもある。こうしたレバーは、手袋をはめていても温かい感触が伝わってくるし、僅かに圧力をかけただけで崩れてしまう。しかも、すえた臭いを発し、それが防御されていない顔を直撃する。

どのレバーも厚い辺縁部に沿って、白くて固い筋が走っている。これは冠状靱帯で、この部分に金属のフックを差し込む。他の部分は針を刺すと裂けてしまうが、ここならフックに吊るしてもレバーの重みを支えてくれる。手で摑みにくいが、冠状靱帯に取り囲まれて、同じように摑みにくい穴が開いている。人差し指全体が入るほどの大きさがあるため、レバーをカートのフックに押し込むときはこの部分に人差し指を入れる。

この作業を数週間続け、何万個ものレバーを処理すると、レバーから伝わる微妙な振動音から、フックにうまく差し込まれたかどうか瞬時に言い当てられるようになった。実際に目で確認しなくても、レバーのぬめりが強すぎるときや、裂けるような衝撃が伝わるときには、フックが肉を切り裂いてレバーが私の手か床に落ちてしまうことがわかった。フックが固い部分をしっかり貫通していれば、一度穴が開いてもそれ以上は広がらないため、作業は無事に成功し、つぎのレバーに取りかかることができる。それでも、絶対というわけではない。レバーがきちんと吊るされたようにも、裂けてしまったようにも感じられるときがある。そうなると、手を離したあともフックから抜け落ちないかどうか4、5秒間観察しなければならない。大体の場合は問題ないが、少しでも下に落ちそうな気配があると、両手でレバーを持ってフックから外し、より良いポジションを探る。

レバーのラインでの仕事が数十日、数週間、数カ月と進行するうちに、私の体には独特の触感がいくつも染み込んだ。熱いレバーや冷たい濡れ雑巾の感触だけでなく、顔と首だけを露出した状態というのも不思議と馴染んでくる。ある日、粘り気のある肉の破片で左目を痛めたため、透明なプラスチックの安全ゴーグルを支給してほしいとオスカーにリクエストした。カジノでの勝利について何度か食堂で親しく会話を交わすうちに、彼は私が「いいやつ」だと判断するようになっていた。おかげでゴーグルを手に入れ、外気に直に触れるのは額、頬、鼻、口、顎の先端だけになった。他の部分はすべて何らかの形で覆われた。私はタイツを着て、その上からジーンズと耐水性のトラックパンツを穿いた。やがて、血で汚れたカートを掃除するために冷蔵室のホースを使って肌が濡れたまま一日の仕事を終えるようになってから数週間後、今度は明るい黄色のレインコートをリクエストした。冷蔵室の入口に待機している凸凹コンビと同じものだ。そうなるともはや完全武装で、足には綿とウールの2足のソックスを履き、会社から支給された緑色のゴム長靴をその上に履く。長靴のつま先には金属が付いており、底は黒い。上半身には半袖のTシャツ1枚、長袖のTシャツ3枚、袖なしのパーカー、フード付きのセーターを重ね着し、さらに黄色のレインコートを着込むことになった。そしてさらにその上に、会社から支給された膝丈の白いフロック（銀色のスナップボタン付き）を着用する。頭にはヘアネットをかぶり、白いヘルメットの下には、グレーのセーターのフードを思い切り前に引き寄せて耳を隠した。動きは制約されるが、これだけたくさん重ね着すると、自分の肌のように馴染んだ。一日中体を動かし続けても、快適な温かさは失われない。

スチールのカートの冷たい感触、あるいは年季の入った車輪がきしんでコンクリートの床を引きずるように動きながら、最後は空転するときに伝わる振動も馴染み深いものになった。さらに、足を思い切り踏ん張って肘を固定したまま、重いカートを動かそうとするとき、手の平に押し付けられるスチールのバーの刺すような痛みも苦にならなくなった。カートには100個かそれ以上のレバーが吊るされ、それぞれ10〜20ポンド〔9キログラム〕の重さがある。それを前に押して進めていくのだ。冷たいホースの感触にも慣れた。水を出すと、ホースは生きたヘビのようにのたうち回る。レバーを降ろしたあとにホースを使ってカートを掃除すると、血と水がしぶきを上げた。

さらに、ゴム手袋の隙間から水が入り、その下の白い軍手が濡れるときの不快な感触にも慣れた。それは雑巾をバケツに深く突っ込みすぎたからで、一日の仕事が終わるまで濡れた軍手を取り替えられないことを思うと、気分はすっかり落ち込んだ。そして、ゴム手袋にフックの先端が刺さって破れることもめずらしくない。温かい血と冷たい水が裂け目から侵入し、軍手だけでなく、その下の手まで達したときの感触も馴染み深いものになった。

それよりもつらいのは、上から降りてきて冷蔵室の扉から出ていく枝肉が、腕を直撃するときの痛さだ。400ポンド〔181キログラム〕の物体が急速に移動してくるのだから、勢いあまってぶつかれば、一瞬触れるだけでもあざが残る。思い切りぶつかれば、後ろの壁まで吹き飛ばされる。枝肉の通り道に近づきすぎないように、どの作業員も細心の注意を払うが、単調な動作の繰り返しに疲れ果て、狭いスペースで流れ作業を続けるうちにストレスが溜まると、つい集中力が切れて判断を誤る。つま先に金属のゴム長靴から伝わってくるコンクリートの感触も、絶えず痛みを引き起こす。床は日ごとに固くなっていくように感じられる。それが毎週木曜日にはピークに達し、膝を傷つけ、脊椎がへし折れるかと思うほどだ。

そしてこれらの感触の一切に、他の人間の存在感が加わる。何枚も重ね着してビニールやゴムの素材の衣類で完全武装しても、伝わってくるものだ。冷蔵室では拳と拳でグータッチして意思表示をするし、透明なプラスチックの安全ゴーグル越しに目を合わせて無言で挨拶を交わし、仲間であることを確かめ合う。冷蔵室の入口に控える凸凹コンビの背の高いほうは、話し相手がほしい私が持ち場を離れて近づくとかならず、ビニールのレインコートに守られた腕を時には私の肩に、時には腰に回してくる。これは冷蔵室ではお馴染みの光景だ。ふたりの男性が互いに相手の体に腕を回し、このささやかな仕草で、思いやりや優しさを意思表示するのだ。互いに何を話しているのか聞き取ろうとして、頬が触れ合いそうなほど近づく。

こうして体はある感触を一定のリズムで経験することに慣れていったが、耳もまた新しい音の環境に順応した。冷蔵室での初日、10時間の作業を終えたあとには、ファンが立てる騒音が夜中まで耳のなかで鳴り響いた。昼間勤務しているあいだはずっと、腹に響く音が鳴りやまない。冷蔵室には、冷却装置から生み出される騒音が充満している。滑車の重力でたわんだ枝肉は、シャキーン、シャキーン、シャキーンと長く鋭い音を響かせ、ファンの鈍い背景音との合奏が騒々しい。

枝肉が重力に引っ張られて頭上のレールを下降していくと、階段の下では到着する直前、油圧駆動式の金属製のピンがタイミングを図って上から突き出る。滑車が金属ピンに当たると、大きな音とともに枝肉は前後に激しく揺れる。振動はフックに吊るされた後四半部から始まり、大きな痙攣は頭を切断された首にまで広がる。やがて金属ピンが引っ込むと、枝肉は重力に引っ張られた移動を再開して冷蔵室の扉へと向かう。今度はスピードが落ちているが、勢いは衰えないため、油断している作業員は張り倒されてしまう。シャキーン、シャキーン、シャキーン、チャリン。シャキーン、シャキーン、シャキーン、チャリン。階段を下りていく枝肉は、こうしてリズミカルなビートを刻む。

このリズミカルなビートに、黄色レインコートの凸凹コンビが立てるシュー、シュー、シャッという音が加わる。小さなホースを使って頭上のレールや歯車にこびりついた汚れに圧縮空気を吹きかけているのだ。ホースから送り出された空気は金属レールに当たると拡散し、シャッと威勢のいい音が聞こえる。シュー、シュー、シャッという音が繰り返される一方、水はシュパッ、シュパッ、シュパッと音を立て、金属のカートに付着した血を洗い流す。

冷却ファンの腹に響く轟音を背景に、枝肉はシャキーン、シャキーン、シャキーン、チャリンと移動し続け、ホースからはシュー、シュー、シュー、シャッと圧縮空気が発射され、水はシュパッ、

シュパッ、シュパッと金属の汚れを落とす。こうして冷蔵室では、何種類もの騒々しい金属音が様々な形で組み合わされ、部屋全体に響き渡っている。

さらに、人間が吹く口笛の合図が、金属が奏でる不協和音に散発的に加わる。緊急事態を知らせる口笛は、最初は高く、つぎは低く、最後は再び高く鳴らされる。そんなときは、誰かがトラブルに陥って助けを必要としているかもしれない。危険な間違いを犯した可能性もある。あるいは、監督や検査官がやってくるのかもしれない。それほど緊急ではない情報を伝える口笛は、短く鋭い音で、最初は低く、そのあと一瞬だけ高くなる。これは、移動中に自分の存在を知らせたい人物が吹くものだ。最初は高く、つぎに低く、人をからかう野次のように聞こえる口笛は、誰かが滑ったり落下したり、あるいはレバーが手から離れて床に落ちたことを知らせる合図だ。そして時々とりとめもなく繰り返される口笛は、あともう少し頑張ろうと気合を入れるためのものだ。

ハビエルと共に、カートいっぱいにレバーを吊るす作業を2、3回繰り返したあと、背が高くて肩幅が広い二十代の男性が、白いフロックとヘルメット姿でレバーのラインに合流した。広い顔は青白く、ハビエルに話しかけるときに口を開けると、歯が何本か抜けているのが見えた。しばらくするとハビエルは雑巾をこの男性に手渡し、私に小さく手を振って冷蔵室から出ていった。その後、私が移動してくるフックから新しいレバーを取り外すと、この男性——あとから名前はカルロスだと知らされた——は私に雑巾を手渡し、私はフックを掃除するようにと意思表示した。

ハビエルと一緒に作業していたときは、移動してくるフックからレバーを外してカートのフックに差し込むまでの作業を両手で慎重に進めた。ところがカルロスはたびたび、移動してくるフックから片手でレバーを取り外す。厚い部分を縁取る脂肪の筋に慎重に空けられた穴は滑りやすいが、そこに人差し指と中指を突っ込み、旋回してから静止しているカートに肝臓を移し替える。その腕力と正確さには驚かされる。しかもカルロスはハビエルと異なり、ケーブルが上り始めるまでレバーを取り外すのを待たない。冷蔵室の扉の近くに待機して、まだケーブルを下降しているあいだにレバーを回収する。たしかにこれなら、濡れ雑巾でフックの血をあわてて拭き取らないですむが、そうなると上昇していくケーブルの真下で作業しなければならない。カルロスはフックの衛生状態へのこだわりが強く、私の手から濡れ雑巾を奪い取ることも何度かあった。すでに私が掃除したフックを拭き直しながら、頭を左右に揺らす。私はその様子からすぐに、フックには血や肉を一切拭き残してはならないのだと学んだ。

カルロスは、レバーを運ぶカートをハビエルよりも正確かつ慎重に取り扱う。レバーが下降してくるラインの動きが少し中断すると、カートを1台ではなく数台持ってきて、手に取りやすいように冷蔵室の壁に沿って並べておく。そして、これからレバーを吊るすカートが頭上のケーブルと平行になるように並べる。これなら腰を回転させるだけで、動いているケーブルにも静止しているカートにもうまく対処できる。カートの一方の側で、下の2段のクロスバーのすべてのフックにレバーを吊るすと、カルロスはカートを180度回転させ、今度は反対側の下の2段、つぎに同じ側の上の2段にレバーを吊るす。それから再びカートを回転させ、まだ残っている上の2段のフックにレバーを吊るす。このようにして最後にカートが満杯になると、カルロスはそれを15フィート〔4・5メートル〕ほど移動させてから、ハビエルと私がすでにレバーを吊るし終わったカートの後ろにきちんと整列させる。カルロスがレバーをカートに積み込み、私がフックの汚れを拭き取る作業がしばらく続いた後、頭上のケーブルが突然停止した。するとカルロスは、私のほうを向いて左右の拳を合わせてから離し、「休憩だ！」と叫んだ。

私はカルロスのあとに付いて冷蔵室を出て、階段の下の出入口をくぐった。そこは5×10フィート〔3メートル〕の狭い部屋で、金属管や銅管が剝き出しのまま、シンダーブロックの壁全体をヘビのようにうねっている。黄色いレインコートと手袋を脱いだ男たちで部屋はいっぱいだ。私もカルロスに倣い、フロックと手袋を脱いだ。それから、まるで機械工場のような部屋のなかを小走りで進んだ。床には大きな道具、パイプ、溶接装置、マスクが転がっていて、グリースや金属の臭いが心地よい。部屋の突き当りで両開き扉をくぐると、暗くて湿気に満ちた廊下が続き、天井には剝き出しのパイプが走っている。この廊下を抜けた先にはいくつかの部屋があり、化学薬品と有機物の濃縮された強烈な臭いが漂ってくる。廊下の突き当りで3つ目の両開き扉をくぐった先の部屋は暑く、照明が明るい。キューン、キューンと哀れっぽい音で部屋全体が振動し、まだ組み立てられていない段ボールが壁づたいに高く積み重ねられていて天井まで届くほどだ。両側を垂直板に挟まれたコンベヤーが、床の中央から天井に向かって伸びている。汗で汚れて色あせたTシャツ姿の大柄の黒人がコンベヤーの近くのスツールに座り、段ボールを組み立ててはコンベヤーに乗せている。手は体から切り離されたかのように機械的に動き、私たちが通り過ぎても視線を向けず、少し先をぼんやり眺めている。部屋の突き当りには白いデスクにコンピュータが置かれたエリアがあって、デスクの周囲には金属製の棚が置かれ、金網のケージに囲まれている。

ケージの壁に掛けられた時計は、9時5分過ぎを指している。この時計の真下には、濃紺の作業着姿の初老の白人がスツールに座り、クロスワードパズルを解いている。先ほどの黒人と同様、私たちが通り過ぎても視線を上げない。ケージの隣の金属製の扉には、赤字で「非常口」と表示されている。カルロスは扉まで大股で歩き、広げた手のひらで銀色の金属製のクロスバーを押し開けた。すると、暖かくて眩しい6月の陽光がふたりの上に降り注いだ。

白いヘルメットとフロック姿の男女の姿があちこちに見られる。屠殺場の壁沿いに並べられた背もたれがない黒いプラスチック製のベンチに腰を下ろしている者もいれば、地面にしゃがみ込んで背中を壁で支えている者もいる。さらに駐車場のあちこちに、2人から5人の小さな集団を見かける。長靴は黒か茶色の革製で、靴やジーンズの裾には肉の白い脂肪が筋になって付着しており、私と同様、ヘルメットの下にはフードをかぶっている。カルロスと私が合流するとすぐ、従業員用の正面入口が押し開けられ、新しい集団が次々と入ってきた。ほとんどが男性だ。私と同じ緑の長靴を履いているが、白いフロックは身に着けていない。着ているTシャツの色は様々だが、どれも真っ赤な血で汚れている。白いヘルメットの他に、グレーのヘルメットも見える。

トラックやバンで3人の店員が食べ物を売っている。周りを取り囲む大勢の作業員は紙やプラスチックで包装された食べ物を選んでは、店員の手に金を押し込んでいる。カルロスは真ん中の店員のほうへ向かい、私もあとに従った。キッチンカーの後部にはワイヤーの陳列ケースがあって、ガラスの扉が付いている。なかにはスクランブルエッグ、ベーコン、マフィン、パン、クロワッサンが発泡スチロールの皿に載せて並べられ、肉やポテトを詰めたペイストリーがワックスペーパーにくるまれている。私はペイストリーを1個とソーダを購入して2ドル50セントを支払い、カルロスに連れられて縁石のところまで行った。そこには白いフロックとヘルメット姿の先客がいたが、カルロスは拳を伸ばして彼らとグータッチした。そして縁石に並んで座って食べ始めたが、私がかろうじてペイストリーの包装紙を剝がし終えたとき、すでに空いた皿をごみ箱に捨てるために立ち上がっている。私はペイストリーをあわてて口に突っ込み、ドリンクを何とか半分だけ飲むと、すべてごみ箱に捨てた。そして非常口から出ていこうとするカルロスを急いで追いかけた。

金網のケージのなかの時計は9時12分を指している。私はカルロスに従って、迷路のように入り組んだ部屋や廊下を後戻りして、フロックと手袋を脱いだ部屋までたどり着いた。すでに4、5人の男性が作業に戻る準備を整えている。そして私がまだ手袋や耳栓やフロックと格闘しているうちに彼らは続々と部屋を出ていった。私はフロックと2枚重ねの手袋を身に着けたあとで、このままでは耳栓を差し込めないことに気づいた。そこで手袋を外して耳栓を差し込んでから、もう一度手袋をはめた。私が扉を開けて階段の上り口のエリアにようやく戻ったときには、すでに枝肉は音を立てながら階段を下りて、冷蔵室の扉に次々と勢いよく向かっていた。頭の真上では、レバーがすでに高い歯車のコーナーを曲がり、冷蔵室の壁の後ろに消えていくところだ。カルロスは人差し指を立てて、私の目の前で左右に振った。そして移動するレバーのラインを指してから、手首に時計をはめているかのように一瞬視線を向けた。休憩前のリズムが戻ると、屋外で暖かい太陽の光を浴びてきても凍り付くような寒さには勝てない。急いで食べたペイストリーと半分だけ飲んだドリンクで胃がもたれた。

400個のレバーを処理した後、冷蔵室の入口に立ち込める霧のなかからハビエルが、小太りの年配の男性を伴って再び現れた。上唇の上に薄い白髪交じりのひげが飛び出し、部屋中を落ち着かない様子で見回し、どこにも1秒以上は決して視線を落ち着かせない。そしてカルロスや私と同様、白いヘルメットとフロックを着用している。ハビエルはこの男性に向かって、私たちの作業に加わるようにと身振りで伝えてから、カルロスの耳に体を寄せ、こちらからは聞き取れない言葉をつぶやいた。私が新人に向かって親しげに微笑みながらうなずくと、相手は素っ気なくうなずき返し、フックに神経を集中させた。下降するケーブルにカルロスが近づいてレバーを取り外す場所と、フックが低い歯車のコーナーを曲がっていく場所のあいだの狭いスペースに、私はこの男性と肩を並べて立った。水の入ったバケツはすぐ後ろに置かれている。ふたりでフックの汚れを拭き取り始めるが、汚れているかどうかを問わず、すべてのフックを掃除する以外にほとんどやることはない。そして相棒が念入りに磨くので、ほどなく私も見習った。「名前は?」と私は、相棒の耳元で大声を出して訊ねた。耳はフードやヘルメットで覆われていない。質問を無視されたため今度はスペイン語で訊ねると、答える代わりに頭を振った。手に持っている濡れ雑巾にくるまれたフックに、全神経を集中させているのだ。

さらに数台のカートにレバーを吊るし終わったあと、頭上のラインがいきなりストップし、カルロスが「休憩」と身振りで伝えてきた。30分間のランチ休憩だ。暖かい部屋でフロックを脱ぐとようやく、私は新入りのレバーハンガーと話をすることができた。名前はラモンで、年齢は59歳。メキシコのミチョアカン州の出身だ。そしてこの日は、この屠殺場での仕事の初日だった。ふたりの息子は屠殺場の製造部門で働いており、ふたりが暮らすネブラスカに引っ越す前は、カリフォルニアで建設作業員として働いていた。

ほどなく、冷蔵室の入口の近くで働く凸凹コンビのこともわかった。背の高いほうはクリスチャンである。やはりメキシコ出身で、この施設で4年間働いているが、まもなく帰国する予定だ。娘がふたりいて、祖国を離れてアメリカで働き始めてから会っていない。背の低いほうはウンベルトで、この屠殺場で働き始めてからまだ1年だ。以前はオマハの種苗店で働いていた。どちらも年齢は三十代で、仕事に真剣に取り組んでいる様子が窺える。冷蔵室の入口に控え、スクイージー〔訳注：長い柄つきワイパー〕を使って結露を拭き取り、音を立てて下降しながら冷蔵室へと向かう枝肉にタグ付けをしている。仕事には生真面目な反面、互いに悪ふざけをすることが大好きで、ほどなくラモンと私も標的になった。後ろに忍び寄って私たちをスクイージーでつついたり、脂肪の塊を投げつけたり、あるいはポールの先端にゴム手袋を結び付け、レバーを吊るしたりフックを掃除したり大忙しの私たちの前にぶら下げるときもあった。

冷蔵室の入口を少し進んだところでは、黄色いレインコート姿の別の二人組が働いている。彼らはレーラーで、冷蔵室のなかでの仕事はきわめて過酷だ。オレンジ色のプラスチック基盤に固定された爪フックを片手に持ちながら、重量が400～600ポンド〔272キログラム〕にもなる枝肉を押したり引いたりして所定に位置に放り込む。作業が肉体的に過酷であることは、ふたりのレーラーの年齢と体格からわかる。どちらも若く、おそらく十代後半か二十代前半だろう。筋肉質の体格のいい白人はタイラーという名前の親しみやすく威勢のいい人物で、すぐに私にあれこれ世話を焼いてくれるようになった。たとえば、耳栓は回しながら押し込めば、あとで動かないことも教えてくれた。薬物不法所持でしばらく服役した後、いまはオマハのコミュニティハウスで暮らし、通勤刑プログラムの一環としてこの屠殺場で働いている。有罪になる前も別の屠殺場で働き、やはり冷蔵室で枝肉のレーラーとして作業していた。

もうひとりのレーラーのアンドレは、無愛想で喧嘩好きな人物だ。控室で私を見かけると、「チノ」と呼びかける。チノはスペイン語で「中国人」という意味で、一緒に働き始めてから数週間経ってもそう呼び続けた。タイラーとアンドレは虚勢を張り合い、喧嘩の真似事をするような間柄だ。相手を壁に押し付けたり、パンチを繰り出したり、あるいは控室で腕立て伏せを競った。ふたりのあいだでは人種差別用語の応酬が続いていたが（アンドレはタイラーを「白パン」、タイラーはアンドレを「ウェットバック〔訳注：不法入国者〕」、アンドレはタイラーを「白豚」、タイラーはアンドレを「ビーンボーイ〔訳

注：メキシコ料理は豆を多く使うことに由来する」と呼び合う）、どちらも明らかに相手に好意を持っている。クリスチャンやウンベルト、ラモンや私にとって、見せかけの喧嘩は一種の娯楽であり気晴しだった。ほどなく私たち6人のあいだには連帯感が生まれる。このような交流が可能だったのは、冷蔵室は凍り付きそうなほど寒かったため、赤や黄色のヘルメット姿の監督が頻繁に訪れなかったからでもある。

2日目、カルロスはラモンと私をレバーのラインに残したまま、自分は3人編成のチームの責任者に移った。このチームは凍ったレバーをカートから降ろしてビニールにくるんで包装してから、頑丈な段ボール箱に2個ずつ詰めていく。箱詰めにされたレバーはパレットに積み上げられてから、フォークリフトで冷凍室まで運ばれて出荷の日を待つ。カルロスがレイとマヌエルと編成するチームは、アンドレとラモンや他の4人とは作業の進め方が異なる。それは、彼らのスケジュールは頭上のチェーンの動きに制約されないことも理由のひとつだ。ラモンと私は、頭上でレバーのラインが動いているときはかならず働かなければならない。同様にクリスチャン、ウンベルト、タイラー、アンドレの4人は、頭上のレールを枝肉が下降してくるときはかならず働かなければならない。一方、カルロスとレイとマヌエルの仕事は、ラモンと私が決められた数のレバーをフックに吊るすことが大前提になる。だから、ひとしきり猛烈に働くと姿を消し、長いときは休憩を1時間まで延長することもたびたびあった。

このようにレバーの包装チームが比較的自由に行動できるため、ラインの動きに拘束される私たちは不満を募らせた。レバーが冷蔵室を周回した後、レバーを外されたチェーンが上昇して屠室に戻っていくプロセスが中断しない限り、ラモンと私は頭上のチェーンを1秒たりとも離れられない。違反すれば解雇される恐れがある。カルロスとレイとマヌエルの3人はたびたび、延長された休憩時間の行き帰りに私たちの傍らをのんびりと歩く。両手をフロックのポケットに突っ込んで口笛を吹きながら、頭上のチェーンからレバーを取り外す私たちの作業を観察する。こうなると職場全体を巻き込んだ対立がエスカレートして、敵意が剝き出しになるときもある。レバーがカートから外されて包装された後、レバーをフックに吊るしたグループと包装したグループのどちらが血で汚れたカートを洗浄するかをめぐっていさかいが生じた。

レバー運搬用のカートなど、誰も掃除したくない。冷蔵室の壁から突き出た蛇口にホースをつなぎ、冷蔵室の冷たい空気で固まった血に放水してすべてのフックの汚れを落とさなければならない。他のカートでまだ凍ったまま吊るされているレバーに水が飛び散っては困るため、水を勢いよく噴射することはできない。だから掃除する際には、放水しながら石鹼を含んだ雑巾で力を入れてカートを洗わなければならない。その結果、服は濡れて手袋が破け、一日が終わるまで濡れた手は寒さでかじかむ。

レバーをフックに吊るす作業員と包装する作業員のなかで、以前に冷蔵室に勤務した経験があるのはカルロスだけだった。そんな彼は、空になったレバー運搬用のカートを洗浄するのは、過去・現在・未来を問わず、吊るした作業員の仕事だと主張した。これに対してラモンと私は、ふたりのうちのどちらかが血で汚れたカートを洗浄するために持ち場を離れれば、レバーを取り外してフックを洗浄する作業をひとりでこなさなければならず、レバーと空のフックのあいだを目まぐるしく往復しなければならないと反論した。しかし清潔なカートが必要なのはカルロスのチームではなくラモンと私なのだから、圧倒的に有利なのは包装チームのほうで、こちらに勝ち目はなかった。包装チームはレバーを取り外した後に血で汚れたカートを放置するため、ラモンと私は清潔なカートがなくなったら洗浄するしかなかった。

しかし、レバーを吊るすよりも包装する側に有利だった力の均衡は、ある日突然変化する。きっかけは、農務省検査官がこの屠殺場に発行したノンコンプライアンス・レポート（屠殺場の作業員はNRと呼ぶ）だ。ちょうど私はカートを洗浄するために持ち場を離れていたため、ラモンはフックを雑巾で掃除した手袋でそのままレバーに触れた。このとき検査官から、掃除に使った雑巾で汚れた手袋を洗わずにレバーを摑み取るのは、危険だと指摘されたのである。

このNRが公表される以前、農務省検査官はレバーを吊るす職場での日々の仕事に大した役割を果たしていなかった。冷蔵室の入口を見張っているクリスチャンとウンベルトは、検査官が階下へ降りてくるとき、あるいは控室から冷蔵室にやってくるときにはかならず、甲高い口笛を吹いて警告を発するが、それは一日に数えるほどしかなかった。ラモンと私は、検査官が監視しているなかでレバーを吊るすときには、床に落とさないように細心の注意を払う。しかしそれ以外には、検査官は私たちの仕事に大した影響をおよぼさなかった。

ところがNRが発行されると、レバーを吊るす作業は赤ヘルメットの監督や緑ヘルメットの品質管理、さらには屠室全体の責任者の注目をいきなり集めるようになった。私たちを直接監督する黄色ヘルメットのハビエルと赤ヘルメットのジェイムズからは、これ以上NRを発行されないようにくぎを刺された。これに対して、自分たちはハビエルとカルロスから訓練を受けた通りに作業を進めているだけだと私たちが反論すると、今度はつぎのように言われた。農務省検査官は「ろくでなし」かもしれないが、今後はレバーのラインにひとりだけのときはフックの掃除をやめてほしい。しかし品質管理を担当する緑ヘルメットのジルから見ると、この問題解決策は不十分だった。レバーを吊るしていたフックが冷蔵室を一巡して屠室に戻ったときに明らかに汚れていては、農務省検査官からNRを発行される可能性が完全になくなったわけではないからだ。

レバー包装チームに一泡吹かせるチャンスが到来したと判断したラモンと私は、ジェイムズにつぎのように訴えた。レバーのラインに作業員がひとりしかいなくなるのは、血で汚れたカートを洗浄するために、どちらかひとりが1時間に数分ずつ持ち場を離れる必要があるからだ。しかし、包装チームは、作業を短時間で終えて、たっぷり休憩を取ることができる。したがって、将来的にNRを発行される事態を回避するためには、包装チームがカートを空にしたあとで洗浄するほうが理にかなっているのではないか。

なんと、ジェイムズは直ちにこの訴えに共感してくれた。ラモンと私はハイタッチをして、互いに親指を立てて喜びを分かち合い、ジェイムズがカルロスと話をするために歩いていく様子を眺めながら満面の笑みを浮かべた。かなり激論が交わされたようで、カルロスが猛烈な勢いで頭を振ると、ジェイムズはカートやレバーのラインを何度か指さしている。最後はジェイムズがカルロスを不機嫌そうに指さして会話を打ち切ると、踵を返して冷蔵室の扉まで歩き始めた。そして歩きながら、「いいな。今後はあいつらにカートの洗浄を手伝ってもらう」と私たちに告げた。

ただしこれはラモンと私にとって空しい勝利だった。なぜなら「カートの洗浄を手伝ってもらう」といっても実際のところ、レイかマヌエルが空になったカートに数滴の水を吹きかける程度でしかなかったからだ。それでも、これには象徴的に大きな意味があった。ラモンと私は権力の移行を実現させた達成感を味わい、これを契機に職場での結束を強めた。その日、午後の休憩時間に控室でこの一件についてクリスチャン、ウンベルト、タイラー、アンドレの4人に詳しく報告した。するとラインに拘束されない作業員を相手に、拘束される作業員が上げた勝利を喜んでくれた。一方、ラモンと私がこの些細で重要でもない闘いに打ち込み、すっかり取りつかれたことは、自分でも驚きだった。冷蔵室の湿った冷気のなかで一日に10時間も立って作業を続けていると、レバー運搬用カートの洗浄をめぐる闘いでの小さいながらも象徴的な勝利は、とてつもなく大きな成果に感じられたのである。

しかし、ラモンと私は勝利の瞬間を味わう一方、災難に近い経験も少なからずあった。私たちは働き始めてすぐ、1段か2段レバーを吊るしたら、カートを回転させることの重要性を学んだ。カートの片面全体にレバーを吊るしてから、反対側に移ってはいけない。実際、そうしたことが何度かあった。するとカートはバランスを崩して横に倒れ、50個以上のレバーが濡れた床に転がった。そんなときはクリスチャンかウンベルトが鋭く口笛を吹き、タイラーかアンドレが冷蔵室の正面に駆けつけ、私たちがレバーを吊るし直すのを手伝ってくれた。そのあいだクリスチャンとウンベルトは、監督や農務省検査官が来ないか見張りを続ける。そしてどちらかがやってくるという合図があると、タイラーとアンドレはラモンと私に後始末を任せ、冷蔵室の中央の持ち場に戻った。6人は互いに助け合うが、他の誰かの失敗の責任を取ることは要求も期待もされないことが暗黙のルールとして成り立っていたのである。

それから、幅6インチ〔15センチメートル〕の深い排水溝にも気をつけなければならない。排水溝は枝肉がずらりと吊るされたふたつの列のあいだを走っているが、前列の近くでは、これから冷凍されるレバーを外す作業を私たちが進めていた。排水溝は、一面に穴の開いた金属の蓋で覆われている。もしもカートの車輪のひとつが蓋に乗り上げると、その重みで金属の蓋が歪む恐れがある。そうなるとカートは横倒しになり、100個以上の肝臓が床全体にばらまかれてしまう。

ラモンと私は数週間一緒に働いたすえ、耐えがたい作業を少しでも楽にするため、ふたりで打ち合わせて様々な工夫を凝らした。たとえば休憩時間だ。従来は、レバーのラインがストップしたら持ち場を同時に離れ、ラインが再開する前にあわてて戻ってきたが、休憩を時間差で取ることにした。まずラモンが休憩開始時間の5分から10分前に持ち場を離れ、休憩時間が半分過ぎたあたりで戻って私と交代する。そして私は、休憩終了時間の5分から10分後に戻る。レバーのラインに拘束され続ける作業は過酷であり、こうして休憩時間をずらせば問題が克服されるわけではないが、間違いなく対処しやすくなった。やがて、互いの住まいは5分も離れていないことがわかると、私たちは車を交代で準備して一緒に通勤し始めた。その結果、仕事が終わると銀行、床屋、スーパー、自動車局を一緒に訪れるようになり、冷蔵室の内外で連帯感が育まれた。

しかし、いかに工夫したところで、過酷な職場が自分にとっての全世界だという現実は解消されない。毎日の10時間労働は未来永劫続くとしか思えず、冷蔵室の汚れた白い壁に遮られて外を見渡すことはできない。そしてこの世界は、金属のフックに付着した血を冷たい濡れ雑巾で拭き取り、温かいレバーの後静脈の穴に差し込まれたフックを抜き取っては再び差し込む作業の繰り返しだ。それを考えると心はすっかり落ち込む。仕事を覚えるまでは不安や緊張感に苛まれ、ささやかな勝利から満足感を得られても、あるいは新品の白いフロックと緑色の安全長靴を身に着けて手袋を二重にはめ、耳栓を押し込んでも、心の奥底ではあまりにも単調な職場に対する恐怖がくすぶり続けた。いまや私の世界に限界が急速に迫りつつあることを確実に実感した。

冷蔵室で白いヘルメットをかぶって働く経験にまつわるすべてには、拘束状態を素直に受け入れるか、それとも抵抗すべきか、心のなかで繰り広げる激しい葛藤がある程度関わっている。そして当然ながら、ここには重要な外的要因も関わってくる。枝肉は滑車から外れて床に落ちるかもしれないし、レバーを積み込んだカートは転倒する恐れがある。監督からは叱責され、作業員同士は悪ふざけをしたり冗談を言い合ったりする。些細で無意味としか思えない事柄に猛烈に腹が立つときもある。仕事は思い通りに進まず、慎重な行動を心がけても軽率なミスを犯す可能性がある。さらに仕事には肉体的苦痛を伴う。こうした些細な事柄の一切が、変化の乏しい単調な景観では大きな比重を占める出来事となり、冷蔵室で同じ作業を繰り返す作業員の心を刺激する。たとえ些細な出来事でも、人生は単調ではないことが思い出され、心は高揚する。肝心なときに機械が故障すれば文句のひとつも出るし、仕事ができないと整備工に悪態をつくかもしれないが、問題の発生を心は喜ぶ。その結果、変化に乏しいだけでなく、時間の経過が耐えがたいほど遅い職場とのあいだで果てしなく続く闘いに、気を取り直して立ち向かう力が徐々にわいてくるのだ。

そして予想外の機械の故障がなかなか発生せず、時間は淡々と過ぎ去るなかで退屈さが頂点に達すると、人間は自分で何らかの出来事を創造してしまう。会社の規則書に「悪ふざけ」と記載される事柄が、こうした状況では心理的・身体的な生き残りに欠かせない要素となる。いたずら、冗談、突然の悲鳴、口笛、大声、意図的な妨害行為や不服従、すべてを台無しにしかねないほど作業のスピードを上げたり落としたりしてペースを乱すこと、そして、些細な事柄をめぐる反目が続けば、感情も理性も刺激され、エネルギーが一気に増加する。これらが広大な平地に建てられた記念碑ではないとすれば、何であるというのだろうか。毎日何千頭もの牛が屠られる場所の奥深く、温度が氷点下近くまで下がる閉鎖的な穴倉は、太陽も空も見えない人工的な環境だ。ここでは、いや、おそらくここでこそ、生存のための構造物や技術が発達する。ライト・モリスは、広大な平野で生き残るための構造物や技術について以下のように記しており、それが大いに参考になる。「あらゆるものと同様、穀物倉庫が存在することには単純明快な理由がある。ただし、その理由の背後に潜む力、すなわち理由が存在する理由は地面と空だ。そもそも、ここにはあまりにも多くの空があるし、地平線はどこまでも続き、食い止めなければ際限がない。だから垂直の構造物が必要とされたのも無理はない。大草原で生まれ育てば、飼料倉庫や白い給水塔の佇まいがなぜあれほど堂々としているのか理解できる。これは虚飾ではない。存在の証なのだ。これらの構造物のおかげで、自分がこの場所に存在していることを認識できる[2]」

就業日の9時間の作業のなかでは、性別も年齢も様々な牛が12秒に1頭ずつ処分されていく。こうなると、屠殺場では動物を屠ることが本来の目的であるが、それが次第に忘れられ、まるで幻覚に襲われたかのように、日々のルーティンを淡々とこなすようになってしまう。一日が終わり、２３９４個の肝臓、あるいは９５７６本の脚の処理を済ませた頃には、何を切断し、刈り込み、スライスし、細かく切り、吊るし、洗浄したのかは、ほとんど重要ではなくなる。重要なのは、新たな一日がようやく終わったということだけである。夜には束の間の休息が提供され、牛を屠って切り裂くためのナイフやフックや機械だけでなく、これらを操る人間の手足などによって発せられる騒音と振動から完全に解放される。一方、ここでの作業は距離を隔てた屠殺であり、屠られたばかりの動物の臓物をフックに吊るす作業を来る日も来る日も繰り返すだけで、まだ生きている動物の姿を見て声を聞き、臭いを嗅いで体に触れる経験とはまったく無縁だ。何枚も重ね着した衣服を通して、凍るように冷たい空気の感触が伝わってくる。穴を開けられたレバーが放つ臭いは、白い蒸気となって立ち上り、鼻の穴に侵入する。ブーンブーン、カーンカーン、チャリンチャリンと様々な機械音が混じり合って耳を弄する。そして汚れた白い壁を背景にして、レバーが次々と下りてくる。それが何時間も何日も、さらには何週間も続き、ついには終わりのない風景として定着する。ここにはもはや屠られた牛の居場所はない。そしてどんなに些細な事柄であっても、この終わりのない風景の秩序を乱す行為が存在の証となる。些細な事柄を通じて、自分はまだ存在していることが表現され認識されるのである。

第6章　至近距離で仕留める

職務番号7、プレスティッカー：ハンドナイフを使い、牛の首に沿って切込みを入れ、スティッカーが頸動脈をカットしやすい環境を整える。牛は意識を失っても、筋肉が反射的に動いて足を蹴り上げることがある。あるいは、まだ完全に意識を失っていないため足を蹴り上げることもあり、顔、腕、胸、首、腹部に直撃しないように注意しなければならない。

「おまえら、来週はレバーの仕事がなくなった」

冷蔵室を監督する赤ヘルメットのジェイムズからそう言われた。ラモンと私が控室で作業着を脱いで帰宅の準備をしているところにやってきて、金曜日恒例の給料の手渡しをしながら、ぶつぶつとつぶやき、「でも心配するな」と急いで付け加えた。「何か別の仕事を見つける。月曜日に戻ってくれば、何とかしてやるぞ」

あとから知ったのだが、ロシアか韓国――実際にどちらなのかは誰も知らないようだが――がレバーの輸入を一時的に停止したのだった。そこで経営陣は、需要が回復するまでレバーの包装作業をストップする決断を下したのである。かくして僅か2日前の通告で、ラモンと私は慣れ親しんだ職場をお払い箱になった。帰りの車中もラモンは気が気ではなく、自分たちはこれからどうなるのだろうと何度も訊ねた。解雇されるのだろうか。自分はナイフを使えないし、何か他の仕事をできる自信がないと弱音を吐き続ける。私は同情しながらも内心では、冷蔵室で延々と続く単調な仕事から解放される可能性に気分が高揚した。それに、屠殺場で別の部署を観察する機会が提供されるではないか。途中で私たちはメキシコ料理専門店に立ち寄り、ラモンはタマレスを2個と、40オンス入りのミラー・ジェニュイン・ドラフトを選んだ。私はチーズとポテトチップとサルサを購入する。車まで戻る途中にラモンは、別の仕事を探さなければいけないのだろうかと再び訊ねてきた。私はわからないとだけ答えた。

月曜日の朝。ラモンと私が屠室のオフィスの向かいの廊下で両手をポケットに突っ込み緊張した面持ちで立っていると、ハビエルが口笛を吹きながら歩いてきた。そこで彼を呼び止めて訊ねると、配属先はわからないが、とにかく作業着に着替えてカフェテリアの近くで待機するように言われた。カフェテリアの外の廊下で15分ほど待ち続けているあいだ、屠室の作業員は私たちの前を通り過ぎ、急ぎ足で持ち場に向かっていく。しびれを切らしたラモンはカフェテリアのなかに入り、誰かが私たちを待っているか確かめることにした。

私だって、仕事にあぶれるのは心配だ。そしてラモンと同様、屠室が操業を開始してから1秒経過するごとに、新しい仕事を与えられるチャンスがなくなることも理解している。そこで、居ても立ってもも居られず屠室に向かうと、屠室の責任者の息子ビル・スローンが、赤ヘルメットの監督リカルドと話していた。

「僕はどこで働けばいいのかわかりますか？」

「ナイフを扱った経験は？」とビルが訊ねる。

「いいえ。でも、ちゃんと覚えますから」

リカルドが頭を振る様子から判断する限り、見込みはなさそうだ。

「そうだ、外のシュートで何か仕事がありませんか？　僕は牧場で働いた経験があるから、生きた牛の扱いならお手の物です」と、私は必死でアピールした。

リカルドとビルは顔を見合わせ、つぎにビルが軽くうなずいた。それからふたりとも無線で何か話し、つぎにビルが付いてくるようにと合図した。ビルに従って、屠室のクリーンエリアを進んでいく。すでに白いヘルメットがずらりと並び、この日最初の枝肉をぶら下げたチェーンが下りてくるのを待ち構えている。つぎに半開きのガレージドアをくぐると、グレーのヘルメット姿の作業員がまだ皮が付いている屠体を処理するダーティーエリアに入った。ここではすでにラインが動き始めている。私たちが作業の流れに逆らって進んでいくにつれ、チェーンにぶら下げられて揺れ動く牛は生きていたときの姿を取り戻していく。そして最後に、私たちはゲートエリアの背後にある高台に到着した。黒いTシャツ姿の男性がひとり、腰までの高さの柵に身を乗り出している。両手で持っている銀色のシリンダーガンからは、およそ6秒ごとにプシュッ、プシュッという音が聞こえる。これはボルトが牛に命中した音で、ボルトが銃のなかに引っ込むと、牛は下に準備された緑色のコンベヤーベルトへと落ちていく。

私たちは階段を使って高台に上った。銃を使う男性の邪魔をしないよう、端のほうを静かに進んでいくが、まだ朝の7時半だというのに、男性の首は汗で光っている。アルミニウムのスイングドアをくぐると、いきなり屠殺場の壁の外に出た。そこは係留場で、半分だけ屋根に覆われている。臭いは強烈だ。糞便と尿と嘔吐物が混じり合い、すえた臭いが目と喉を刺激する。牛の行列は蹄で床を踏み鳴らし、前の牛の尻に鼻が接触するほど密着しながらシュートを前進していく。シュートの両側を囲むコンクリートの壁は、高さがおよそ4・5フィート〔137センチメートル〕で、1フィート〔30センチメートル〕の厚みがある。ふたりの男性がそれぞれシュートの両側に立ち、通電中の送電線にワイヤーでつながれた先端の鋭い棒、プラスチックのパドル、それに革の鞭を使って牛を追い立て、小突きながら、シュートの奥の暗い穴に送り込んでいく。ここで牛は屋内に入り、最後にベルトコンベヤーに下腹部が着地すると、脚が宙づりの状態でメタルボックスからノッキングボックスへと運ばれ、そこでは黒いTシャツ姿の男性がシリンダーガンを発射させようと待ち構えている。

このエリアは全体がトタン屋根で覆われているが、高さは低く、私のヘルメットから3、4フィート〔1・2メートル〕しかない。ビニールカバーに包まれた蛍光灯が長いコードで吊るされ、あたりをぼんやりと照らしている。カバーには、飛び散った糞便の断片がこびりついている。シュートの両側には幅3フィート〔0・9メートル〕のコンクリートの歩道があって、歩道沿いに胸までの高さの壁が続いている。壁の最上部から屋根を支える骨組みまでは、ビニールシートで覆われている。

壁の穴をくぐって屠室に入るシュートを逆にたどると、15フィート〔4・5メートル〕ほどゆっくり下降してから、シュートは二手に分かれて平行に走る。サーペンタインと総称されるこれらのシュートの先は、スクイーズペンと呼ばれる直径40フィート〔12メートル〕ほどの円形のエリアになっている。スクイーズペンとサーペンタインのあいだの牛の動きは、いくつも設置されたゲートや揚げ蓋によって制約される。スクイーズペンの先は窮屈なシュートではなく大きな部屋で、尖った天井は高さが50フィート〔15メートル〕に達し、垂木のあたりは野ざらしになっている。巨大なフロアスペースは、金属のゲートが付いた複数の檻に分割されている。空の檻もあれば、牛が何頭も押し込められている檻もある。このエリアの隣には、牛の目方を測るスケールルームと、家畜運搬車が牛を降ろすためのコンクリートの高台が準備されている。

リカルドは、私をシュートの最上部に配属した。責任者は小太りで薄い口ひげを生やした人物で、名前はカミロといった。カミロと私、それに他の3人の男性が、スクイーズペンとシュート最上部のあいだのエリアで働くことになった。カミロと私の真向かいにいるのはジルベルトという背が低くて痩せた人物で、口笛を吹きながら、屠室の壁の開口部に牛を追い立てている。スクイーズペンとサーペンタインの低い部分を担当するのはフェルナンドとラウルだ。19歳のフェルナンドは背が高く、顔を合わせた途端、私がどこかの不良グループに所属しているのか訊ねてきた。ラウルは三十代の静かな男性で、ヘルメットの代わりに青いバンダナを頭に巻き、ウォークマンを聞いている。

ジルベルトとカミロから、ここでの仕事は「列を滞りなく進める」ことだと説明を受けた。牛が整然とシュートを上ってノッキングボックスに入っていくまで見張る。ほとんどの牛はメインのサーペンタインを進んでいくが、そこで動きが停滞しないように、5、6頭が補助のサーペンタインに誘導される。牛は出荷者ごとにロットでグループ分けされる。そしてフェルナンドかラウルが「ロット!」と知らせたら、シュートの上部にいる作業員の誰かがオレンジ色の特殊なマーカーを使ってグループの最後の牛の背中に「LOT」とスプレーする。

ロットの規模は、出荷者が屠殺場に購入してもらう牛の数によって決まる。1頭だけのときもあれば、数百頭になる可能性もある。ひとつの出荷者から購入する牛全体の品質と齢構成を追跡できるように、牛はロットごとにまとめて屠られる。ノッカーは、牛の背中にオレンジ色の「LOT」というスプレーを見つけたら、大きな音でエアホーンを鳴らし、ひとつのロットが終了してこれから新しいロットが始まる、とロットの追跡を担当する監督と作業員に知らせる。

カミロは私に電気ショック棒を手渡し、農務省検査官がいるときは使わないようにとくぎを刺した。シュートのエリアにアプローチする方法はふたつしかない。後ろの係留場から入るか、前の屠室から入るかのどちらかで、シュートの作業員は合図を工夫している。短く口笛を吹いたあとに目を指さすときは、まもなく検査官がやってくる。

シュートで働き始めて数時間すると、ジルベルトもカミロも電気棒を頻繁に使っていることがわかった。尻尾の下から肛門の中に突っ込んでいるときもある。こうしてショックを与えられた牛は飛び跳ねて足を蹴るし、苦しそうに大声で鳴くことも多い。ジルベルトは、ほぼ機械的に電気棒を使う。ほとんどすべての牛が対象となり、ノッキングボックスへと続く壁の穴に近づくと特に頻度が多くなる。シュートが混み合うと、前の牛の尻に後ろの牛の鼻が押し付けられることや、前の牛の後ろ脚のあいだに後ろの牛の頭が入り込んでしまうこともある。それでもジルベルトは電気ショックを加えるため、驚いた牛が前の牛の背中に乗り上げてしまうこともたびたびある。

肥育場や家畜運搬車や係留場で過ごすあいだに、牛の体にはすでに糞便がこびりついている。そんな牛が隙間なく押し込められてシュートを進んでいくのだから、前を行く牛の糞便がすぐ後ろの牛の頭を汚すことも多い。さらに、蹄がコンクリートを打ち付ける衝撃で、糞便や嘔吐物がシュートの壁一面に飛び散り、私たちの腕やシャツ、時には顔にまで付着する。

頭を揺らしながら前進していく牛は、私たちから数インチしか離れていない。シュートの両側に設置された腰までの高さの壁によって、かろうじて隔てられている。なかには、シュートの壁から顔を乗り出し、私たちの腕や胃のあたりの臭いを嗅ぐ牛もいる。そんなときは牛の滑らかで湿った鼻を素手で撫でてやり、ほんの一瞬だが思わず愛情のこもったスキンシップを体験することもできる。至近距離で眺めると、たとえ糞便や嘔吐物にまみれていても、牛の堂々とした姿には畏敬の念を抱かずにいられない。筋肉質で力強く、鋭く尖った角を持つ牛もいれば、優しそうで手触りも滑らかで、官能的なほど艶やかな毛並みの牛もいる。濃いまつげを上げると大きな目玉が現れ、色の濃い虹彩の下に白目がはっきりと見える。牛のよく光る目の凸面には、私の姿が歪んで映し出されている。それはヘルメットをかぶり、明るいオレンジ色のパドルを振りかざす男の姿で、とても正気の人間とは思えない。カーニバルミラーに映るグロテスクな姿と同じだ。都合の悪い物事は社会から見えないように隠して話題にもしないことが正当化されるシステムのおかげで、消費者は何も知らずに暴力の産物を口にしているが、私はそんなシステムを支えるひとりなのだ。では、牛はどうだろう。２５００頭の牛が毎日このシュートを移動していくが、皆どんな気持ちなのだろう。慌ただしく前進しながら何を見ているのだろう。死ぬ直前には何を経験するのだろうか。

それまで数カ月間、冷蔵室でレバーを吊るす作業を淡々とこなし、変化のない単調な作業を延々と続けてきたあとで、生きた牛といきなり向き合った私は衝撃を受けた。動物に電気ショック棒（ホットショット）を使い続けるジルベルトとカミロには、ほとんど瞬間的に怒りを覚えた。そして医者の予約を入れてあるラウルの代役を務めるためにカミロがシュートの上方から下方に移動したあとは、彼の電気棒を後ろの壁に立てかけ、代わりにオレンジ色のプラスチックのパドルを手に取った。結局この日は最後まで、シュートの作業員が「ほらほら、早くしろ」と牛に呼びかける声、プラスチックのパドルが体を叩く音、牛が目をむいて上げる大声や後ろ脚で立ち上がる音、ノッキングガンが何時間も連続して牛の頭蓋骨にプシュッ、プシュッと打ち込まれる音が一緒くたになって、感情的にも肉体的にも疲れきってしまった。

こうしてダーティーゾーンでグレーのヘルメットをかぶって働くようになると、トイレも食堂もダーティーゾーン専用のものを使わなければならない。私たちはダーティーだから、もはや白いヘルメット姿のクリーンな作業員との交流は許されない。だがその代わり、シュートや囲いがダーティーゾーンの日常的な溜まり場になっている。メンテナンス作業員も監督も農務省検査官もシュートのセミオープンなエリアに集まり、牛が徐々に追い立てられていく横でタバコを吸い、屠室の狭い環境から逃れて立ち話を楽しんでいる。

その日の午後、屠室の他の部署がまだ働いているうちに仕事は終わった。というのも、最後の牛がシュートを移動して消えてしまえば、シュート作業員の仕事はなくなるからだ（この最後の牛がきれいに半身にされて冷蔵室で吊るされるまでには、さらに45分かかる）。私は廊下でラモンを待った。1時間近く過ぎてから、彼はクリーンエリア専用のトイレから現れた。髪の毛とシャツはすっかり汗で濡れ、衣服と腕は腸の白い小さな断片に覆われている。帰りの車中、彼は一日の出来事を報告してくれた。それによれば、最初はダーティーゾーンで枝肉が頭上のレールの頑丈なフックに吊るされたあと、後ろ脚に巻かれているチェーンを外す作業を任された。しかし作業のペースに付いていけず、午前中の休憩時間のあとは腸の処理室に移された。小腸をコイルに巻き付けると、コイルから水が発射されて腸が洗浄される。腸の処理室は臭いがひどくて仕事は過酷だが慣れるしかない、とラモンは言った。それからしばらく無言だったが、やがて髪の毛から腸の断片を抜き取って窓の外に放り投げながら、こう打ち明けた。新しい職を探すつもりだ。この場所には未来がない。やがてラモンが車を降りるとき、これからはどちらも自分の車で通勤しようということになった。シュートの仕事は6時半から4時頃までだが、腸の処理室は7時を過ぎてから始まり、5時までに終わらないからだ。

翌日、私と他のシュート作業員は、電気棒の使い方をめぐって激しく対立した。この日カミロはノッカーの代役を務めたため、私はシュートの上部で彼の仕事を引き継ぎ、ジルベルトの向かい側でパドルを使って牛を追い立てた。ほどなくジルベルトもフェルナンドも、電気棒を使うように私に叫び始めた。列を乱さずに牛同士のスペースを空けないためだが、理由はそれだけではない。列ができるだけ速く進んでくれれば、その分だけ多くの牛にノッカーは銃を撃ち込めるし、シャックラーは後ろ脚にチェーンを巻き付けられるため、レール上の牛を均等に配置するインデクサーの仕事が楽になる。電気棒を使わなくても牛は移動し続け、結局は壁の穴を通過してノッキングボックスに入っていくが、シュート作業員の望み通りの速さではない。しかし電気棒でショックを与えれば、牛は飛び上がってノッキングボックスに駆け込むので、列の進み方が速くなり、後ろの牛が立ち止まって進行が滞る可能性も少なくなる。

やがてフェルナンドは、思うように進まない牛の行列にしびれを切らし、スクイーズペンから通路を歩いてきた。そして私の手からプラスチックのパドルを奪い取ると、代わりに電気棒を手に突っ込んでこう叫んだ。「この腰ぬけ！　こいつを使わないでどうする！」

「なんでだよ」と私は大声で抗議した。「驚かせることに意味があるのか？　ちゃんと進んでいるじゃないか」

「痛い目に遭わせて苦しめないと、もたもたするんだよ」とフェルナンドは、薄笑いを浮かべて言い返す。「ちゃんと働け。列を乱すんじゃないぞ！」と言い放ち、通路をゆっくり歩いてスクイーズペンに戻っていった。

シュートで向かい合っているジルベルトは、私のほうを見て肩をすくめてから、電気棒を牛の肛門に突っ込んだ。驚いた牛は跳ね返り、前の牛の上に覆いかぶさった。

「どうしてそんなことするんだ」と、私は大声で訊ねた。

彼は再び肩をすくめ、笑みを浮かべてから、そのまま作業を続ける。私は猛烈に腹が立ち、質問を繰り返した。

「わかったよ」と、ジルベルトはようやく大声で返事をした。「おれがなんでこれを使うのか、教えてやろうか」と言うと、シュートの向こう側から私のほうへ電気棒の先端を突き出した。「これを使うのは、仕事を失いたくないからさ。牛の列が乱れたら、オフィスに呼び出されて解雇される。それが理由だ」。あとからジルベルトとさらに話す機会があって、12歳、9歳、6歳の3人の子持ちで、この日は学校の始業日だと知った。

シュートと囲いも含めたダーティーゾーンを監督する赤ヘルメットのスティーブからも、「列を乱すな」と何度か警告を受けた。そしてシュートで働き始めて3日目には、私も電気棒に頼る機会が増えた。なぜ電気棒を使うのかといえば、フェルナンドが薄ら笑いを浮かべて説明したように「痛い目に遭わせて苦しめる」ためではない。同僚や監督との対立を避けることが目的だった。しかも、列を乱さないという抽象的な目標が動物の個性よりも優先されると、電気棒を定期的に利用するのは実際のところ理にかなう行為だった。牛は感電死するわけではなく、原材料として施設内に順調に送り込まれていく。これなら同僚も監督も満足するし、私だって、プラスチックのパドルで牛を追い立てて余計なエネルギーを使わずにすむ。

私はノッキングボックスの近くで働いている立場を利用して、牛に銃を発射する仕事を少し覚えたくなった。幸い、カミロが赤ヘルメットの監督の命令で、一時的にノッキングガンの発射係に配属された。そこで、自分もこれができるように訓練してもらえないかとカミロに訊ねると、こう言われた。「いいよ、あとで教えてやるから、早く持ち場に戻りな。もたもたするんじゃない」

その日、カミロがノッキングボックスに戻ってくると、私は仕事を教えてほしいと頼み込んだ。すると彼は、ノッキングボックスのエリアの複数の制御装置について説明してくれた。まず、ボタンを押すとシステム全体に電力が供給される。つぎに、ノッキングボックスに入ってくる牛を下で受け止めて脚が宙づりの状態で運んでいくコンベヤーは、レバーによって制御される。それとは別のレバーはシュートの側壁を制御する。レバーを動かすと側壁は内側に移動するので、牛は身動きが取れないまま銃を発射される。そして最後に、頭上のチェーンも制御される。眉間を撃ち抜かれてシャックル掛けされた牛は、チェーンによって下方の高台から吊り上げられる。

ノッキングボックスの頭上には円筒形のガンが、釣り合いおもりでバランスをとりながら吊るされており、黄色いチューブから圧縮空気が送り出される。カミロによれば、これを使うのは容易ではない。というのも、ノッカーは一発で仕留めなければならないからだ。牛は体を抑えられていても、頭を激しく動かす。目から3インチ〔7、8センチメートル〕ほど上の部分の頭蓋骨を直撃するためには、根気強さとタイミングの良さが必要とされる。

カミロは数頭の牛に銃を撃ち込んだ後、私に身振りで合図してから銃を持たせた。そして私が準備を整えると、カミロはコンベヤーと側壁の制御を始めた。私は銃に集中するあまり、コンベヤーで運ばれてくる牛に直前まで気づかなかった。牛は頭を前後に激しく振り、目を見開いている。やがて一瞬、牛の動きが止まったため、私は銃を頭蓋骨に押し付けて引き金を引いた。ところが何も起きない。安全を考慮して、より強く頭蓋骨に押し付けなければ起爆装置が解除されないようになっていたのだ。そこで今度は、より強く押し付けてから引き金を引いた。すると銃は私の手のなかで跳ね返り、牛の頭蓋骨に穴が開いた。穴からは血が少しずつ滴り、つぎに一気にほとばしり、絶え間なく流れ出していく。頭は揺れ動きながら目が大きく見開かれ、首は伸びきって痙攣している。そして舌は口の端から垂れ下がっている。カミロのほうを見ると、もう一度撃ち込めと身振りで合図している。そこでもう一度撃ち込むと、今度は下を走るコンベヤーに頭が勢いよく落ちていった。するとカミロはコンベヤーを前に動かし、体全体が下のコンベヤーに落ちたところでシャックル掛けをした。その頃にはすでに新しい牛がノッキングボックスにやってきて、頭を激しく動かし、恐ろしさのあまり目を大きく見開いている。私がさらに2頭の牛にガンを撃ち込んだところで、カミロは私の手から銃を取り上げて「やつらが見ている」と警告した。屠室の離れた場所に赤ヘルメットの監督がふたり立っていて、シュートに戻れと私に合図している。

シュートに戻ると、フェルナンドにこう訊かれた。「なんであんなことするんだよ。ノッカーになりたいのか?」。そうかもしれないと私が答えると、彼はこう言った。「無理だね。おれだって嫌だよ。あんなこと誰もやりたくない。悪い夢を見るぞ」。電気棒を使うのは「痛い目に遭わせて苦しめる」ためだと言った男の口から、こんな発言が飛び出したのである。

フェルナンドの反応は皆に共通している。私は食堂で食事を温めながら、ふたりの品質管理作業員のひとりであるジルと会話を交わした。以前、レバーを吊るす作業を監視する農務省検査官への対処法について、彼女とは話し合ったことがあった。

「じゃあ、いまは囲いで働いているのね」

「そうだよ」

「どんな調子？　レバーよりも気に入ってる？」

私が曖昧な様子で肩をすくめると、ジルは鼻をつまんだ。

「うん、たしかに臭いはひどいよ」と私は認めてから、こう訊ねた。「レバーの仕事がいつ再開されるか知ってる？」

「わからない」

「僕は、ノッキングのやり方を習いたいんだ」と私はいまの気持ちを伝えた。

するとジルは驚いた様子で私を見上げた。「ノッカーになりたいの？」と訊ねる声には、驚きが込められている。

私は再び肩をすくめた。

「私なんか、いまだって十分、罪の意識に苦しめられているのよ」

「本当？」

「うん、嘘じゃない。小さなかわいい顔を見ると、胸が締め付けられちゃう」
「でもさ、基本的にここで働いていれば、牛を殺すことになるんじゃないの」と私は反論した。「つまり、ここの人間はみんな、何らかの形で屠殺に関わっていると思うな」

ジルは答えず、気まずい沈黙が流れた。

そこで話題を変え、「ここでどのくらい働いているの?」と訊ね、彼女はここに3年間勤務していることを知った。農務省検査官の資格を取るための講座を受講しているが、実際に資格を取るつもりはない。検査官は出張しなければならないが、彼女は3人の子持ちだった。

翌日、私は早めに出勤した。この日は年1回の無料の健康診断が予定されていた。実施するのはヘルシー・アンド・ウェルという会社で、費用は屠殺場が負担する。普段よりも1時間早く出勤すれば、血液検査でコレステロール値をチェックしてもらえるし、前屈など柔軟性のテストや血圧測定もある。そのうえで、食事、睡眠、飲酒、喫煙の習慣に関する短いアンケートに記入すれば、スクランブルエッグ、ミルク、ジュース、シリアル、バナナ、ブドウ、ベーグル、クリームチーズが朝食として提供される。

健康診断の申し込みは、安全コーディネーターのリックが責任者を務めた。私は食堂で、スクランブルエッグを食べているリックの真向かいに座った。そしてノッカーの訓練を受けたいと話すと、彼はいきなりむせ返った。そしてしばらくすると「本当のところ、きみはデスクワークに向いていると思うけどなあ」と言われた。リックからは、近くのコミュニティカレッジの講座を受講して何か別の仕事を探すべきだと勧められていたため、そう言われるのも無理はない。

その後私は、冷蔵室でレーラーとして働いているクリスチャン、ウンベルト、タイラーの3人に再会した。クリスチャンとウンベルトは仕事が待っているため、早々と食べて退散した。そこでタイラーに、前日にノッキングガンを3頭の牛に撃ち込んだと報告すると、強い調子でやめるように警告された。「やめとけ、頭がイカれるぞ。ノッカーになったら、心理学者や精神科医に3カ月ごと診てもらうことになるぞ」

「本当に？　どうして？」

「どうしてって、命を奪うんだよ。心が本当に壊れるぞ」


結局、ノッカーになる機会は訪れなかった。というのも、翌日の4日目が、シュートでの最終日になったのだ。この日は最初から散々だった。出勤が遅れたため、僅か5分で作業着に着替え、シュートの持ち場に到着しなければならなかった。そして操業開始早々、牛が特大の糞便を蹴り上げて、それが私の右目を直撃した。刺すような痛みを感じ、ノッカーの作業台のシンクで水洗いしたが、何かに感染したのではないかと気が気ではなかった。つぎに、私は電気棒を使う回数を増やしていたが、それでもジルベルトとフェルナンド、特にフェルナンドは、「電気棒を使え」「［シュートの］クソどもから目を離すな」「扇風機を止めろ」と大声で指図し続けた。実は大型の扇風機をめぐって、フェルナンドと私は対立し続けていた。シュートエリアの上方で働いていると、空気がよどんで息が詰まりそうになるが、大型扇風機を回せば空気が循環するのだった。

作業開始から1時間後、大きな茶色い雌牛がコンベヤーベルトにたどり着く直前にノッキングボックスで倒れて通路をふさいだため、生産ラインがストップした。4人の農務省検査官、それに屠室の責任者のロジャー・スローンと息子のビルが駆けつけた。彼らは持ち運び可能な携帯用のノッキングガンを牛に撃ち込み、前脚にケーブルを巻きつけた。それからウィンチが脚を引っ張って牛をノッキングボックスから連れ出したので、ようやく作業は再開された。

ところがしばらくすると、今度は別の牛がスクイーズペンからメインのシュートへと続く通路で倒れた。監督のスティーブがやってきて、倒れた牛を観察すると、残りの牛は予備のシュートに誘導するようラウルとフェルナンドに命じた。その数分後、やはり監督のひとりのミゲルがやってくると、無線で何か話し合った後、全員に午前中の休憩を取るよう命じた。そして最後の牛がシュートからノッキングボックスに移動すると、ラインは閉鎖され、倒れた牛は携帯用のノッキングガンを撃ち込まれ、ウィンチを使ってシュートから屠殺場に運び出された。

ところが、さらに信じられないことが起きた。40分後に私たちが休憩から戻ってくると、シュートで3頭目の牛が倒れたのだ。シュートの下方では、ジルベルトが電気棒で牛にショックを与えていた。上のほうにいる私は、プラスチックのパドルを使って牛を追い立て、穴からノッキングボックスへと誘導していた。ところが、ジルベルトの電気棒で尻を刺激された牛が、前を行く牛に乗り上げてしまう。このとき、私が先頭の牛をノッキングボックスに押し込むために使っているプラスチックのパドルに、後ろの牛が怯えて動きを止めた。そのため、後ろから覆いかぶされた牛の前では列が後退し始めた。その結果、前の牛の背中にまたがっていた牛は弾き飛ばされ、仰向けの状態で狭いシュートに挟まれてしまう。牛は何とか体勢を立て直そうとするが、幅が狭いうえに傾斜があり、糞便や嘔吐物で滑りやすくなっているため、起き上がることができない。じきに動かなくなり、苦しそうに喘ぎながら頭を前後に動かした。そのあいだ、後ろの牛は立ち往生している。ジルベルトは激怒していた。私を電気棒で指しながら、「おまえのせいだ！」とわめいた。

牛の行列が途絶えたので驚いたフェルナンドが、スクイーズペンから駆けつけて、倒れている牛を見ると「ティム、これはなんだ」と詰め寄った。ジルベルトは背後の壁から1対の金属のリングを外すと、それをフェルナンドに放り投げた。そのあいだ私は、壁にもたれて立ち尽くすだけだ。フェルナンドはリングを牛の鼻の穴に通して留めると、そこに黄色いロープを結び、それを引っ張りながら、仰向けになった牛をひっくり返して4本の脚で立たせようとした。スティーブと、他にもノッカーから問題発生を知らされたラインの作業員数人が奥から駆けつけて助太刀をした。ロープは張り詰め、牛の鼻の穴は思い切り引っ張られてちぎれそうになった。最後に全員が渾身の力を込めて引っ張ると、とうとう鼻の穴は裂け、リングが舞い上がってホアンの手を直撃した。「痛っ！」と彼は大声を張り上げた。牛はシュートのなかでのたうち回り、床に積み重なった糞便や嘔吐物で体全体が汚れきった。

メンテナンス作業員のリチャードが、私の隣で壁にもたれて立っていた。シュートでは電気棒が使われているが、代わりとなる圧縮空気式バイブレーターの設計に取り組んでいる人物だ。そんな彼は、目の前で繰り広げられる光景に愕然とした。スティーブはジルベルトに対し、倒れた牛を踏みつけて列を進めるようにと合図してから、2本の指を目に当てて、農務省検査官に用心するよう警告した。倒れた牛に乗り上げて進む牛たちを、ジルベルトとフェルナンドは電気棒を使って追い立てるが、下にいる牛の首や下腹部を踏みつけながら、電気ショックから必死で逃れようとする。私がリチャードに目を向けると、声を震わせてこう言った。「こいつはひどい。倒れた牛を他の牛が踏みつけていくなんて。こんなこと、おれは関わりたくない。見たくもない」。私はうなずいて同感だと意思表示したが、ふたりとも壁にもたれたまま、何もできなかった。

倒れた牛を3頭の牛が踏みつけていったあと、私はスティーブに近づいて訴えた。「倒れた牛が踏みつけられて、本当に構わないの？　他の牛がどこかを傷つけたら、もう起き上がれないじゃないか」。スティーブは私の忠告を無視するが、そのあとすぐ、倒れた牛を踏みつけて列を進めるのをやめるようジルベルトに合図を送った。それからリチャードのほうにやってくると、顔を近づけて大声で叫んだ。「これからケーブルを持ってきて、この役立たずの牛を引っ張り上げる。黙ってろよ。この前みたいにぺらぺら話すんじゃない。わかったな」

リチャードはやや呆然とした様子で、「ああ、そうするよ」と答えた。

「絶対にしゃべるんじゃないぞ」とスティーブは強い調子で念を押した。

それからスティーブは作業員に向かって、ケーブルを持ってきてウィンチにつなげと大声で指示を出した。ところがそのとき、彼の無線が音を立てた。屠室を監督する赤ヘルメットのひとりからの警告で、農務省検査官がこちらに向かっているという。そこで今度は「早く消すんだ！」と大声でフェルナンドに命令し、水撒きホースを持ってこさせた。ジルベルトから渡されたホースを私がスティーブに手渡すと、彼はひっくり返っている牛に水を撒き、蹄で踏みつけられた痕跡を消しにかかった。検査官に見つかったらただではすまない。

数分もすると、ふたりの検査官がやってきた。「こいつをどう始末すればいいんですか？」とスティーブが訊ねると、普段から生きた牛の検査を行なっている獣医のほうが指示を与えた。「ぶん殴って、表に放り出すんだ」

「どっちですか？　こっちかな？」とスティーブは、シュートの先の係留場を指さして訊ねた。

「どこでもかまわないから、とにかく放り出してくれ。吊るすんじゃない」。つまり、肉に加工しては困るということだ。

ここでいきなりスティーブが、私のほうを向いて命令した。「リカルドが食堂にいるから会ってこい」

そうか、倒れた牛のせいで解雇されるのか。フェルナンドもジルベルトも、私のせいだと決めつけているのだから。牛が倒れたいきさつについて検査官が作業員に訊ねるとき、私にいてほしくなかった可能性もある。私はリカルドを探しにいくが、カフェテリアでは見つからなかったためシュートに戻った。すでに農務省検査官も倒れた牛もいなくなり、シュートを進む牛の行列は再開されていた。

シュートには、リカルドと一緒にロジャーとビル・スローンの姿があった。そしてジルベルトが、大げさな手ぶりを交えて3人に話をしている。ジルベルトとの話が終わると、ビル・スローンは私のほうを向いて訊ねた。「何があったんだ」。そこで私は、牛が倒れたのは前を行く牛が後ずさりしたからだと説明し、鼻の穴にリングを通したことや、倒れた牛を行列が踏みつけていったことは内緒にした。ロジャー、ビル、リカルドの3人は、集まって何か相談している。ビルとリカルドがいなくなると、ロジャーはジルベルトと私のほうを向いてはっきりと伝えた。「今度同じことがあったら、おまえらふたりともクビだぞ」

ロジャーとビルは屠室のクリーンゾーンに戻ったが、リカルドは居残ったまま、仕事中のノッカーと話している。私はリカルドに近づき、レバーの仕事は月曜日に再開されるだろうかと訊ねた。すると彼はそう思うと答えたため、レバーのラインに復帰したいと頼み、こう訴えた。「ここはちっとも好きになれない。電気棒を使いすぎるから」。リカルドは善処すると返事をしてくれた。

それから1時間もしないうちに、まだ見たことのない予備作業員がやってきて、「誰かひとりお払い箱だ」と言った。ロジャーに警告されたあと、気が滅入って黙り込んでいたジルベルトと私は顔を見合わせた。「誰かわからないが、ひとり出ていってもらう。だから、ここに来るように言われた」のだという。昼休み前の最後のグループの牛を処分したフェルナンドはシュートを上がってきて、私を指さして嘲笑った。「そうだ、この意気地なしに出ていってもらおうぜ」

残り僅かな牛をノッキングボックスに押し込んだあと、私たちはダーティーゾーンの食堂に行った。するとリカルドが私を脇へ引き寄せ、レバーの仕事が来週再開される予定で、その準備のためにラモンと私は冷蔵室にすぐ復帰することになったと伝えた。「うちは予備作業員を確保しているから、これ以上シュートで働きたくなければ代わりを務めてくれる。だからきみたちはレバーの仕事に戻ればいい」

早速クリーンゾーンの食堂に行ってラモンにニュースを伝えると、また一緒にレバーの仕事ができることを喜んでくれた。やがて昼休みが終了する直前、ラモンと私は冷蔵室の監督のジェイムズから、午後は冷蔵室で働くように指示された。月曜日の再開に備えて、カートとフックを洗浄する必要があったのだ。ジェイムズからは、つぎのように説明を受けた。「カートとフックをきれいに仕上げたあとは、ボックスルームに行って段ボールを組み立ててくれ。でも急がなくていい。明日［金曜日］も働いてもらうからな。3時に帰っていいが、誰にも見られないように気をつけてくれ。終業時間まで働いたことにしておくよ。月曜日は、以前とまったく同じだ。7時には、冷蔵室の1階でレバーを吊るす仕事が始まる」

こうして私は、シュートでグレーのヘルメットをかぶって4日間を過ごした。その間、6000頭もの牛をノッキングボックスに追い込み、たくさんの牛が至近距離から頭蓋骨を銃で撃たれる場面を目撃し、自分でも3回経験した。シュートでの4日間は、牛を追い立てることにほとんどの時間を費やし、ノッカーとしての仕事はほんの僅かだった。しかし、タイラーの言葉――「どうしてって、命を奪うんだよ。心が本当に壊れるぞ」――は心に深く響いた。ここでは何もかもが、まさに「壊れている」ように感じられた。シュートの作業員の多くは壊れている。生きている動物と、それを死へと追い立てる人間（私もそのひとりだ）の対立はいつ果てるともなく続き、痛みや暴力を伴う。ただしフェルナンド、ラウル、ジルベルト、カミロのような経験豊富な作業員から見れば、僅か3日半をシュートで過ごし、ノッキングボックスのすぐ近くで働いた程度では、至近距離で牛を屠る仕事がどういうものなのか理解するには十分ではない。実際、私以外のシュートの作業員の経験から判断する限り、時間には個人差があるものの、ある時点を過ぎると「壊れた」状態が当たり前で普通になってしまうようだ。むしろ、電気棒を使い、倒れた牛を踏みつけて他の牛を進ませ、殺される牛をドミノのように積み重ねるような行為に抵抗することのほうが、異常だと見なされてしまう。だがリックやジルやタイラーなど、屠室の他の部署で働く多くの作業員と同様、私もどこかで一線を越えて、壊れた状態が日常化ないし常態化する経験を味わうのは真っ平だ。ここではノッカーの仕事は神話化されている。屠室の作業員、特にシュートの作業員から、牛に銃を発射するノッカーの行為には超自然的ともいえる邪悪な力が備わっていると見なされる。これなら屠室のなかでさえ、牛を屠る作業は「他人事」として位置づけられる。したがって、メンテナンス作業員のリチャードのような発言が正当化されて認められてもおかしくない。屠室で牛を屠る作業に日々貢献している作業員さえ、「こんなことに関わりたくない。見るのも嫌だ」と訴えるのだ。

　たしかにその通りだ。私だって、冷蔵室に隔離された状態でフックを洗浄し、屠体から抜き取られたばかりのレバーを何万個も吊るす作業のほうがありがたい。屠室では作業も空間も厳格に分割されているため、視界が断片化され、経験が切り刻まれ、作業に伴う暴力性が実際よりも緩和される。実際、冷蔵室に戻り、フックを掃除してからレバーの後静脈の穴に通す退屈な作業を再開してみると、すべてが断片化され分割され緩和されているからこそ、屠殺場の心臓部でも安全で衛生的な避難場所が提供されるのだと理解できるようになった。

単調なリズムで作業が繰り返される冷蔵室は、壁やパーティション、さらには殺菌効果を持つ寒さによって、屠殺関連の事柄から物理的に隔離されている。しかしより重要なのは、心理的にも道徳的にも隔離されていることだ。トムやジルなど、屠室の別の部署の作業員と同様に私も、牛を屠る仕事はノッカーだけに集中させればよいと思っている。暗黙の道徳的棲み分けを行ない、牛の命を奪う部分はノッカーだけに任せ、それとは道徳的に無関係な仕事を手がけたい。そんなのは絵空事にすぎないが、それでも強い説得力があり、説得されたいと願っている人には強く訴える。この施設内のすべての作業員のなかで、生きている動物に一撃を加えて命を奪い、後戻りできないプロセスを始められるのはノッカーひとりなのだ。厳密には、命を奪うのはスティッカーだが、スティッカーのもとに達した時点で牛は意識を失っている。次々とやってくる牛は頭を上下に動かしているが、毛皮に覆われた額に銃を当てて、そんな自分の姿を大きく見開かれた牛の目のなかに見ながら、最後に引き金を引いて命を奪うのはノッカーしかいない。そう、ノッカーだけなのだ。屠室には他にも120種類の仕事があって、何百人もの作業員が働いている。そんな彼らの話に耳を傾ければ、こんな言葉が繰り返し聞こえるかもしれない。「ノッカーだけは」。そこからは、単純な道徳的計算が成り立つことがわかる。屠室は、120＋1の仕事で構成されるのだ。そして1が存在する限り、すなわち最も汚れた仕事の重みのすべてをこの1に押し付けているからこそ、他の120種類の仕事に関わる屠室の作業員はつぎのように発言し、その正しさを信じることができる。「自分はこんなものに関わりたくない。見るのも嫌だ」

私は屠殺場での仕事をやめて何カ月も過ぎてから、動物の命を奪う行為に道徳的責任を持つのは誰なのかをめぐって友人と議論を交わした。肉を食べる人たちだろうか、それとも実際に命を奪う120種類の仕事に関わる作業員だろうか。友人は確信を込めて、命を奪う人たちの責任のほうが大きいと主張した。なぜなら、動物から命を奪うという物理的行為に関わるからで、肉を食べる人には間接的な責任しかないという。私はそれに反論し、離れた場所で恩恵にあずかる人のほうが責任は大きいと主張した。汚い仕事は他人に任せて責任を逃れているのではないか。社会でほとんどチャンスを与えられない人間が汚い仕事を引き受ける場所に、道徳的な責任を押し付ける傾向が社会には定着しているが、屠殺場ではそれが特に顕著だ。友人の主張は「120＋1」の立場に基づいており、数えきれないほど多くの領域にこれは当てはまる。すなわち、汚い仕事は選ばれた少数の人間が見えない場所で行なう。その他大勢の人々は、その存在を明確にあるいは暗黙のうちに認めるが、市民としての身分、納税者としての立場、人種、性別、先祖の行ないを口実にして、自分は責任を回避しようとする。

しかし、ひょっとしたら道徳的責任に固執すること自体が偏った考えを生み出すのかもしれない。少なくとも一部の人々は「120＋1」の立場に与《くみ》せず、汚い仕事の恩恵にあずかる条件として、屠殺に対する道徳的責任が自分たちにあることを認めるかもしれない。ただしそれは、自分が直接手を下さず、一切経験しないことを大前提にしている。哲学者ジョン・ラックスによれば、「ある行為の責任は引き受けられても、経験は引き受けられない」[1]のだ。では、汚い仕事の恩恵にあずかる人々が責任の一部を引き受けるだけでなく実際に経験することには、どのような意味があるのだろうか。120＋1のうちのひとりとして、汚い仕事を目で見て、臭いを嗅ぎ、音を聞き、舌で味わい、手で触れることにはどのような意味があるのだろうか。

第7章　品質の管理

職務番号73、テイルハーベスター：ハンドナイフを使って尻尾を切除してから、内臓ラインに吊るす。

「疲れてるみたいだね」。私がシュートから冷蔵室に戻り、ラモンと一緒にレバーを吊るす仕事を再開してから1週間後、午前中の休憩時間にハビエルから言われた。

「疲れてるさ。夕べは4時間しか眠れなかった」

「どうして？　他に仕事があるの？」

「違うよ。読書してたんだ。きみはどう？」

「おれだって疲れてるさ」

「他に仕事があるの？」と訊ねると、ハビエルは首を振った。「じゃあ、どうして疲れてるの？」

「さあね」と答える声は次第に小さくなっていく。「ただ疲れてるんだよ」

「そういえば、ジュリアはどこなの？」と私は、緑ヘルメットの女性のひとりについて訊ねた。休み時間にメインの作業員がラインに戻ったあと、時々一緒に休憩を取る女性だ。「二、三日顔を見ないな」

「知らないね」とハビエルは答えた。「ここにはいない。いなくなってからしばらく経つ」

「いい子だよね。優しくて気がつくし。休暇かな」

ハビエルは首を振った。「違うよ。仕事中にトラブルがあって、やめたんだ。作業員のひとりと問題を起こしたんだ」

「どんな問題?」

ハビエルは私に真剣な眼差しを向けた。そして「QC〔品質管理〕は職場の監視が仕事だっていうことは知ってるだろう?」と言いながら、人差し指で目を指して強調した。「全員の仕事ぶりを観察しなくちゃいけない。それでジュリアのやつ、手を洗っていない作業員を見つけた。だから、スティーブ〔赤ヘルメットの監督のひとり〕に報告したんだ。監督はそいつを呼び出して、彼女がいるときはもっと注意しろと説教したんだよ。ところがそいつは逆恨みしてさ、彼女に詰め寄って小突いたんだ」

「本当か?」

「本当さ。それで大騒ぎになって、ジュリアは警察を呼んでやるとすごんだのさ」

「そいつはクビになったの?」

「いや。おそらく3日間の停職処分だと思うよ」

「それで彼女、やめたの?」

「違う。そのあと別の日に、ロジャーが2階のオフィスにいるとき、ジュリアがある作業員を廊下で追い越すときに突き飛ばすところを目撃したんだ」

「えっ、彼女が?」

「そうさ。相手は何もしていないのにさ。背中を押したんだよ。だからロジャーはジュリアを無線で呼び出し、オフィスに来いと命令した」

「それで、ロジャーは彼女をクビにしたの？」

「いや。今日はもう帰って自分の行動を反省しろ、と説教したんだ。そしたら、それから戻ってこない。やめたんだろうな」

「へえ」

「そしたらそのあとロジャーがおれに、ＱＣの仕事に興味はないかと訊くんだ。でも、ＱＣなんてやりたくないいね」

「なぜ？」

「たしかに簡単に稼げるよ」とハビエルは言いながら、人差し指と中指を親指でこすった。「でも、あの仕事は問題が多い。検査官とも作業員とも監督とも、ビルやロジャーとも付き合わなくちゃいけない。それに何か起きたら、会社とのトラブルに巻き込まれる」

「すべてが順調に進むように見張らなくちゃいけないからだろう」

「その通りだ。給料はいいし、できないわけじゃないけど、やりたくはないよ」

「ねえ」と私は、ヨーグルトの蓋を空のごみ箱に捨てながら、冗談半分で切り出した。「そろそろ僕も、昇進してもいいかなと思うんだけれど」

ハビエルは冗談とは受け止めなかった。「実はね、おれもジェイムズも、きみはこの仕事に向いていると考えているんだ」

「本当?」と私は答えてからしばらくしてこう言った。「そっちの仕事もできるよ。人と話すのは問題ないし、検査官には顔見知りもいる」

ハビエルはポニーテールをヘアネットに押し込んだ。「そうだな、きみにはできるかもしれない」

「この仕事をやりたい人が、他にいるの?　ここで長く働いている人もいるでしょう?」

「ああ、たしかにいるよ。でもQCになるには、英語を話せなくちゃいけないし、読み書きも必要だ。この場所についてきみよりもよく知っているやつらは多いけど、それがネックなんだ」

私は立ち上がると、プラスチックのランチバッグを冷蔵庫に戻した。「それで、どうすればその仕事に就けるの?」

「ロジャーかビルに話せばいい」

冷蔵室での単調な作業から逃れる可能性が少しでもあるなら、どんなに見込みがなさそうでも潰すわけにはいかない。これまで真冬のような寒さで気をまぎらし、長くて退屈な時間を何とか乗りきってきたが、いきなり期待に胸が膨らみ、将来が明るくなった。ラモンには石鹼を取ってくるという口実で持ち場を離れ、その代わりにジェイムズを探すと、ちょうど廊下にいた。そこでQCの空きについて知りたいと話すと、それならビルのところへ行ってくれ、ただし食中毒で数日前から休んでいると言われた。しばらくするとリカルドがやってきたので、私がQCの仕事に興味があることをジェイムズは伝えた。するとリカルドは、眉を吊り上げて私のほうを向いた。この表情の背後に何が潜んでいるのか、推し量るのは難しかった。面白がっているのか、怒っているのか、それとも不安なのか。とにかく、採用はビルの担当であり、復帰するまで待つようにと言われた。「ロジャーではだめですか」と私は粘った。

「だめだ」とジェイムズは首を振った。「ビルに頼まないといけない。ロジャーに話しても、ビルに話せと言われるだけだよ」

しかし、ビルの復帰を待つのは嫌だった。すぐに行動を起こしたい。昼休みが終わって冷蔵室に戻ると、緑ヘルメットのジルと目が合った。二十代の白人女性で、長い髪はブロンドで、緑色の目をしている。以前、農務省検査官からレバーのフックの洗浄が不十分だと指摘されたとき、彼女とは話をしたことがあった。その彼女が手招きしている。そこで私は階下を指し示し、チャンスがあったら冷蔵室に降りてきてほしいと合図した。30分後にジルが冷蔵室に入ってきたため、控室に連れていってからQCのポジションに興味があると伝えた。すると彼女からは、ジュリアがやめるかなり前から、私をビルに推薦してきたことを打ち明けられた。QCで新しいスタッフが必要なら、私が適任だと勧めてくれたのだ。そこで誰に決定権があるのか訊ねると、ロジャーとビルだと教えてくれた。力があるのはロジャーのほうだが、細かい決定は息子のビルに任せるときが多いという。それからジルは、私は「字がきれいなの？」と訊ねてから、ジュリアは下手だったけれど、自分がそう言っていることは内緒にするようにとくぎを刺した。そのあと、彼女が仕事を教えてくれるのか訊ねると、おそらく1週間ほど一緒に付いていてきてもらうことになると言われた。

レバーのラインに戻ると、何かトラブルがあったのかラモンは知りたがった。そこで、緑のヘルメットになれるチャンスがあると打ち明けると、「いいじゃないか」とだけ言って、レバーの仕事に戻った。

午後の10分間の休憩時間、私は黄色いレインコートと白いフロックを慌ただしく脱いで、裏階段を上った先の廊下で赤ヘルメットのひとりと遭遇した。そこでロジャーはどこかと訊ねると、「屠室オフィス」と表示された扉を指さした。扉をノックすると、前後に揺れて開いた。部屋の中央には大きな会議用テーブルがあって、5、6人の男性がたむろしている。全員が赤ヘルメットで、ジェイムズとリカルドの姿もあったが、どちらも私と視線を合わせようとしない。

私のすぐ左側には一人用のデスクがあって、腹の突き出た大柄の白人男性が両手を頭の後ろで組み合わせ、事務用の椅子に寄りかかってくつろいでいる。ブルージーンズにアイロンのかかったストライプの長袖シャツという服装で、金縁眼鏡をかけている。ヘアネットの痕まで届かないほど後退した髪の毛は灰色で、ほとんど白髪になっている。デスクには、汚れひとつないきれいなヘルメットが置かれている。

「スローンさんですか?」

「ああ」と抑揚のない声が返ってきた。

「僕はティムといいます。冷蔵室のレバーのラインで働いています。QCのポジションに最近空きが出たと聞いたので、志願しにきました」。言葉は次々に、自然と口をついてくる。ロジャーは一切口をはさまずにうなずき、私の視線をしっかり受け止めている。赤ヘルメットたちは黙って成り行きを見守った。

「読み書きのスキルは抜群で、口頭でのコミュニケーションも問題ありません」と私はアピールを続けた。この部屋に入る前は、何をどのように伝えればいいかわからなかった。わかっていたのは、とにかく冷蔵室から抜け出したいということだけだった。レバーが次々と湯気を上げながらゆっくり下降してくる職場から、早く離れたかった。

「たしかに話はうまいな」とロジャーがやっと口を開いた。そこに何らかの皮肉が込められていないか読み取ろうとしたが、何もなさそうだった。

「ありがとうございます。ここに来てから2カ月以上が経ちますが、いまでは農務省検査官のほぼ全員と知り合いになりました。自分はこの仕事に向いていると思います。すでにジルには職務記述書について話をしました。HACCP［危害分析重要管理点。「ハサップ」と発音する］などについても多少の知識があります。この機会を生かしたいと心から願っています」と必死で訴えると、ロジャーは興味をそそられたようだった。

「でも、すべてを一日で覚えるのは無理だよ。キャサリン（副社長のひとり）に連絡して必要な書類を送ってもらおう。それから面接をセッティングする」

「明日ですか？」

「できるだけ早く準備する」と約束してくれた。

「ありがとうございます」と私は夢中でしゃべり続けた。「2カ月前にここで働き始めたとき、さぼらず真面目に働けばチャンスはやってくると、ある人物に言われました。今回の話を聞いたとき、いまがチャンスだと直感しました」。真新しい白いヘルメットをデスクに置いた初対面の人物の前で、私は平身低頭して訴えた。

「わざわざありがとう」と言って、ロジャーは手を差し伸べた。私は握手をしてから退室し、冷蔵室まで階段を一段置きに降りていった。ラインには7分遅れて戻ったが、その日は最後までラモンと口を利かなかった。

翌日の午前中、休憩時間の直前にジェイムズが冷蔵室にやってきて私に伝えた。「9時30分に屠室のオフィスで面接だ」

「僕の代わりに誰がラインに入るんですか？」

「午前中の休憩後は、ハビエルに来るよう話しておく」

ラモンが午前中の休憩から戻ると、私はロッカールームに行って、冷蔵室で何枚も重ね着していた衣服を次々と脱いでいった。そして9時30分、屠室のオフィスの扉をノックする。ジェイムズが扉を開けて、大きな会議用テーブルに戻った。彼はちょうど、インスタントのオートミールを食べているところだった。そこにロジャーが入ってきて、「こいつはきみの心臓に良さそうだな」と皮肉った。

「そうなんですよ」とジェイムズは答え、あわててオートミールを食べ終わると部屋を出ていった。ロジャーは私に視線を向けて、このあとフロントオフィスから何人かやってくる予定だと伝えた。そしてほどなく、ふたりの白人女性が入ってきた。ひとりは四十代前半だろうか、華奢な体形で、鼻は尖り、よく動く目は好奇心にあふれている。もうひとりのほうが背は低く、おそらく5、6歳年長で、顔にはしわが寄り眼鏡をかけている。どちらも新品のように糊のきいた白いフロックを着て、白いヘルメットの正面には「来客」と黒く転写印刷されている。ロジャーがふたりを紹介してくれた。背の高いほうはキャサリンで、この会社の技術関連業務の副社長を務めている。もうひとりのサリーは、フロントオフィスの品質保証部門の責任者だ。私はふたりと握手を交わし、それから全員が椅子を引いてテーブルの周りに座った。

まずはロジャーが、私が前日にこのオフィスの扉をノックして、必死に自己アピールした様子を詳しく再現して聞き手の興味をそそった。「もう本当に驚きましたよ。こんなハングリーなやつは見たことがない」。「ハングリー」がどんな意味で使われたのか正確にわからないまま、私はただうなずいた。

キャサリンが私のほうを向いて言った。「あなたのことをもう少し教えてくれる？　これまでの経歴とか今後の目標とか」。どうやらこれは多くの情報を引き出すための典型的なヒアリング形式のように思われたため、私は応募用紙に記した簡単な情報を急いで要約したうえで、最後をこう結んだ。「こういう場所で働いた経験はありません。でも一生懸命働いて、早く仕事を覚えます。この機会に心から感謝しています」

私が話しているあいだ、ロジャーとキャサリンは身を乗り出して、時々なるほどとうなずいた。サリーは椅子に深々と座り、積極的に質問するわけでも口を開くわけでもないため、何を考えているのか読み取りにくい。私が話し終えると、ロジャーはもう一度、ここで「これほどハングリーな」やつは見たことがないと繰り返した。そして、すでに私が新しい仕事に採用されたかのような口ぶりで説明を始めた。「われわれは外部の人材を雇うよりも、内部の人間を昇進させたい。外部から採用する人物は、どんなやつなのか見当がつかない。でも内部で昇進した人間なら、優秀なことは間違いない。忠実に働く様子を見ているからね」

ここでキャサリンが不意に口をはさんだ。椅子から身を乗り出し、私の目をまっすぐ見据えてこう言った。「ねえティム、ここで働く社員は家族同然なの。だから、忠誠心がとても大切なのよ。あなたが私たちに忠実で、私たちのために一生懸命働いてくれたら、私たちもあなたを大事にするわ。何か問題があったときや、疑問が生じたときは、私たちに話してちょうだい」と、「私たち」という部分を手ぶりを交えて強調した。「ここではみんなが助け合うのよ。いい、この施設で生産される牛肉は最高級品なの。これからあなたが任される品質管理の仕事は、牛肉の高い品質を維持するためのお手伝いなのよ」

「覚えなきゃいけないことはたくさんあって、一日ではとても覚えきれない」とロジャーはすかさず口をはさんだ。「われわれも、きみにそんなことは期待しない。ここでは100パーセント完璧なんて不可能だ。私なんか、ここへ来て20年になるが、未だに新しいことを学び続けている。何もかも知っているふりをするつもりはないし、きみにもそれを期待しない。それに、キャサリンがわれわれは家族同然だと言ったが、その通りだよ。キャサリンは20年近くここで働いている。ジェイムズは18年、そしてもうひとりの監督のマイケルは、今年で19年目になる」

私は具体的にどんな仕事なのか訊ねた。

「品質管理は素晴らしい仕事だ。まさか彼女がやめるとは思わなかった」とロジャーは言って、こう続けた。「仕事はきついけれど、特典もある。そもそもラインに拘束されない。制服、長靴、無線、ノートパッドを支給されるし、品質管理のオフィスを使うことができる。残業手当も出るんだ。仕事は午前5時に始まって、午後5時より前には終わらない。これからジルと一緒に働いてもらうが、報告はビルか私に直接行なってくれ。現場の作業員の誰かと問題が発生したら、本人に直接話さず、監督に話すこと」。それから最後にこう付け加えた。「ここの統括者はサリーだ。フロントオフィスで業務の処理にあたっている」。ここで初めて、会話にサリーが登場した。彼女はうなずいて引きつった笑みを浮かべるだけで、一言もしゃべらない。

私が報酬について訊ねると、ロジャーはこう説明した。「社員の報酬は私が管理している。賃金を上げるのも下げるのも、誰かの許可を得る必要はない。しばらくは、これまでと同じレートで働いてもらう。ただし仕事の覚えが早ければ、すぐにでも昇給は可能だ。きみなら大丈夫そうだな」

そのあとは私が牧場で働いた経験に話が戻り、そこからなぜか、シュートで牛をどう扱うべきかという問題に話題が移った。「僕が思うに」と私は持論を展開した。「牛を手荒に扱わなければならないのは、相手が人間よりも利口だからじゃないでしょうか」。キャサリンとロジャーは一瞬顔を見合わせ、ロジャーの顔に浮かんだ笑顔は引きつっていた。

「そうか」とロジャーはすぐさま反応し、話を進めた。「われわれは常に社員をカンザスシティに派遣して、動物の取り扱いについての講座を受けさせている。講座を開設しているのはテンプル・グランディンという女性なんだが、彼女の牛についての話はきみの興味を引くと思うよ」

「それって、牛がもっと楽に移動できるような屠殺場を設計した自閉症の女性ですか?」

キャサリンとロジャーは驚いた様子で顔を見合わせた。

「いやあ、僕は読書が大好きなんです。それで、知覚に異常がある人たちを取り上げた本を読んだんですよ。事故のせいで、白と黒とグレーしか見えなくなった人もいました。その本の章のひとつで、テンプル・グランディンと彼女が設計した屠殺場が紹介されていました。牛が命を奪われるまで、ストレスを感じないまま移動できるように配慮したんです。たしか、天国への階段と呼ばれていたな。とにかく、すごく面白い本です。『火星の人類学者(An Anthropologist on Mars)』というタイトルだと思います。ご興味があるなら、正確なタイトルと著者名をあとでお知らせします」

部屋には沈黙が流れた。自分が危ない橋を渡っているのはわかっていたが、私はこの会話にのめり込んだ。もはや、仕事を確保するために相手に印象づけることだけが目的ではない。静まり返った冷蔵室でしばらく働いたあと、私は抑えがたい欲望に突き動かされた。現場の作業員は知恵が回らず、単純作業を来る日も来る日も繰り返す機械のような存在ではないことを経営陣に知らせてやりたかった。作業員だって、思慮も感情も持ち合わせているのだ。

最初にロジャーが沈黙を破った。「いまのわれわれみたいに誰もがじっくり話し合えば、世界はもっと良い場所になるだろうな。なあティム、この頃の人間がどんな問題を抱えているかわかるか？いまじゃ、話し合う機会がない」。それから彼は、ベルトに留めたモトローラ製の黒い無線機の呼び出しボタンを押した。「ジェイムズ、聞こえるか、ジェイムズ」そう言いながら私にウィンクをする。「ジェイムズ、屠室のオフィスに来てくれ」

「ああジェイムズ」と、彼がやってくるとロジャーは伝えた。「良いニュースと悪いニュースがある。良いニュースだが、ハビエルはきみのところでそのまま働いてもらう。そして悪いニュースだが、この若者をこちらで引き取ることにした」と言いながら私を指さした。「いつから引き取ってもいいかな？」

「明日からで大丈夫だと思います」とジェイムズは答えた。

ロジャーは私のほうを向いて、「明日の朝は5時にここに来てくれ」と言ってから、立ち上がって私と握手した。キャサリンとサリーも立ち上がったため、私は彼女たちとも握手をして礼を述べた。これで新しい仕事が手に入った。このあとはロッカールームに戻り、冷蔵室での作業に備えて完全武装しなければならない。私は体中が武者震いした。

ロッカールームに戻ると、冷蔵室でレバーの包装に従事している作業員のレイが、ベンチに座って長靴を脱いでいる。まだ午前10時半だ。レイは23歳ぐらいで、スリムで小さなあごひげを生やしている。以前、午後の休憩時間に控室で短い会話を交わしたことがあった。

「どうしたの?」と訊ねると、退職することになったという。彼はここで働くために、あるアメリカ市民に社会保障番号を使わせてもらい、その謝礼を支払っていた。1週間でおよそ400ドルの給与のなかから100ドルを「リック」という人物に支払い、彼はそれを養育費に充てていた。ところがレイの説明によれば、リックは1週間に150ドルを要求し、嫌なら入国管理局に引き渡すと言い始めたのだ。「そんなに払えないよ」と訴えるレイの目には涙があふれている。「別の施設に応募して、今度は兄貴の名前を使うよ」

「残念だな」と、私は隣に座って彼の肩に手を置きながら話しかけた。「残念だよ」。しかし、私はそう言いながら、悲しみよりも罪の意識を感じた。私はここで働き始めてまだ2カ月なのに、早くも準管理職への昇進を果たした。それも現場での経験や専門知識や年齢が理由ではない。単に英語を読んで書いて話すことができるからだ。しかも私は新しい仕事を手に入れるため積極的に働きかけ、自分は「ワン・オブ・ゼム」だと経営陣に伝えた。(私のような)人間が(彼らのような)人間とじっくり話し合えば世界は良くなるとアピールしたのだ。これに対し、冷蔵室での経験が私よりも長いレイは、凍えるような寒さのなかで毎日10時間過ごすために、賃金の4分の1近くを手放していた。ところが今度は、金額を一方的に引き上げられたため、職場を変えるしかなくなった。私たちは電話番号を交換して連絡を取り合う約束をしたが、1週間後に連絡すると、電話番号はすでに使われなくなっていた。

冷蔵室に戻ると、私はレイのことをクリスチャンに話した。ところが彼は私の話を誤解して、入国管理局の関係者がこの屠殺場に潜入していると勘違いした。「ここにいるのか？　移民局のやつら（la migra）がここにいるのか？」と話す顔には不安が広がっている。

「違う、違う」と私は相手の不安を取り除こうとした。「ここにはいないよ」

その日、午後の休憩時間に、私は冷蔵室の同僚たちに昇進について報告した。皆が笑顔を浮かべ、私の背中を叩き、ハイタッチをして、「やったな」と声をかけて祝福してくれたが、ただひとりラモンだけは悲しそうだった。そして帰りの車のなかでこう言われた。「よかったな。でも、僕はこれから誰と一緒に働くんだろう？」

QCとしての新しい仕事は、午前4時45分に始まった。この時間、駐車場はまだ閑散としている。屠殺場の巨大な建物も、夜明け前の暗闇のなかでひっそりとして、まるでモンスターが眠っているようだ。臭いもさほど強烈ではない。前日の臭いが残っている程度で、圧倒されることはない。この時間には、玄関ホールでＩＤカードをチェックする警備員もいない。ロッカー室に行くと、緑色の長靴と白いヘルメットを身に着ける。備品室の責任者のオスカーと黄色ヘルメットのハビエルの姿があった。ふたりと簡単な挨拶を交わしてから、ＱＣのオフィスに向かった。すでにジルは、机に向かって新聞を読んでいたが、今日は一日中あとを付いてくるように言われた。彼女の行動を観察しながら仕事を覚えるのだ。そして、農務省検査官への言葉遣いには十分に気をつけるようにと警告された。特に気をつけなければならないのは主任のドナルドで、私を言葉巧みに操って間違ったことを言わせたうえで、ノンコンプライアンス・レポート（NR）を提出する恐れがあった。NRは、連邦検査官が施設の問題点を指摘する報告書で、施設にとって「非常に非常に悪い」ものだという。これをあまりにもたくさん提出されると、農務省から罰金を請求されるか、操業停止を命じられる可能性があるからだ。さらに、この報告書は一般市民もアクセスが可能だ。

屠室には、農務省から派遣された13人の検査官が配属されている。グリーン博士が検査官の責任者（IIC）を務め、やはり獣医学の博士号を持つ別の検査官が同行し、屠られる前の生きた牛の状態を点検する。3人目の検査官のドナルドは、消費者安全検査官（CSI）の肩書を持ち、屠室を歩き回っては、食品安全に関する違反行為がないか目を光らせている。さらにCSIは、QCが記入する食品安全に関する文書に目を通す。そして3人の他に10人のライン検査官が、頭部検査ライン（第3章の図2の65番の近く）、内臓処理台（74番の近く）、最終検査が行なわれるトリム専用レール（88番の近く）のいずれかの巡回を持ち回りで担当している。彼らにはNRを提出する権限がないため、何か問題を見つけたらグリーン博士かドナルドを呼び出さなければならない。

「ドナルドには何も言わないで」とジルは念を押した。「仕事に関して何か質問されたら、わからないと言って。まだ研修中なんだから」。そして私に無線を手渡しながら、ロジャーからの呼び出しを聞き逃さないように注意し、呼び出されたらすぐ応答するようにと警告した。

私は仕事についてジルに質問しようとした。実際に働き始める前に、おおよその概要は把握しておきたかったからだ。しかし彼女は「私の行動を観察して覚えるのよ」と繰り返すだけだった。

午前5時ちょうど、ジルと私は屠室に足を踏み入れた。彼女によれば、これは「操業開始前の点検（pre-operational inspection）」で、略して「プレオプ（pre-op）」という。私たちはクリーンゾーン、ハビエルがダーティーゾーンを担当する。「ジュリアがやめてからは、ハビエルがダーティーゾーンのプレオプを続けているの」と、ジルは説明してくれた。「彼にはクリーンゾーンのことがわからないから、ダーティーゾーンだけを担当しているの。ダーティーゾーンは簡単だけれど、あなたにはどちらも覚えてもらうわ。だから来週はハビエルとのプレオプよ」

屠室は不気味なほど静まり返っている。それまでは血や筋肉の塊や脂肪に覆われている状態しか見ていなかった装置が、眩しい白色ハロゲンライトの下で明るく金属的な輝きを放っている。2枚の金属板が接合された5×40フィート〔12メートル〕の可動式の内臓処理台では、牛が半身にされる前に内臓が取り出されるが、まるで未来の滑走路のようだ。頭上のチェーンも静止している。人間が活動をしていないときのクリーンゾーンは全体がひとつの空間で、ぽっかりと口を開けた格納庫のようにも見える。そして静謐な魅力を放っている。

スウェットパンツにTシャツ姿で、「DCS」という文字が謄写された水色のヘルメットをかぶった二人組が近づいてきた。ひとりは十代後半で、痩せ細った顔はニキビに覆われている。年長のほうはおそらく三十代で、長い縮れ毛をポニーテールに結んでいる。「おはよう」とジルが挨拶すると、挨拶を返す。彼らは清掃専門の契約スタッフで、屠室の一日が終わった直後から、2回のシフトに分かれて作業を始める。夜中のうちに、屠室のあらゆる表面や装置から、血、脂肪、臓物の切れ端、内臓、筋肉を取り除くのだ。その仕事は、屠殺に関わる作業員よりも危険かもしれない。衛生作業員は、皮膚が焦げて火傷する恐れのある業務用の化学薬品を扱うだけでなく、危険な機械に腕を、時には体全体を突っ込まなければならない。しかも働く時間はメンテナンス作業員の2回目と3回目のシフトと重なるので、機械に油を差し、修繕する作業も進行している。そのため同じ機械に修繕スタッフと清掃スタッフが同時に手を付けようとすると、仕事の内容の違いが恐ろしい事故を招きかねない。屠殺場のほとんどの作業員と同様、現場で清掃に従事する衛生作業員の時給は7ドルから8ドルに設定されている。

ジルは懐中電灯をつけて、フック、レール、歩道、壁、天井に目を凝らす。それから色々な場所の表側や裏側を素手で触り、レールの下に脂肪の破片を、頭上のコンベヤーベルトのチェーンに獣脂を見つける。それを彼女から指摘された作業員は、体を思い切りねじり、隅や隙間に手を突っ込む。こうして私たちがフロアを巡回しているあいだ、ふたりの作業員は別々に仕事をこなす。ジルが指摘した最初の場所をひとりが掃除しているあいだ、もうひとりはつぎに指摘される場所を掃除するために、ジルと一緒に先へ進む。

徐々にわかってきたのだが、ジルの行動は確率ゲームそのものだった。ドナルドが厳重に点検する可能性が最も高い場所と最も低い場所についての知識などに基づいて、ギャンブルを行なっていたのだ。各検査官との経験と予備知識を秤にかけ、判断を下していく。検査官がしばしば見逃すスポットはどこか、最も信頼している場所はどこか、頭を懸命に働かせる。

ジルはフロアを歩きながら、クリーンゾーンの点検に割り当てられた時間は45分間だと説明してくれた。毎朝ドナルドは、農務省検査官のオフィスの扉の上にある電気をつける。このとき時刻は5時45分で、すぐにドナルドはクリップボードを手に持ってオフィスから現れて検査を始める。屠室には4つのプレオプ・ゾーンがあって、そこから対象となるエリアや装置を彼はランダムに選ぶ。ゾーン1と3にはダーティーゾーンならびに脚や内臓の処理室が含まれ、こちらはハビエルが担当する。ゾーン2と4はクリーンゾーンやディクラインや頭処理台のエリアで、こちらがジルと私の担当である。

プレオプのあいだ、現場の関係者は注目をそらすための努力を惜しまない。最初のプレオプには、QC、3回目のシフトのメンテナンス作業員、衛生作業員の3つのチームが参加する。メンテナンスと衛生担当の作業員は、時間や人手が不足して清掃や修復が行き届かないエリアの知識を持っているので、実際に点検を行なうことになり、そのあいだQCは作業の様子を見守る。ただし作業員にとっては、こうしたエリアをQCからできる限り隠しておくほうが都合がよい。不具合な部分が発見されれば、仕事量が増えるからだ。さらに、そもそも最初に仕事が正しく行なわれなかったことを認めるようなものだ。

ふたりで屠室を歩いているあいだ、ジルは盛んに無線に話しかける。DCS衛生作業員を監督する白人のランスに装置の汚れを確認するか、3回目のシフトに入っているメンテナンス作業員を呼び出す。こちらはジョンという白人と、彼の兄弟や従弟たちの6人でチームが編成されている。

ランスはスリムでも筋骨たくましい。ポニーテールに束ねた髪は乱れ、前歯が何本か欠けている。屠室から離れたダーティーゾーンの食堂の近くに、窓のない小さなオフィスを持っている。そして本人の話では、ラテン系の部下たちが夜中に屠室を掃除しているあいだ、オフィスでタバコを立て続けに吸ってほとんどの時間を過ごす。屠殺業界で働く多くの白人と同様、実際に現場で働くわけではない。しかし、チームの顔や伝達者が必要とされる問題が発生すると、作業の責任者として登場する。無線で呼び出されれば、かならず応答しなければならない。「すぐ行きます」という言葉通り、先端に小さなたわしの付いた伸び縮み式の金属棒を持ってすぐさま登場する。油の染みや乾いた血の小さな点など、発見された問題が小さければ、自分できれいに拭き取る。問題がより大きいときは、通常は怒った顔を作業員のほうへ向けて、手で問題箇所を指し示す。すると相手は肩をすくめ、負けじと不機嫌な表情でランスを睨んでから、指摘されたエリアの清掃を始める。

3回目のシフトのメンテナンス作業員を監督するジョンは、大体はひどく機嫌が悪い。装置の移動や分解を伴う清掃作業は、基本的にメンテナンス作業員の責任である。「DCS」すなわち衛生作業員は、装置を移動することも修理することも許されない。ほぼ毎朝、頭上の照明のカバーには水が溜まっている（溜まっている水は有害なバクテリアの温床になる可能性があり、NR違反に該当する）。あるいは、ホースから漏れた油や油圧作動液がコンベヤーまで流れ出しているときもある（これもやはりNR違反となる）。無線で呼び出され、照明のカバーを開けることやホースの漏れを点検することを指示されると、ジョンはたいてい「あいつらがやれよ」と文句を言う。そしてQCが別のスポットに移動して5分から10分後、部下のメンテナンス作業員の誰かがやってきて、指示された仕事を行なう。

DCSとメンテナンス作業員のあいだではバトルが絶えない。衛生と保守のどちらが責任を取る作業なのか区別する境界は曖昧であるため、どちらもQCから問題を指摘されると、相手を呼んでくれと文句を言う。ランスはいつも不満をくすぶらせ、自分たちは装置をきれいに清掃しているのに、あとからやってきたメンテナンス作業員が油やグリースで汚してしまうと指摘する。しかしメンテナンス作業員から見れば、清掃作業員は清掃を十分していないにもかかわらず、油や油圧作動液が漏れていると言いがかりをつける。実際のところ45分間では、屠室のふたつのゾーンの表面や装置をすべて目視検査することは不可能で、念入りに確認するなどもってのほかだ。ふたつのゾーンのどちらにも60の異なる装置があるのだから、QCがひとつのエリアに費やす時間は平均で22・5秒程度である。しかもそこにはエリア間の移動時間が含まれない。表面はきれいに見えても、QCが爪でこすると、脂肪の層が確認されることがある。もっとひどいときは、腎臓や筋肉の大きな塊、あるいは大量の血やグリースや油圧作動液が、装置の後ろの目立たない場所に残されていたり、壁や天井にこびりついていたりする。たとえば密閉型の金属製キャビネットの「185」では、移動してくる枝肉に華氏185度〔摂氏85度〕の湯が放出されるが、内部に照明がないうえに、下から地上50フィート〔15メートル〕以上まで、様々な高さに何十もの管状部品が取り付けられている。そんなキャビネットの最上部に埃やグリースや血が残されていると、農務省検査官から指摘される可能性があるが、確認するためには梯子を使う必要があり、一カ所に数分の時間を要する。

ジルによると、かつてロジャーとビルがQCのプレオプに割り当ててくれる時間は僅か15分だったが、操業開始に先立ち農務省検査官がノンコンプライアンス・レポート（NR）を頻発するようになってからは、ロジャーが時間を45分に延長してくれたのだという。それでも、プレオプの不備が原因でNRが提出されては困るため、QCにかかるプレッシャーは大きい。農務省検査官による点検が始まる前に、できるだけ多くの違反を見つけ出さなければならない。

5時40分。全員が、無線から流れるジョンの声に聞き耳を立てる。USDAのオフィスの上の照明が点灯しているかどうか伝えるのが彼の仕事だ。もしも点灯していれば、「作業はじめー、作業はじめー」と大仰な調子の声が聞こえてくる。まだ消灯したままであれば、「まだ待てー、まだ待てー」と聞こえてきて、皆が一安心する。

5時45分、「作業はじめー」という声が無線から流れ、ドナルドがオフィスを後にして、4つのクリップボードを手に抱えてメンテナンスショップに向かってくる。クリップボードは、点検を行なうゾーンごとにひとつずつ準備されており、場所や装置のリストがずらりと並んでいる。そこから3つをランダムに選び出し、実際に点検するのだ。するとメンテナンス作業員は、選ばれた3つの装置や場所の電源を切り、できればロックする（これは製造業に共通する安全確保の基準で、ロックアウトまたはタグアウトとして知られる）。ロックに必要な鍵は赤い箱のなかにあり、この箱をドナルドが自分の鍵でロックしている。農務省検査官に対しては安全対策が徹底しており、衛生、品質管理、メンテナンスの作業員の処遇とは対照的だ。

ドナルドがリストの最上部に挙げられた装置へ向かうと、そのエリアを点検したQCのジル、ランスとふたりのDCS作業員、そして最後にジョンともうひとりのメンテナンス作業員の順番であとに付いていく。衛生作業員とメンテナンス作業員のどちらが不備の責任を取るかをめぐって口論が絶えない。食肉のコンベヤーベルトに油圧作動液が付着していたり、ガードレールの裏側に脂肪の破片がこびりついていたり、壁の塗料が剝がれていたら、NRを提出される可能性がある。ジルはQCとして、エリア全体を点検したことを報告するための署名を行なうので、何か不備があれば彼女の責任となる。衛生とメンテナンスの作業員にも何らかの責任はあるが、プレオプの不備に対するロジャーとビルの怒りの矛先は主に品質管理部門に向けられる。これまでどのエリアが厳重に点検され、どのエリアがあまり注目されなかったか、ジルは十分に心得ている。そのため、NRを出されそうなエリアから、ドナルドの注意をそらそうと努める。

こうした検査においては、時間はQCに対して不利に、USDA検査官に対して有利に働く。屠室のエリアや装置が何百も記入されたリストのなかから、検査官は全部で12のエリアや装置をランダムに選ぶ。4つのゾーンそれぞれにつき、3つが選ばれる。そして検査官は、45分かけて12カ所を点検する。つまり平均すると、ひとつのエリアにつき3分45秒という計算になる。これだけでも、QCが見過ごした問題を検査官が見つける可能性はあるが、あらかじめ選ばれたスポットのあいだを移動中、ふと何かが目に留まることも考えられる。このような思いがけない発見は、「偶然発見された」不備としてNRに記載される。そしてドナルドは、問題を見つけるのが非常にうまかった。ジルと私が特定のエリアや装置をどんなに細かく点検しておいても、ドナルドは常にどこを調べるべきか心得ているとしか思えない。私たちが見逃している些細な問題――時には重大な問題――を見つけるために、どこに目を付け、指を走らせればいいのか十分に理解していた。

ゾーン4の内臓処理室は特に悪夢だ。衛生作業員やQCがどんなに努力しても、脂肪や細胞組織の塊の存在は見過ごされ、それをドナルドが目で捉えて指で触れる。実際のところ、本当に問題なのはドナルドが不備を発見するかではない。彼はほぼ常に見つけてしまう。発見した問題についてドナルドがNRで報告するか、それとも私たちに清掃を命じるだけで済ませるか、それが問題だった。もちろん厳密には、ドナルドは汚染個所を見つけたら、かならずNRで報告しなければならない。HACCP（危害分析重要管理点）制度に基づいて施設が作成して農務省が承認した、プレオプに関する衛生標準作業手順（SSOP）には、操業開始に先立ち装置を含め屠室の隅々まで衛生状態を徹底させて汚染物質を除去しなければならない、と記されているのだ。これを文字通り忠実に守るならば、ドナルドがプレオプの点検を行なうたびに、多くの事例がNRで報告されることになる。しかしドナルドは、一部の不備を報告するだけにとどめている。ただし何を報告し、何を見逃すか、体系的なアプローチがあるとは思えない。もしも体系が確立されていれば、彼とのやり取りはここまで危険ではなく、ストレスもかからない。すでにジルからはつぎのように聞かされていた。ドナルドがNRで報告するのは、牛の枝肉や切り分けられた肉に直接触れる箇所の汚れだけで、これらに触れない表面の汚れに関しては口頭での警告にとどめている。しかし私が品質管理作業員として働き始めた1週間のうちに、ドナルドは185キャビネットの最上部に残された埃とグリースについてNRで報告している。ここは枝肉とは絶対に接触しない箇所だ。そのくせ、頭肉を処理する漏斗《じょうご》の内部に残された乾いた血痕については口頭での警告にとどめている。

ジルと私から見れば、すべてがドナルドの気分に左右されているようだった。たとえば、ドナルドが楽しい週末を過ごしたあとの月曜日の朝に行なう検査は瞬く間に終了する。装置に目を凝らす時間よりも、私たちと雑談する時間のほうが多い。しかし時には、不機嫌な顔でオフィスから現れ、私たちが挨拶しても、返事をするが関心なさそうで素っ気ない。そしてリストから選んだ装置を隅々まで念入りに検査する。そんなドナルドと一緒に行動するジルの仕事のなかでは、彼を会話に引き込むことが大きな比重を占めているのだと、私はほどなく気がついた。重大な局面では、さりげなく彼の腕に触れて注意をそらし、彼がジョークを飛ばしたり内緒話をするときは追従笑いを浮かべたりする。しかもその多くは性的な内容だった。

こうしてジルとドナルドは表面的には仲の良さを装っているが、一皮むけば、激しく憎み合っているのは間違いなかった。たとえばドナルドが装置の裏側を点検するために中を覗き込んでいるときには、ジルの顔から笑いが消え、代わりに軽蔑の眼差しを向けている。一方ドナルドは、検査を上機嫌で始めて今朝は楽だと私たちふたりに期待を持たせておきながら、あと少しで終わるという時点で問題を発見してNRで報告する「必要がある」と宣言し、私たちが失望する様子を見て楽しむ。

私がQCとして働き始めた最初の1週間のある朝、ドナルドが内臓処理室の胃袋洗浄機の底を点検しているとき、持っている懐中電灯の電池が切れた。彼が作業を継続できなくなると、ジルはおかしそうに笑って肩をすくめた。ふたりとも使える懐中電灯をベルトに下げていたが、ジルはそれを貸そうともしない。そこで私は、険悪な雰囲気を和らげて友好的になろうと思い、自分の懐中電灯をドナルドに手渡した。彼は礼を言ってから作業を続け、いくつかの不備を発見するが、NRでは報告せず、「よく注意する」ようにと口頭で指示するにとどめた。協力の意思表示は効果を発揮したようだった。

ところがQCのオフィスでふたりきりになると、ジルは私を責めた。「なんであんな馬鹿なことをしたのよ」とすごい剣幕だ。「懐中電灯を使えないのは、あいつの問題なのよ。私たちには関係ないの。あいつは味方じゃないから、助ける必要はないの。二度とあんなことはしないで！」

しかし、NRで報告されなかったのだから戦略は功を奏した、と私は抗議した。

「何言ってるの、ティム！」と彼女は非難のボルテージを上げた。「私たちがあいつに優しくしたら、あいつも親切にしてくれると思うの？　馬鹿じゃない。ドナルドはそんなやつじゃない。私たちを何とか利用してやろうと、いつもチャンスを窺っているんだから」

私がQCとして屠殺場で働いたあいだ、ジルと同様の主張はロジャーやビルなど、赤ヘルメットの監督全員によって何度も繰り返された。これは戦争だ、敵を助けたり、情けをかけたりする必要はないと何度も聞かされた。そしてほどなく、私のQCとしての実績は、私たちQCがNRを出されるか否かで判断されることを学んだ。施設が清潔に保たれているか、健康な肉が製造されるかは、評価の基準にはならない。NRを出されるのではないかという強迫観念が、働いているあいだ執拗に付きまとった。朝5時から始まり、書類業務が終了する午後5時か6時まで頭から離れない。もしも誰かひとりが早朝からNRを出されたら、全員がロジャーのオフィスに呼び出され、「NRは困るぞ」と怒鳴られる。いまや疑いようがなかった。私のQCとしての実績は、ドナルドに「対処する」能力にかかっているのだ。

一方ロジャーとビル・スローンも、NRを出されることへのプレッシャーを感じていた。フロントオフィスではキャサリンとサリーが、どんなタイプのNRがいくつ出されたか丹念に追跡している。原則としてはどのNRに対しても、会社は正式に対応する義務があり、報告書で特定された問題を是正するためにどのような行動を取るつもりか説明しなければならない。プレオプで指摘された不備に関しては、関連する作業員を再教育するという説明がほとんどで、該当エリアを点検したQCの再教育を同時に行なうと補足されるときもある。実際には再教育といっても、次回は「もっと注意しろ」と口頭で警告するだけだ。しかし書類では、会社が不備を真剣に受け止め、その是正に積極的に取り組んでいるように見せかける。

プレオプの点検が終了すると、QCのひとりが屠室での作業開始に先立って様々な段取りを整え、(1)もうひとりのQCは冷蔵室に移動して、前日に処理された枝肉から8体をランダムに選び、脇腹、胸、尻の肉の表面から分泌物を綿棒で採取する。そのあとQCは、頭、頬、食道の肉のサンプルも切り取り、朝のうちに採取した冷蔵状態の分泌物と一緒に施設内の研究所に運ぶ。研究所は屠殺場の駐車場に停めてあるトレーラーのなかに準備されており、そこで細菌検査が実施される。二次汚染を避けるため、どの綿棒もサンプルも細心の注意を払って処理される。1回ごとに手袋が交換され、フックやナイフは念入りに消毒される。他にもQCは、食品安全に関して前日に作成された文書のコピーを取って、それをフロントオフィスのサリーに届ける。文書を受け取ったサリーは、NRにつながりかねないエラーや矛盾がないか、入念にチェックする。(2)

通常は、午前6時を少し過ぎると屠殺の作業が始まる。そこからQCの仕事は、重要管理点すなわち「CCP」を中心に進められる。ここで実施されるテストは、食品の安全を検査する危害分析重要管理点(HACCP)と呼ばれるシステムのなかできわめて重要な役割を果たす。ちなみにこのシステムは、クリントン政権の時代に食肉包装工場で始められたものだ。そもそもHACCPシステムは、連邦食肉検査官が現場での検査のプロセスを直接管理する機会を減らすためにつくられた。検査官が実際の製造プロセスに立ち入らず、屠殺場のQC作業員が作成する文書の確認を主な業務とするように仕向けたものだ。このHACCPについてドナルドはたびたび、「コーヒーを飲みながら祈る(Have a Cup of Coff ee and Pray)」ようなものだと評した。

HACCPの食品安全システムのなかでCCPが成果を発揮するか否かは、製造プロセスのキーポイントで行なわれるランダムサンプリング戦略に左右される。このサンプリングに基づいて、食品供給網全体の安全が評価されるのだ。屠殺場の経営陣と農務省は、屠室のHACCPプログラムに3つのCCPを含めることを共同決定した。それぞれ1時間ごとに行なわれるため、1日で24回のテストが実施される。1つ目（CCP－1）では、トリムレールを離れてビーフ洗浄キャビネット（図2の91番の近くの「QC」を参照）に入る直前の枝肉を毎時間ランダムに検査する。全部で16体の枝肉――レールの低い地点と高い地点でそれぞれ8頭ずつ――が1時間ごとに丹念に調べられるが、任意に選ばれる番号によって開始時間は決定される。どの枝肉も検査をパスするためには、固体状の排泄物、摂取物（藁）、ミルク、グリース、油の痕跡が一切視認されてはならない。この規格はゼロトレランスとして知られる。2つ目のテスト（CCP－2）では、およそ40個の食道、頭肉、頬肉を1時間ごとに視覚と触覚で検査して、汚染物質の有無を確認する。3つ目のテスト（CCP－3）はCCP－1の直後に実施され、185キャビネットの温度を確認する。CCPテストの結果はすべて標準書式で記録され、それをドナルドが毎日QCのオフィスでチェックする。(3)

最初の研修期間が終わると、ジルと私は3つのCCPを1週間のローテーションで分担した。ひとりがCCP－1とCCP－3を担当し、もうひとりがCCP－2を受け持つのだ。私はすぐに、どのCCPにも独特のリズムがあって、独特のリスクを伴うことを学んだ。CCP－1とCCP－3は、屠室での場所が近いためテストが同時に行なわれ、所要時間も短い。枝肉は6秒に1頭の割合で検査して、僅か3分で32体を調べなければならない。枝肉の状態を確認するためには油圧リフトに乗って、プラスチックの基板に固定された金属フックを使いながら、頭上のレールを移動してくる枝肉を回転させる。枝肉をしっかり観察するように、とジルからは繰り返し説明された。ドナルドに不備を見つけられ、検査不十分でNRを出されては困る。ただしゼロトレランスの規約を読んで、固体状の排泄物やミルクや摂取物が付着していないか念入りに調べることが重要だと理解していたが、実際のところ、枝肉にどのように付着しているのか見当がつかない。そこでジルに、何を探せばよいのか教えてほしいと頼むと、辛辣で素っ気ない答えが返ってきた。「ウンコなんて、見ればわかるでしょ」

私が屠殺場で働く以前に見たことがある牛の排泄物は、畑で肥料として使われる大きな糞便か、生きた牛の皮膚に乾燥してこびりついた塊ぐらいだった。残酷にも皮を剝がれ、高温の乳酸洗浄で漂白された肉の上で、「ウンコがどんな様子なのか」ほとんど想像がつかない。USDAの定義によると固体状の排泄物は、緑色か黄色の繊維状組織である。ゼロトレランスの規格のもとでは、4辺が8分の1インチ〔3ミリメートル〕ほどの小さな点が枝肉のどこかに発見されたら、NRの基準に達してしまう。しかも排泄物だけでなく、摂取物やミルクの痕跡も探さなければならない。摂取物は藁だと定義されており、殺される時点で牛の口や下顎に付いていたものが、枝肉に残されたものだ。ミルクは、皮を剝ぐプロセスで乳房が切り裂かれると枝肉を汚染する可能性がある。さらに固体状排泄物、ミルク、摂取物の3つ（書類には「FMI」として記載される）以外にも、グリースと「レールダスト」も汚染物質になり得る。メンテナンス作業員は機械の部品がスムーズに動くためにグリースや油を使うが、その量が多すぎたり、機械部品が故障したりすると、グリースや油が頭上のレールから枝肉に垂れてくる可能性がある。そしてレールダストは、頭上のレールをトロリーホイールが通過するとき、乾燥したグリースの小片が叩き落とされたものだ。

枝肉が速いスピードで通過するなかで一連の汚染物質を見つけるのは、至難の業である。QCは枝肉を素早く目で観察し、枝肉には付き物の変色や小さな斑点と、汚染物質の可能性がある異常を見分けなければならない。脂肪や筋肉がひだ状に折りたたまれている枝肉は表面が平らではない。頭上のハロゲンライトで明るく照らされても、へこんでいる部分は暗くて見えにくい。それをＣＣＰ－１で確認しなければならない。さらに、乳酸洗浄を済ませた枝肉には黒や茶色の「火傷」のような跡が残されるが、これはグリースやレールダストとよく似ている。そもそもＱＣは何を探すべきなのか新人に教えるといっても、「ウンコを知ってるでしょう」という程度でしかない。ごく小さな汚染物質を見つけ出す能力は、経験によって身につくものだ。

ドナルドはジルと私によくこう指摘した。メディアでは「狂牛」病の報道が過熱しているが、実際のところ食中毒を引き起こす可能性が高いのは、排泄物を介して感染する大腸菌（E.coli）のほうだ。ただし残念ながら、固体状排泄物は汚染物質のなかで最も確認するのが難しい。青白い枝肉には、黒いグリースやレールダストも付着しているかもしれない。そんな枝肉に紛れ込んだごく小さな固形状排泄物は、ＱＣがじっくり観察しても見逃す恐れがある。

このような汚染物質を見つけ出す作業の難しさは、枝肉がＣＣＰ－１の検査を受ける前にトリムレールで最終的なチェックを受けることからもわかる。このトリムレールには６人のライン作業員とふたりのＵＳＤＡ検査官が待機して、いま指摘したような汚染物質を見つけて取り除く仕事に専念しているのだ（図２の86～89）。こうして訓練を積んだ10人の目が枝肉を上から下まで丹念に調べ上げるのだが、枝肉はラインをすさまじいスピードで移動するため、固体状排泄物やグリースやレールダストなどの汚染物質が見逃される可能性は否定できない。

もしもジルや私がＣＣＰ－１で１本の枝肉に汚染物質を見つけたとしても、屠室の責任者は時には暗黙に、時には明確に、問題を記録に残さないことを私たちに期待する。該当する時間の点検表には「ＦＭＩなし」と記入したうえで、トリムレールを監督する赤ヘルメットのひとりに汚染物質の存在を口頭で伝えれば十分だ。すると監督は、トリムレールの作業員に「もっと気をつけろ」と警告する。もちろんこれは、屠室で食品の安全を検査するシステムのロジックが全面的に依存するサンプリング戦略への直接の違反行為に他ならない。たかが１本の枝肉から汚染物質が発見されたにすぎないとはいえ、悪影響ははるかに広い範囲にまでおよぶ。なぜなら大量の枝肉の衛生状態についてのヒントが、サンプルによって提供されるからだ。

ＣＣＰテストで汚染物質が確認されたあとの正式な手続きに従うならば、当該ラインは直ちに閉鎖され、枝肉から汚染物質が取り除かれ、検査に引っかかった枝肉の番号とその時刻がＣＣＰ－１記録用紙に記入される。その後、「重要管理点での不備を除去して正常に戻す」ための段階的なプロセスが開始される。最初のステップではビルとロジャー・スローンや赤ヘルメットの監督に相談し、製造ラインのなかで汚染の発生源の可能性が最も高い部分を特定する。たとえば汚染物質が枝肉の尻に付着していたら、屠室のダーティーゾーンが発生源で、最もあやしいのは尻尾か脚を切り取る段階ではないかと仮定する。ひとり、または複数の作業員が枝肉を処理する際にナイフを使い回したことによって、汚染された可能性が高いと考える。これは確率に基づいて責任の所在を想像しているだけだが、USDAに送る文書には断定的に記される。たとえば「枝肉の右臀部に発見された排泄物による汚染は、ファーストレガーによるナイフの衛生処理が不十分だったことが原因である」といった具合である。

2番目のステップでは、どんな是正処置がとられたか経営陣が特定する。具体的には、プレオプの点検中に出されたNRに対する是正処置とよく似ている。「汚染を発生させた作業員は、ナイフの正しい衛生処理の手順に関するカウンセリングを受けた」「ナイフの正しい衛生処理の手順に関して作業員は再教育を受けた」などと記される。カウンセリングという言葉は、当該作業員への口頭での警告を意味し、カウンセリングの事実を証明するための書類を作成する必要はない。しかし再教育の場合には、作業員は正しい手順について実際に再教育を受け、その事実を立証するための署名を義務づけられる。通常、「再教育」は短期間のうちに2回目の不備を引き起こした作業員に限られる。そのあともすぐに同じ人物が3回目の不備を引き起こしたら、是正処置の文書には当該作業員が「懲戒処分」や「停職」扱いになったこと、さらには「解雇された」ことが記される。

汚染源を是正するための処置がとられたあとは、「統制を取り戻す」ための3番目のステップが始まる。ここでは、是正処置がとられた汚染源を最初の枝肉が通過して、CCP-1の検査台に移動してくるのを待つ。そしていよいよ到着したら、システムが再び統制されたことを立証するため、QCが臨時のテストを行なう。テストした32体の枝肉のすべてに汚染物質が発見されなければ、HACCPシステムには「統制」が復活したものと見なされる。CCP-1の検査で最後に安全が確認されてから臨時のテストに合格するまでのすべての枝肉は、冷蔵室で保管され、あとから要個別検査のラベルが貼られ、安全が確認されたのちに製造部門に送られる。ラインでは1時間に300頭の牛が運ばれてくるのだから、CCP－1テストで不備が発覚したあとに再検査される枝肉は、通常は何百本にものぼる。

冷蔵室ではこうした何百本もの枝肉が、すでに隙間なく保管用レールに吊るされており、翌日の早朝に保存用レールを離れ、製造部門へ向かう頭上のレールに移されてようやく再検査の環境が整う。通常はトリム用のレールから数人の作業員が冷蔵室に派遣され、枝肉が通過してくるのを待ち構える。冷蔵室を通過中、すべての枝肉は上半分と下半分を検査され、何か汚染物質が見つかれば取り除かれる。新たに汚染物質が確認された場合には、それについても文書に記さなければならない。

屠室の責任者から見れば、CCP－1テストで発見された汚染物質について記録することは高い代償を伴う。まず、情報公開法のもとでは一般市民が文書にアクセスできるため、枝肉の汚染という事実を知られてしまう。しかも製造ラインがストップし、様々な書類への記入を義務づけられ、数百本もの枝肉の再検査に貴重な作業員を回さなければならない。

書類提出に関する同様の問題は、食道、頭、頬の肉を検査するCCP－2も悩ませる。この部位の肉はハンバーガーに一般的に含まれるため、USDAは施設の反対を押し切ってCCPテストを実施している。CCP－1テストではQCが1カ所に集まり、すさまじいスピードで通り過ぎる枝肉を検査するが、CCP－2テストの場合には、各部位を詰めた容器のなかからひとつを拾い上げ、およそ

40枚の肉をサンプルとして選び出し、固体状排泄物、ミルク、摂取物が付着していないか検査する。なかでも摂取物は、汚染の最大の脅威となる。3、4インチ〔10センチメートル〕の長さの藁が見つかるときもあるが、よくあるものは8分の1から1インチ〔2・5センチメートル〕と小さい。しかしゼロトレランスのもとでは、どんなに小さな付着物が頭、頬、食道のいずれで見つかっても、CCP－2テストに不合格となる。その結果、CCP－1テストに枝肉が不合格になったときと類似した一連の措置が始まる。最後に検査に合格した肉が入っていた容器の直後の容器から、汚染物が発見されたあと最初に検査に合格した肉が入っていた容器の直前の容器までは、どれも冷凍室で保管されるが、それらがすべて取り出され、肉に汚染物が付着していないかひとつずつ確認される。容器の数は、12個から15個にも達する。ひとつの容器につき60ポンド〔27キログラム〕の肉が含まれるため、QCは全部で720ポンド〔326キログラム〕以上の肉をわざわざ個別に検査しなければならない。こうした再検査は時間を取られるだけでなく、CCP－2テストに合格できなければNRを出される。

CCP－1とCCP－2では検査の所要時間が異なるため、ドナルドにとってはCCP－2の検査のほうがはるかに都合がよい。CCP－1でQCと一緒に検査を行なう場合には、目まぐるしく移動していく枝肉1体につき僅か数秒しか時間をかけられない。しかしCCP－2ならば、容器が彼の目の前に準備され、それを開いてじっくり検査することができる。ドナルドはしばしば、QCが安全を確認したばかりの容器の再検査を命じる。そして検査台に乗せられた肉を念入りに調べ、QCが見逃した摂取物を見つけることもある。そうなると、汚染物質に関してだけでなく、再検査でのQCの不

手際に関してもNRが出される。(4)

CCP－2テストで2度もNRを出されるのは、汚染についての記録をQCが残さないことを期待する経営陣にとって問題である。できれば事を荒立てず、現場の監督に事実を伝え、問題を非公式に是正して穏便に済ませたい。

私がQC部門に異動したあと、CCP－2テストで「非公式な」処置が実際どのように進行するのか具体的に学べる状況が2日続けて発生した。1日目には、ジルが頬肉の容器を点検しているところにドナルドがやってきて、彼女の隣に立った。ジルが選んだ肉のひとつには藁が付着していて、しかもドナルドが隣に立っているため、摂取物について記録を残し、容器を不合格にする以外の選択肢はなかった。このように検査で不合格が出たときにはジルも私もかならず、デジタルカメラを持ってきて、藁を定規の隣に置いてから写真を撮らなければならない。ロジャーとビルは、ドナルドがNRで汚染物質の大きさを誇張したと主張できるように、実際にはどんなに小さいものか証拠写真を残しておくのだ。ジルは写真を撮り終わると、書類の作成に移った。彼女は頭処理エリアを監督する赤ヘルメットのエンリケと相談のうえ、「制御不能状態」は頭の洗浄装置の部分で発生し、現場の作業員には頭をもっと慎重に洗浄するようカウンセリングを受けさせると書き込んだ。

しかし実際には、エンリケがジルと私にたびたび内密に指摘したように、頭が猛スピードで移動してくると、作業員がきれいに洗浄するのは不可能で、どの頭からも藁が完全に取り除かれることなど保証できない。頭の洗浄には高圧ホースが使われる。フックに吊り下げられた頭が12秒ごとに移動してくると、頭の後ろにノズルを突っ込み、藁などの反芻された物質を口から放出させる。しかしエンリケによれば、頬肉や食道に藁は付き物で、それが見つかるかどうかは運任せだという。HACCPシステムは、制御不能を現状からの乖離と見なし、すべてが制御されている状態を自明視する。しかし皮肉にも、頬と食道の肉の場合には藁が付着しているのが正常であるため、すでに現状が制御不能に陥っている。

翌日、ジルと私が食道の肉の容器を点検していると、ドナルドが4フィート〔1・2メートル〕ほど離れた場所で立ち止まり、メンテナンス作業場の壁に寄りかかり、私たちの様子を観察した。そんななか私が3枚目か4枚目の肉を指で点検しているとき、滑らかな表面に不自然な突起の感触があった。目視で確認すると、長さ1インチ〔2・5センチメートル〕ほどの藁が付着している。私は見習いであるため、ジルのほうを向いて指示を仰ぐが、彼女は手元の肉に視線を集中して反応してくれない。ドナルドを一瞥するが、彼が藁の存在に気づいたかどうかはわからなかった。

そこで私は摂取物について記録する決心をして、問題の肉を金属の検査台に置いた。すると直ちにドナルドがやってきて「何があった」と訊ねた。ジルは大きく息を吐きだし、「もう、ティムったら」と悪態をついた。私はジルとドナルドに藁を指さしてからクリップボードを手に取り、この時間の検査結果を記す箇所に「食道肉に摂取物発見」と書いてから、藁の長さを測定して写真を撮った。私は前日のジルとまったく同じ手順を踏んだが、ひとつ重大な違いがあった。ロジャーもビルもジルも、私の処置が必要だとは思わなかったのだ。

QCのオフィスでふたりきりになると、食道肉を不合格にした私にジルは怒りを爆発させた。ドナルドがあれだけ離れていれば、摂取物の存在を確認できるはずがないという。「あいつには藁なんか見えなかった。自分で取り除けばよかったじゃない。問題の肉を容器に戻して、他の肉の下に隠すこともできたのに」。そう非難された私は、昨日と状況は同じだと抗議した。ジルは藁を見つけたときにドナルドが隣に立っていたから、肉を不合格にした。するとジルは、あのときは不合格にするしかなかったと反論した。ドナルドは「首に息がかかるほど接近して」いたのだ。そこで私は、検査を終えたあとに食道肉の容器をドナルドが点検したときに摂取物の付着を発見したら、NRをふたつ出されると指摘した。ゼロトレランスが守られなかったこと、そして点検作業で摂取物を見つけられなかったことで非難される。

「ねえ、私が検査を終えたあとの食道を戻すとき、いつもどうしているか見ていないの?」とジルはなじった。「容器に戻したら、かき混ぜてるでしょ。そうすれば私がどの肉を調べたのか、あいつにはわからないのよ」

「でも、結局あいつが調べてばれたら、藁が残っていたことと検査が不十分だったことでNRを出されたんじゃないの」

「あなたもそろそろ、この仕事をちゃんと理解してよ。何があっても検査には合格させないとだめなの。問題が発生したら、絶対に先手を打たないとだめ」

そのあと、私が1時間ごとのCCP－2テストに改めて取り組んでいるところにビル・スローンがやってきて、私の隣に立った。数分間の沈黙のあと、ビルからつぎのように説教された。「なあティム。ここでは100パーセント完璧なものはないんだ。何か問題を見つけたときの最善策は、監督に報告することだよ。監督に説明して問題を解決してもらえばいいのさ。ジルを見ただろう。彼女はすごい。手をしきりに動かしながら肉をチェックし続け、何か異変に気づいたら、検査官に見られる前に取り除いてしまう。それに、検査官がそばにいるときの行動も見事だ。じっと見られているとき、愛想よく話しかけて注意をそらしているだろう？」

ドナルドが藁に気づいたかどうか確信が持てなかったと私が弁解すると、ビルからつぎのように諭された。「もしもドナルドがすぐそばにいて、異物の混入に間違いなく気づいていたら、たしかに選択肢はない。きみが間違ったことをして刑務所行きになっては困るからな。でも、少し離れているときには頭を使え。ジルを見て、お手本にするんだ。NRを連発されては困る」。そう言うと、ビルは立ち去った。

CCP－1やCCP－2のテストで発覚した汚染物質について故意に報告を怠る習慣が常態化した結果、QCと屠室の責任者のどちらも自分たちの行動の正当化に努めるようになった。あるとき、ジルと私がCCP－1テストを行なっているとき、前を通過する枝肉のいくつかに固体状排泄物が確実に付着していた。するとジルは、私のほうを向いてこう説明した。「いい、この枝肉を最後に検査するのが私たちなら、こんなことはできない。でもそれは製造部門の仕事よね。だから何か問題が発生したら［すなわち、誰かが汚染された肉を食べて病気になったら］、それは製造部門の責任なの」。そこで、書類に嘘を記入するのはどんな気分なのか率直に訊ねると、「嘘をつくってどういう意味？」と、最初は敵意を剝き出しにしてきた。そこで、汚染物質が発見されても記録に残さなかった最近の事例のいくつかについて指摘すると、観念した様子で肩をすくめた。「ねえ、これは仕事なのよ。すべて馬鹿正直に報告してたら、いつまでここで働けると思うの？　ビルもロジャーも、私たちが命がけで働いていることを理解しないのよ」(5)

しかし、ビルやロジャー・スローンのコメントからは、ふたりがQC部門の仕事をきわめてよく理解しているように感じられる。冗談半分でつぎのように言われたのも、一度だけではない。「100パーセント完璧なものなんてない。だから柔軟に対応しろ。われわれは最善を尽くすし、物事が制御不能に陥らないように努力する。でも時には、小さな事柄はやり過ごし、全体像に目を向けなければならない」。このような理由づけのあとには、ゼロトレランスの非現実性についてのコメントがしばしば続いた。ゼロトレランスが導入される以前は、固体状排泄物の影響でラインが停止され是正処置がとられるためには、排泄物はかなり大きくなければならなかったという。「それにいまじゃ、肉は以前よりもずっと清潔なんだ」

こうしたコメントのなかには、ドナルドへの個人攻撃が含まれた。USDA検査官のなかでも圧倒的に多くのNRを作成するドナルドは、ロジャーやビル、赤ヘルメットの監督、そしてQCにとって格好の攻撃の標的になった。ロジャーは2階のオフィスに滞在中、しばしばドナルドの動きを追跡し、無線で知らせてくれる。するとジルと私は他に特に仕事がない限り、ドナルドのあとを付けるか、彼が検査するエリアに先回りする役目を期待された。さらに、ビルや監督たちは、屠室でのドナルドの現在地だけでなく、顔の表情や態度についても無線で連絡した。「みんな気をつけろ。今日のドナルドはご機嫌ななめだ」「あの様子では、思い通りにならずに駄々をこねる子供みたいだな」という具合だ。そしてドナルドとグリーン博士が屠室の別のエリアを同時に検査するときには、ビルはつぎのように警告する。「今日は例のワンツーパンチだ。みんなうまくやってくれ」

CCPテストでは小さな事柄をやり過ごす必要があるという点を、ジルもビルもロジャーも指摘する。なぜならドナルドはわがままで、この施設との「協力」に積極的ではないからだ。過去には経営陣が対処を任されていたような小さな事柄まで、NRで報告しようとする。つまり、ドナルドがより柔軟になってくれれば、施設のほうもCCPで見つかった不備について正直に文書で報告するというわけだ。施設が自分たちで見つけた不備に関して文書での報告を怠るから、ドナルドが「頑なな態度を崩さない」可能性など絶対に認めようとしない。

ジルも私も時々、フロントオフィスのスタッフとして食品安全に関するペーパーワークを任されているサリーとキャサリンが、文書に記載された内容と実際に現場で観察された内容のあいだの「ギャップ」について感づいているのだろうかと疑問を抱いた。QCに移って最初の2カ月間、私は毎日午後3時にフロントオフィスに出向き、品質保証責任者のサリーから「研修」を受けた。階上の会議室で一緒に座り、米国食肉協会など業界のロビー団体が制作した食品安全とHACCPに関する退屈極まりないビデオを見せられる。そのあと、この屠殺場が個別に立案した計画や、衛生標準作業手順（SSOP）や適性製造基準（GMP）など、計画を支える前提条件について話し合った。ビデオや刊行物で紹介される情報や措置は、屠室の実態と大きく乖離しているが、サリーはそれに気づいているような素振りを一切見せない。むしろ、屠室では食品の安全も品質管理も、研修で私に教えている手順に従って進行していると信じているように見えた。

ロジャーもビルもジルも、サリーとの研修はフロントオフィスが要求するから続けているだけで、時間の無駄だと考えていた。私がジルの仕事を観察し、つぎにそれを自分でも実践するのが本当の「研修」だ、と彼女は好んで指摘した。そしてロジャーは私がフロントオフィスから戻るとかならず、あそこで学んだ内容はすべてが100パーセント完璧な世界では通用するが、ここは「現実の世界」だという点を思い出させた。この世界は不完全で、思いがけない事態が発生するのだから、「現場の人間」は柔軟に対処しなければならないと強調した。

サリーは時々白いフロックとヘルメット姿で屠室に乗り込み、「監査」を行なった。何百もの項目から成るリストを手に持ち、手順が正しく進行しているかチェックする。ラインの作業員は枝肉をひとつ処理するたびに備品を消毒しているか、トイレに行ったあとや休憩から戻ったあとに手を洗っているかという点が監査の中心だった。サリーが屠室に現れるとかならず、ロジャーとビルと監督たちは無線を通じて、「ほらまた来た」「あの女に気をつけろ」と報告し合った。

ある日、サリーがCCP－1の検査台の近くに立っているとき、ちょうどジルが枝肉のラインで汚染物質のチェックを終えたところだった。彼女はつぎに、特に選んだ16体の枝肉を対象に、脊髄が完全に取り除かれているか確認する予定だった。これは厳密にはCCP－1テストの一環ではないが、「狂牛病」が社会を不安に陥れ、脊髄がBSEの媒介物になる可能性が認知された結果、脊髄の検査が導入されたのである。そもそもロジャーとビルは、生後30カ月以上の牛に限り、脊髄を完全に除去すれば十分だと考えた。それよりも若い牛はBSEのリスクが少ない。だからふたりは、脊髄は完全に除去されるほうが望ましいという意見だったが、それに拘泥するわけではなかった。そのため、違反について文書に記載しない現場の方針に従って、ジルも私も脊髄が残されている枝肉を見つけても、監督に口頭で伝えるだけで、一切の記録を残さなかった。

ジルが検査を続けているあいだに、まだ脊髄の一部が残されている枝肉をサリーが発見した。これは生後30カ月以上とタグ付けされていないため、通常の習慣に従うならば文書に記録する必要はない。しかしサリーは、会社のHACCPやGMPの計画に記された公式の手順を踏んで、近くの赤いつまみを引いた。すると、屠殺場の頭上を走るライン全体が直ちにストップした。黄色ヘルメットの作業員が脊髄をきれいに取り除いてラインが再開されるまでには1分もかからなかったが、ラインをストップさせたサリーに対してロジャーとビルは腹を立てた。しかも屠室は、製造ラインに問題が生じたことを記録しなければならない。

また別の機会には、屠室の安全コーディネーターのリックがサリーと一緒に定期監査を行なっているあいだに、ダーティーゾーンとクリーンゾーンの作業員が同じグラインダーでナイフを研いでいるところを発見した。しかも、ナイフを研ぎ終わるたびに砥石が消毒されていない。そこでリックはロジャーに無線で「あんたのところの作業員に、グレーのヘルメットと同じグラインダーでナイフを研がせるな」と伝え、二次汚染の可能性を示唆した。

　ロジャーは皮肉たっぷりの答えを返した。「なあリック、よく聞けよ。ここは現実の世界なんだ。そして現実の世界じゃあ、何でもあんたの思い通りにはならないよ。いいかリック、ここは現実の世界だ」。このあともリックとサリーがチェックリストを手に屠室の巡回を続けていると、ビルが私のところへ来て不満をぶつけた。「リックはあら探しばかりして困るよ。たしかに、ここで７時間探し回って、最低でも50個の不備を見つけられなかったら、それは間抜けだよ。ラインで働くときには、20分もしたら思考回路が停止して、１分が10時間に感じられる。でも時計を見ると、まだ５分しか過ぎていない。こんな仕事、一日じゅう集中することなんかできない。集中できるほうがどうかしてる。生き残りたければ何も考えちゃいけない。でもそうすると何か間違える。本当に嫌になるよ」

　フロントオフィスの研修マニュアル、ビデオ、文書化された体制と、現実の屠室のあいだにはギャップが存在している。そしてＱＣはそんなギャップのなかで活動している。ここには、ラインをできるだけ早く動かすことと、ＮＲを回避するというふたつの義務が併存しているが、後者は往々にしてＵＳＤＡに対する妨害と見なされる。しかし、サリーがロジャーやビルとやり取りしている様子を観察していると、屠室の内部を変化させる権限など彼女に持たせるべきではないという確信をジルと私は強めた。そして、表向きの習慣とそれ以外の習慣に関するキャサリンの見解も理解できなかった。私が面接を受けたとき、ここでは家族のような忠誠心が必要だと彼女は強調していたにもかかわらず、屠室には滅多にやってこない。そんなことだから、日々文書を作成して署名を行なうジルと私は、問題発生についての報告を怠る行為にすでに深く関わっていた。この慣行について誰かが告げ口すれば、私たちの行動は明るみに出てしまう。このように曖昧な状況に置かれ、しかも報告義務を怠る行為を何とか理由をつけて正当化しようとするのだから、フロントオフィスと屠室のあいだのギャップに位置する立場を利用して、何か変化を起こすことなど考えられなかった。

屠室の責任者やQCは正当化に努めるが、枝肉が汚染されている事実は変わらず、現場のライン作業員も気づいている。ただし表向きは、汚染物質を取り除くことも、そもそも枝肉に汚染物質を付着させないことも、どちらもライン作業員の責任であるため、作業員が牛の汚染について率直に話すことには危険を伴う。誰かの仕事が不正確だった、あるいはラインのスピードが速すぎて作業が追いつかない、と暗に認めることになるからだ。ただし、常に黙っているわけではない。

11月のある日、私がCCP－1の用紙に「FMIなし」と記入しているところに、測定器を通過する枝肉に番号と体重のラベルを貼付する作業員のミゲルが、ある枝肉の裏側に付着している大きな固体状排泄物を指さした。私は「おい、これはまずいな」と意思表示するように、眉をひそめて肩をすくめた。これは、作業員や監督が枝肉に汚染物質を発見したときの典型的な儀式だ。眉をひそめて肩をすくめる動作は、汚染物質を見つけたことを認める必要はないし、責任も問われないという意思表示だ。ところがミゲルは首を振り、片方の手を突き出し、もう片方の手の動作で、固体状排泄物について記入しろと意思表示する。それから私を手招きしてこう言った。「明日、あちこちクソだらけだと書いてくれ」

私が驚いた様子でミゲルをじっと見つめると、彼は微笑みかけ、それからヒステリックに大笑いし始めた。「おれの言う通りに書いたら、明日戻ってきたときにこれだぞ」と言いながら、胸の前で両腕を交差させてうなだれた。「そうだね」と私は答え、彼の発言を繰り返した。「きみの言う通りに書いたら、明日戻ってきたときにお陀仏だな」と言いながら、喉を切り裂く動作をした。ミゲルは再び、頭をのけぞらせて笑った。私も晴れやかな気分で大笑いした。こうしてミゲルと私は、ラインを移動する枝肉に隠された小さなスペースのなかで、牛が汚染しないと偽り続けることのばかばかしさを認め合ったのだ。この日から、私たちは冗談を交わす仲になった。どちらかが牛に付着した汚染物質を見つけるとかならず、それは記録が必要だと身振りで伝えてから、微笑みを交わして含み笑いをした。

USDA検査官と屠室の責任者とQCのあいだに小さな衝突が発生する主な理由はCCPテストだが、対立が繰り返される原因となる問題は他にもある。なかでも深刻なのが、尻尾の処理と固形物の問題だ。尻尾を枝肉から「刈り取る」仕事は、内臓処理台よりも高い場所に設置された高台に立っている作業員が行ない、それと同時に枝肉からは内臓が取り除かれる。ところが肛門を切り取り、大腸の先端にビニール袋で蓋をする作業の最中、固体状排泄物の断片がしばしば尻尾まで移動してくる。そのため尻尾処理の作業員は、固体状排泄物を取り除く仕事もこなさなければならない。ただし枝肉が移動するスピードは速く、しかも尻尾処理作業員が立っている台は狭いため、尻尾を切り取って移動中のフックに吊るす以外の作業をする時間もスペースもない。吊るされた尻尾は、専門の包装エリアまで運ばれていく。

USDA検査官のグリーン博士は施設全体を統括し、ランクはドナルドよりも上になるが、あまり活動的ではない。屠室の巡回に大して時間をかけないし、NRもあまり出さない。しかし、尻尾に付着した固体状排泄物には妙なこだわりがあって、彼のNRもほとんどがこの問題に関連している。私もグリーン博士に呼び出され、尻尾処理作業員について指摘を受けたことが一度ならずあった。彼によれば、尻尾を切り取るたびにナイフは熱湯消毒し、尻尾を介して汚染が広がる可能性を回避しなければならないが、作業員はその義務を怠っているという。

グリーン博士がこの問題に注意を促すときはかならず、私は赤か黄色のヘルメットの監督の誰かをわざわざ呼び出し、グリーン博士の目の前で、指摘された内容を繰り返さなければならない。すると監督は真面目くさった表情で首を振り、これはとんでもない問題で許しがたいと賛同する。それから尻尾の処理台に急行して階段を上ると、尻尾処理作業員に熱血「指導」を行ない、尻尾を切り取るたびにかならずナイフを消毒するように説教する。そのあと監督は、尻尾作業員に後ろへ下がれと動作で示し、正しい消毒の仕方を実演する。この茶番のあいだは5、6体の枝肉が通過する程度であるため、監督は超人的なペースで器用に尻尾を切り取るたびにナイフを消毒することができる。

しかし尻尾処理作業員は当然ながら、監督に指示されたやり方では、たとえ15分でも作業を継続できないし、一日の終わりまで9時間も継続するのは不可能だと誰よりも理解している。それでも素直にうなずいてから、お辞儀をして改悛の情を示す。すると監督は私とグリーン博士を一瞥してから、問題が解決した証拠に「親指」を立て、急いで階段を下りると私たちのほうへやってきて、「もう大丈夫です」などと報告する。するとグリーン博士は素っ気なくうなずいて、つぎのように言う。「今回はきみが事態を収拾してくれたから、引き続き働いてもらう。この問題はうまくやってくれよ」。それに対してQCと監督は動作を合わせて平身低頭し、この問題には十分注意を払い、今後も「うまくやる」とグリーン博士に約束する。

この儀式全体がとんだ茶番なのは、誰もが、すなわち尻尾処理作業員や監督やQCだけでなく、グリーン博士でさえ、ナイフを使用するたびに消毒するのは不可能だとわかっているからだ。ラインのスピードがあれだけ速く、作業台のスペースが制約されていては、いちいち消毒することなどできない。尻尾処理作業員も、できるだけ頻繁にナイフを消毒する努力を惜しまない。グリーン博士が目を光らせているときは特に慎重を期するが、何しろ1週間に50時間も単純な作業を延々と続けるのだから、見られていることに気づかないときもある。そして、ナイフが消毒されずに5回も6回も続けて使われている現場をグリーン博士が目撃するとかならず、滑稽な台本の一部始終が再演される。

一方、グリーン博士は「尻尾の洗浄」にも神経質だ。ここではちょうど洗濯機のようなパンチングメタルの桶を使って回転運動で尻尾が洗浄され、保存して出荷するために包装される。施設が尻尾を洗浄するのは、毛のような望ましくない物質を取り除きたいからだ。ところがグリーン博士はそうは考えない。施設が尻尾を洗浄するのは固体状排泄物の存在を隠したいからで、これではかえって問題が悪化するという。彼は尻尾の洗浄について、しばしば糞風呂という表現を使い、QCには1週間に何回もこう指摘する。もしも糞便の付着した尻尾を他の尻尾と一緒に洗えば、そのあいだに他の尻尾に感染が広がる。肉眼ではどんなに清潔に見えても信用できない。

もちろん尻尾が洗浄槽に入れられてしまえば、いかにグリーン博士でも、尻尾が汚染されていることを証明できない。そこで彼は、尻尾を洗浄槽まで運ぶチェーンの隣に立って、尻尾が糞便に汚染されている徴候はないか入念に観察する。そんなときにはかならず、ジルや私は屠室の責任者から無線で警告され、すぐに現場に駆けつけると彼の隣に立って、尻尾に付着した糞便を先に見つけようと努める。もしも先に見つければ、その尻尾をフックから外して余計な部分を取り除くため、NRは出されない。もしもグリーン博士が先に見つければ、彼はNRを出すか、あるいはQCに口頭で注意して、「今回は見逃してやる」と警告する。

屠室の責任者や監督のあいだでは、グリーン博士が尻尾にこだわる理由について盛んに憶測が飛び交った。まず、ビルが支持してジルも賛成する説によれば、以前、グリーン博士は何か他の問題で施設と口論して負けたため、その仕返しに尻尾の問題を持ち出すようになったという。他方、ロジャーや複数の赤ヘルメットの監督が支持する説によれば、ドナルドはUSDAでの地位こそ低いが、グリーン博士よりも能力は高く、検査官として手ごわい。しかし尻尾の切除や洗浄については、グリーン博士も十分理解できる。そのため、より複雑な問題でドナルドに権限を侵害されるリスクを回避して、尻尾の問題に専念するようになった。これなら観察に基づく判断を間違えないからだ。3つ目の説は、グリーン博士にNRを出されたときにビルとロジャーがきまって持ち出してくるものだ。ふたりは監督への無線連絡で、グリーン博士は尻尾に対する倒錯した嗜好を持っており、検査のとき尻尾に指を走らせる様子が何よりの証拠だと言い募る。しかもこの異様な関心は、心臓や肝臓といった臓物も対象だという。「とにかく、あいつが検査するときの様子を観察してみろ」と無線からは指示が出される。「手袋を外して素手で表面を撫で回している様子を見てみろよ」

他には屠室の結露も、USDA検査官とQCが絶えず小競り合いを繰り広げる問題のひとつだ。施設屋外の湿度の変化によっては、屠室の天井や頭上のレールに水滴が溜まることがあり、それが床に落ち続ける。溜まった水には有害なバクテリアが発生するため、USDA検査官は結露が枝肉に直接滴り落ちている現場を目撃すると、当然ながらNRを出してラインをストップさせる。そしてQCは結露に気づいたら、直ちにメンテナンス作業員と屠室の責任者に警告しなければならない。ディクラインの最上段など一部のエリアでは、キャットウォークに大きなファンを設置して、結露が落ちてこないうちに乾燥させることができる。その一方で、185キャビネットやCCP－1の検査台の近くでは、休憩時間まで待ってから、スクイージーやスポンジで天井に溜まった水を拭き取る以外、ほとんど何の措置も講じられない。

しかし時には、このエリアで結露が溜まりすぎることもある。その場合、ビルとロジャーはメンテナンス作業員を呼び出してキャットウォークやレールの最上部に上ってもらい、枝肉が下を通過している最中に天井の結露を拭き取らせる。しかし、枝肉のぶら下がったチェーンが下を移動していると きにレールを歩くのは衛生的ではない。メンテナンス作業員の長靴の底から有害物質が落下して、枝 肉が汚染されるリスクを伴う。そんな場面を目撃したUSDA検査官は、枝肉の汚染に関してはもち ろん、衛生ならびに適正製造基準への意図的な違反行為を理由にNRを出すことができる。

もしも解決手段をあれこれ組み合わせても結露の落下を食い止められないときは、つぎなる手段と して、USDA検査官を厳重に監視する。ドナルドやグリーン博士が結露に近づこうとしたときはか ならず、製造ライン全体をストップさせる赤いつまみの近くにQCのひとりが待機する。そして検査 官が天井を見上げたり、懐中電灯で照らしたりするところを見たら、QCはつまみを引いてラインを ストップさせる。これなら施設はすでに是正処置をとっていると主張して、NRを回避することがで きる。プレオプの点検、CCPテスト、尻尾にまつわる儀式と同様に、このような策略は、相手をだ ますことを目的に内密に計画された狡猾で複雑なゲームを行動に移すためのもので、深刻な問題が関 わっていなければ滑稽ですらある。QCとして勤務したあいだ、ジルからは何度もつぎのように言わ れた。「私たちの仕事では、検査官を出し抜いてラインを動かし続けることが要求されるの」

理論上、産業屠殺場の中枢での緑ヘルメットの行動に関して注目すべきは、食品の安全に対する大 がかりな違反行為が定期的に発生していることではない。あるいは、屠室の責任者、監督、QCが共 謀して事実を歪曲して敵を欺き、間違った方向に誘導する戦略を考案しながら、USDA検査官から違反行為を看破される事態を回避していることではない。さらには、フロントオフィスが概略を描いて社員に教えるフォーマルな手順と、屠室の慣習を左右するインフォーマルなノウハウとのギャップでもない。そして、実際の汚染状況とゼロトレランスの基準とのあいだに大きなギャップがあることをラインの作業員によく知られているという事実でもない。

実は何よりも注目すべきは、食品の安全にこだわるあまり、命を奪う行為から注意がそれて、衛生状態という技術面ばかりが強調されることだ。屠殺場で起こる出来事を知覚・経験する可能性は、食の安全への拘泥および屠殺場とUSDAの敵対関係によって生み出される筋書き通りの演技と欺瞞へと転換される。QCにとって、屠殺の経験は、一連の頭字語、テスト、統計を通じて歪曲される。HACCP、CCP－1、CCP－2、CCP－3、SSOP、GMP、乳酸濃度、枝肉の微生物確認用綿棒、頭肉サンプリングの殺菌、プレオプ検査、是正処置計画などである。言葉を並べるだけでは特に目立ったところもなく、平凡な印象しか受けないが、それをQC作業員が屠室で日々の習慣として実践した途端、QC、USDA検査官、フロントオフィスのスタッフ、下請けの衛生作業員、屠室の責任者、メンテナンス作業員、監督、ライン作業員のあいだの協力関係に目まぐるしい変化を引き起こし、権力闘争の場へと変えてしまうのだ。

白やグレーのヘルメットをかぶったラインの作業員は作業スペースが区切られて分業が徹底しているが、QCは異なる。彼らは屠殺場で働く人間のなかで実質的には、屠室全体にアクセスし、定期的にあちこち移動できる唯一の存在である。しかしそれでも、品質管理に対する責任をめぐる衝突の結果、専門的・官僚制的な制約を課されると、目の前で進行する暴力的な作業の恐ろしさが断片化・隔離・中和される。壁や単純作業の繰り返しによって、ラインの作業員を恐ろしい現実から隔離するときと同様の効果が発揮されるのである。QCにとって、視界と隠蔽は同時に機能するものであり、完全に可視化された状況でさえ隔離は可能なのである。

第8章　管理の質

職務番号121、ノンプロダクション・サニテーション・アンド・ランドリースタッフ：トイレと食堂のエリアならびにオフィスのメンテナンスを行ない、洗濯を引き受ける。

計測とサンプリングと食品安全テストを文字通り解決するならば、QCが手がけるのは食品として出荷される肉の品質管理だけではない。施設内での作業員や動物の身体の管理という、もうひとつの顔を持っている。QCは食品の安全に関する論理的根拠を頭に叩き込み、無線通信の技術を利用しつつ、屠室の責任者と容易に連絡をとり合うことができる。そのため、人間や動物の身体の監督・管理を経営陣から任され、産業屠殺場の運営に必要な規律の強化に寄与している。屠室は複数のゾーンから成り、作業空間はそれぞれ分離しているが、そんな施設のなかをQCは自由に動き回ることができる。したがって、ラインの作業員や牛の行動を監督して記録に残し、報告を行なう担当として理想的である。

私がQCに昇進すると、屠殺場でのヒエラルキーは明らかに変化した。そもそもヘルメットも白やグレーではなく、緑色でよく目立つ。着ているものもTシャツではなく、洗濯してアイロンをかけた制服で、私の名前が縫い付けられている。無線を携行するため屠室の責任者や監督と常に連絡を取り合えるし、公文書に目を通すこともできる。しかもその多くは、私が自ら作成したものだ。それから、屠室を自由に移動しながら、様々な仕事をこなす。もはや一カ所に閉じ込められて同じ作業を延々と繰り返す必要はない。トイレだって、いつでも好きなときに使える。さらに以前は諦めていたが、上層部や来訪者と同じように施設全体を俯瞰できる特権を手に入れ、いまや皮肉にも、屠室の高い場所に設置されたキャットウォークを一日に何度も歩きながら、ライン作業員の仕事ぶりを密かに観察するようになった。

新人のときは見える世界が限られたが、施設長、屠室の監督、連邦食肉検査官、フロントオフィスの職員らと交流するようになると、まったく異なる知識を得ることができた。見晴らしのきく有利な立場を新たに獲得したおかげで、屠室の空間がどのように分割されて分業が進められているのか、詳しい地図を作成し、仕事の内容についても一つひとつ解説できるようになった（第3章の図、ならびに付録Aを参照）。さらに、屠室が冷蔵室、製造部門、フロントオフィスとどのような関係にあるのかもわかった。

以前の私にとって、施設の責任者と連邦食肉検査官は一枚岩のようにしか見えなかったが、視点が変わると、そうではないことに気づいた。実際は、分裂状態で争いが絶えない。特に検査官と屠室の責任者、そして屠室の責任者とフロントオフィスのスタッフはいがみ合っている。一方、権力者には隠れた思惑があり、見えない場所で密かに画策する。私はQCに昇進したおかげで、そんな舞台裏にもアクセスできるようになった。末端の作業員のままでは、絶対に気づくことはなかっただろう。(1)

私は白やグレーのヘルメットの作業員との関係を維持しようと努めたが、QCへの異動は確実にコストを伴った。ラモンをはじめ、冷蔵室の顔馴染みの元同僚たちは、相変わらずオープンに友人付き合いをしてくれたし、昼休みが重なれば一緒のテーブルに誘ってくれた。だが、そんな彼らでも、ある程度のよそよそしさは避けられなかった。たとえばラモンと私はスケジュールが合わないこともあり、一緒に車通勤するのをやめた。さらに彼は、冷蔵室の床に枝肉がいくつ落ちてきたか、脂肪の塊をいくつ同僚に投げつけたか、もはや面白おかしく話さなくなった（私がQCに異動してから1カ月半後、ラモンはダーティーゾーンに移り、左後ろ脚から空気ポンプで異物を取り除く仕事を割り当てられた。頭上のレールを脚が移動してくるペースは速く、しかも冷えきった冷蔵室と異なって監視の目は厳しく、彼は次第に疲れ果て、ついに1年目を迎える直前に職場を去った。1カ所に立ち続けて同じ動作を繰り返したため、膝も手も炎症を起こした。ここに来る前はタイル張りをしていたから、たぶん今度は建設現場の仕事を探すことになると私には話してくれた）。

屠殺場でライン作業員と交流する際には、部外者として敬遠されていることが微妙に感じられた。たとえば私が部屋に入った途端に会話がやんで、私に一瞬視線を走らせる。そしてロッカー室でも屠室でも、わざとらしく大げさな態度で指示に従う。私は何とか状況を改善しようと努めたが、結局は無駄だった。ヘルメットの色が変わり、名前が縫い付けられた青い制服を着用する身分では、ライン作業員の輪に戻れない。

いまやQCとしての私の義務は、ラインを常に動かし続けることになった。ビルやロジャーや赤ヘルメットの監督たちは、いかなる理由であれラインが少しでもストップすると大騒ぎする。NRを出されるときでさえ、こんなには騒ぎ立てない。ラインがストップすれば、ライン作業員は「何もしなくても」働いたものと見なされ、賃金を支払われる。そしてそれは、1週間ごとの総労働費用、作業員一人当たりの肉の生産量（単位ポンド）、牛1頭を屠って内臓を取り出して枝肉にするための労働費用を計算するスプレッドシートのなかに反映される。そのあと、週ごとのスプレッドシートの値を平均した数字が年間集計で紹介されるときには、何ドル何セントという細かい部分まで記される。その数字をもとに屠室の責任者は、労働時間1時間ごとに生産される肉の量を最大化しているかどうか評価されるのだ。

屠室ではダーティーゾーンとクリーンゾーンのどちらでも、頭上のライトやブザーが色分けされており、ラインがストップした場所を責任者はすぐに確認できる。そのあと、屠室の責任者のオフィスから自動制御されるコンピュータシステムによって、ストップした箇所と再開されるまでの時間が記録される。週末にはロジャー・スローンが、監督一人ひとりの担当エリアで発生した中断時間の合計をまとめ、しばしば手書きのメモを監督に渡し、成績次第で警告したり労《ねぎら》ったりする。

しかし、ライン作業員は仕事の中断を歓迎する。中断時間が数分以上長引けば持ち場を離れ、屠室のあちこちに少人数で固まり、階段や作業台の上に座ったり、柱にもたれかかったりする。会話ははずみ、笑い声が響き、表情には笑みが浮かぶ。そこからは、単調な作業の繰り返しから体が一時的に解放された安堵感が容易に伝わってくる。さらに、どんなに巨大な恐ろしいシステムも機能不全に陥ることを皆が認識し、ささやかな優越感に浸っていることもわかる。ラインがストップすると普段の序列が目に見えて逆転する。ビル、ロジャー、赤ヘルメットの監督、紫ヘルメットのメンテナンス作業員と一緒に、QCの私はラインの一刻も早い再開に必死で取り組む。そのあいだ、白いヘルメットとグレーのヘルメットの作業員は私たちの作業を観察し、互いにコメントし合っている。

絶え間ない動きを通じて催眠効果を維持しているプロセスを停止させるシャットダウンは、時として産業屠殺の醜悪な一面を浮き彫りにする。ある朝のこと、8時直前に、脇腹の皮を剝ぐサイドプーラーの油圧ホースの1本が故障して、近くの枝肉に油が垂れた。ジルと私は現場に駆けつけ、ドナルドがやってきてNRを出す前に「再検査」のしるしのイエローカードを貼り付けた。無線の「緊急」信号で呼び出されて問題の発生を知らされたメンテナンス作業員は、紫色のスズメバチの集団のように現場に降りていくと、レンチやハンマーやねじ回しを取り出す。すると、屠室に蔓延している動物の臭いに、油圧オイルの金属的な渋い臭いが混じり合う。ロジャーとビル・スローンは、ダーティーゾーンと頭処理台のあいだの壁の近くで両腕を胸の前で組んで作業を見守り、首を振っている。そして数分ごとにどちらかが無線に向かって「どのくらいかかりそうだ？　あとどのくらいだ？」と訊ねる。

結局8分ほど経過した時点で、ビルは監督に無線連絡して作業員に午前中の15分間の休憩を取らせるように命じた。通常は午前9時に予定されているのだから、およそ1時間早い。こうして都合よく午前中の休憩を変更すれば、中断された時間は製造時間のロスではなく作業員の休憩時間と見なされるため、屠室の責任者はラインのシャットダウンに伴うコストを軽減できる。同じ戦略は昼休みにも適用され、予定より1時間繰り上げられるときもある。

およそ10分後、油圧オイルの問題はすぐには解決されないことが明らかになった。そこで私はサイドプーラーから少し離れ、バッカー（41番）が作業を行なうコンベヤーベルトの前で立ち止まった。ベルトは白いゴム製で、バッカーの足が滑らないように小さな突起で覆われている。大きさはおよそ3フィート［91センチメートル］×6フィートで、枝肉を移動させる頭上のレールと同じ速度で動くため、枝肉の動きとバッカーの作業は同時進行する。

ところが、頭上のレールが止まったあともバッカーのコンベヤーベルトは動き続けている。頭上には動きを止めた3体の屠体がぶら下がったままで、開いた口からは舌がだらしなく垂れ下がり、動きを止めないバッカーのコンベヤーベルトの上を引きずられている。そして小さな白いゴムの突起が舌を巻き込んで前に引っ張るので、3つの頭が瞬間的に少し持ち上がってから、屠体の重さに引き戻されて体の中心に戻った。このとき死んで生気を奪われた牛の大きな瞳が、頭上の照明を反射してぼんやりと光った。シャットダウンのあいだ、このおぞましいダンスは何度も繰り返された。舌が前に引きずられてから体の中心に戻るまでの時間はおよそ7秒。ほどなくベルトには微かな血の筋が現れ、シャットダウンが長引くにつれて濃くなり、ついには血溜まりができた。そして血が凝結すると、丘や谷や平野のような起伏に富んだミニチュアの風景が出来上がる。

皮を半分剝がされた3頭の巨大な生き物は、どれも舌が垂れ下がり、目から輝きが失われた状態で、一様に頭を前後に揺らし続ける。これは、ラインがストップすることによって生じるおぞましい光景のひとつにすぎない。日頃、屠室が何事もなく操業し続ける様子には圧倒されるばかりだが、こうした予想外の出来事が発生すると、ありふれた光景に隠された異様な醜さが露呈する。毎日2500頭の枝肉がレールを移動していく裏側には、おぞましい現実が潜んでいるのだ。

しかし屠室の責任者にとって重要なのは作業の管理であって、醜さが図らずも顔を覗かせることではない。そして作業員の「生産性」の低下につながる手落ちは、主に赤ヘルメットの監督の責任と見なされる。どの監督も特定の製造現場の監視を任されており、「作業員」に関する様々な厄介な問題の最前線に立ち、ロジャーとビル・スローンに報告する。たとえば作業員が排尿や排便に問題を抱えれば、作業の進行スケジュールに遅延が生じる。子供の病気や親の介護が必要で休まれれば、生産ニーズの繁忙期と閑散期の調整に影響がおよぶ。故郷のオアハカやチワワに無断で帰られてしまえば、冬に屠室は人手不足に陥る。疲れて注意散漫な者や、わざと作業の進行を妨害する者もいる。実際上にせよ見せかけにせよ、無能な者もいるし、言葉の問題もある。そして作業員のあいだには嫉妬やライバル心が渦巻いている。さらに作業員は、頭痛、喉の痛み、筋肉痛、皮膚の発疹、二日酔いなどを訴える。遅刻の常習犯もいれば、切れ味の悪いナイフを使い続ける者もいる。そして、問題の発生は装置の故障が原因なのか、それとも作業員の過失が原因なのか、監督は判断しなければならない。

このような問題をめぐる対立は、ほとんどが水面下にとどまっているため、部外者の目には見えない。しかし、屠室の環境に慣れてしまえば見つけるのはたやすい。たとえば作業員がラインに到着するのが3分遅れると、翌日に時間外にトイレ休憩を願い出ても、監督からは拒否される。皮をきれいに剝ぎ取らないと、よく切れる新しいナイフを要求しても無視される。そして作業員が敬意を払っていないと監督が判断すれば、休暇を願い続けても認めてもらえない。

なかには水面下で進行する対立が表面化するときがある。たとえば9月のある日、ダーティーゾーンの監督のギルは、トリマーのひとりに3日間の停職処分を命じた。この人物は、糞便がこびりついた牛の問題解決に駆り出されていた。ギルがこの件についてロジャーには無線で報告し、あとから私に直接説明してくれた話によると、このトリマーは「その週のあいだずっと反抗的な態度を取り続けた」。そこでギルは、長い顔に貧弱な口ひげを生やした華奢なトリマーに、ラインの別の地点への異動を命じた。しかしトリマーは命令を拒み、代わりが見つかるまではここを動かないと言い張った。

ギルにとって、トリマーの自分勝手な態度は許しがたく、自らの権限が脅かされる可能性があった。彼はギルの命令を実行するために配属されたのであって、疑問をぶつけることも、あとから批判することも許されない。腹に据えかねたギルはロジャーに無線連絡をして、状況を手短に説明すると、「作業員にこんな態度を取られるのは我慢ならない」と訴えた。

ロジャーに報告すると、「ギル、きみの好きなように処分してくれ」と言われた。そこでお墨付きをもらったギルは、直ちにトリマーを3日間の停職処分にした。これはきわめて厳しい処分だった。なぜなら、この3日間には数少ない有給休暇のレイバーデーが含まれていたからだ。しかも、休暇を取るにはその前後に1日ずつ働かなければならない。ということは、この3日間の停職処分によってトリマーは3日分の固定給の他に、1日分の有給休暇を奪われてしまった。のちにギルはこう説明した。「3日分の固定給と1日分の有給を同時に失えば、今後おれに逆らう気にはならないだろう」

一方、赤ヘルメットの監督は、作業員に妥協案を示して不当に優遇し、些細な違反行為をわざと見逃し、その見返りとして、重大な違反行為に手を染めないことを暗黙のうちに作業員に約束させる。ちなみに、監督の裁量に任せられている領域のひとつが予定外のトイレ休憩だ。これが認められるためには補助作業員が代わりに現場に入り、トイレで留守にしているあいだ一時的に仕事を引き継がなければならない。

こうした予定外のトイレ休憩は、ビルにとって絶えず頭痛の種になっている。ある日、脊髄の処理を担当する女性作業員たちがあまりにも頻繁にトイレ休憩を繰り返していることに業を煮やしたビルは、補助作業員に無線連絡で来なくてよいと指示した。「あの女たちを休ませる必要はない。明日からは、一切代わりを務めないでくれ。9時と2時に休めば十分だろう」。黄色ヘルメットに対してビルが指示した行為は、このエリアを担当する赤ヘルメットの権限を事実上逸脱しており、赤ヘルメットと作業員のあいだの非公式な合意と、屠室で求められる規律とのギャップが図らずも明らかにされた。

QC作業員は活動の場が異なる。QC作業員は経営陣とライン作業員のハイブリッドのような存在で、仕事を確実にこなすためにはビルとロジャー・スローンに頼らなければならない。「品質」に関する権限を与えられたQC作業員は、ライン作業員と赤ヘルメットの監督の双方を監視することを明確にではないが、暗黙のうちに要求される。おかげで屠室の責任者は、ライン作業員と監督のどちらの行動もチェックできるのだ。厳密には、QCは管理職ではない。ライン作業員と同様に時給が支払われ、他の作業員を直接監督する権限を持たない。しかしライン作業員と異なり、QCは赤ヘルメットに監督されない。ビルとロジャーに直接報告を行ない、フロントオフィスのスタッフに直接連絡をする。

ビルとロジャーにとっては悩みの種だが、備品の衛生管理は、赤ヘルメットの監督が「妥協する」典型的なエリアのひとつだ。屠室の作業員は公式の手順に従うなら、華氏185度〔摂氏85度〕に熱した湯を入れた容器に、備品（大体は携帯用ナイフだが、膝を切除する油圧式カッターなど、大きなものもある）をできるだけ頻繁に浸し、排泄物やバクテリアによる二次感染を防がなければならない。作業員がどれだけの数の枝肉を処理したら備品を湯に浸すべきか、具体的に定められているわけではないが、3、4体を超えてはならないと見なされている。

ライン作業員の視点に立つと、1体または2体の枝肉を処理するたびにナイフやカッターを湯に浸し続けると、かろうじて我慢できる9時間の仕事が耐えがたいほどの苦痛になってしまう。湯に備品を浸すために体を動かすときには、つぎにやってくる枝肉から目をそらし、湯の入った容器に神経を集中しなければならない。ナイフなどの備品を容器に突っ込んで取り出してから、つぎにやってくる枝肉に目を向けることになる。これが一度ならば大きな負担にもならないが、何時間も継続すれば、新しい枝肉にナイフを入れるまでの僅かな「中断時間」のロスは馬鹿にならない。しかも、動き続ける枝肉から静止している容器に注意が移ると、一カ所にとどまらず移動し続ける枝肉に集中しているときとは異なり、ある種の催眠状態に陥って感覚が麻痺することもない。実は感覚が麻痺するおかげで、作業員は時が経つのを忘れ、単調な作業の繰り返しに全神経を集中させることに伴う心理的な不快感から解放されるのだ。そして赤ヘルメットの監督も公式の基準に従うのは不可能だとわかっているため、たいてい備品の洗浄に関しては大目に見てしまう。

しかしロジャーとビルは、QCが作業員の仕事を見張り、ナイフを消毒しないまま何体もの枝肉を処理している現場を押さえることを期待する。それを知っているライン作業員は、緑のヘルメットを近くで見かけるときまって行動を変化させる。QCが明らかに見張っているときはかならず、大げさな身振りでナイフを湯に浸す。さらにロジャーやビルから睨まれたくない赤ヘルメットの監督は、緑ヘルメットのQCやUSDA検査官が近づいてくるとかならず、ライン作業員にこっそり情報を伝える。指を1本か2本、目の前でかざし、誰かが見ていることを教える。

ロジャーとビルは要求が厳しい。ナイフを消毒しないなど、職務要件を満たさない作業員については一日中いつでも報告するようにと口うるさい。たとえばQCが一日に少なくとも数回は違反行為について無線で報告しないと、かならず向こうから連絡があり、なぜ黙っているのかと詰問され、何か目撃したらかならず報告するようくぎを刺される。

その結果として緑ヘルメットは、赤、グレー、白のヘルメットといたちごっこを繰り広げることになる。単純作業の連続で作業員の感覚が麻痺しているとき、あるいは作業員がまだ仕事に慣れていないときなどは、隣にQCが立っていても消毒を忘れてしまうことがある。しかし、たいてい緑ヘルメットは作業員の違反行為を目撃するために柱の後ろに隠れ、実際には作業員に目を光らせていても、別の方向を見ているふりをしなければならない。あるいはキャットウォークから見張るという方法もある。品質管理の仕事に付き物の監視の効果を高めるため、屠室の高い場所に作られたキャットウォークには、ロジャーとビル、それに2名のQCだけしかアクセスを許されない。高い場所から見張れば、気づかれるチャンスも少ない。特に強制はされないが、些細な違反行為の報告に関して割り当てられた義務を遂行し、きちんと仕事をこなしていることを証明するために、QCは現場を押さえたら監督の赤ヘルメットに正式に無線連絡しなければならない。それには、つぎのようなお馴染みのパターンが頻繁に登場する。

「ギル、ギル、聞こえるか、ギル」

「ああ、聞こえる」

「いまキャットウォークで見ていたところだが、きみのところのセカンドドレガーが、ナイフを消毒しないで10体の牛を始末していたぞ」

「了解、話しておく」。そう答えるギルの声は明らかに乗り気ではないが、彼には他の選択肢はまず残されない。なぜなら、無線での通信には共有チャンネルが使われているからだ。もしも同じ作業員がその日のうちに再び現場を押さえられたら、ロジャーとビルはギルを監督不行き届きで非難する。

作業員の管理に対する屠室の責任者のこだわりは、フロントオフィスにも共通している。私がサリーと定期的に行なう午後の研修では、ビデオ鑑賞以外に最も多くの時間を費やすのが、ライン作業員を衛生対策に従わせるための監視戦略だった。サリーは時々、作業員は正しい仕事をするための十分な訓練を受けていないと指摘した。そしてこの問題に取り組むため、ビデオによる研修を始めた。自ら屠殺フロアにやってきて、作業員が「正しい」方法で義務を遂行しているところをビデオ撮影し、同じ仕事をする他の作業員に見せるのだ。あるいは、作業員による意図的な不法行為を問題として指摘するときもあった。そしてこれを改善するために、屠室のあちこちにビデオカメラを設置しようと考えた。彼女が接近してくると作業員は行動を改めるので、自分では不法行為の現場を押さえられないからだ。

QCの仕事が作業員の管理を伴うことは、サリーと私が鑑賞するビデオでも教えられた。米国食肉協会が制作したビデオの一部には畜産学の教授が登場し、カメラに目を向けずに淡々とHACCPの原則についてのマニュアルを読み上げ、様々な有害バクテリアの温度許容度について解説する。しかし、もっと大きなテーマもある。たとえば「食品安全ゾーン（Food Safety Zone）」というタイトルのシリーズでは、食肉工場の作業員に扮したふたりの俳優が一日の様々なルーティンをこなす様子を、カメラマンに扮した俳優が追跡する。第1回の「個人の衛生意識」では、白人男性の作業員が朝目覚めると、出勤の準備を始める。浴室に入る作業員をカメラマンは追いかけ、石鹸で上半身を洗うところを撮影する。この場面でナレーターは、出勤前にシャワーを浴びる正しい方法について説明する（かならずお湯と抗菌石鹸を使い、排泄物が人体から食品に移動して二次感染が引き起こす可能性のある部位は特に念入りに洗わなければならない)。さらには、バンドエイドを皮膚の傷や痛む箇所に貼り付ける正しい手順についても紹介される(傷をバンドエイドで完全に覆い、浸出液が漏れないように気をつける)。つぎに、作業員はシャワーから出るときにくしゃみをする。この場面でのナレーターの説明によれば、食品製造関連の作業員は誰でも、少しでも気分の悪さを感じたら「それを報告する義務がある」。食品のサプライチェーンを介して病気を感染させるリスクを回避して、病欠の電話をしなければならない(これには私も笑いを抑えられない。なぜなら屠殺場のライン作業員は、本当に病気で休んでも出勤停止や解雇の処分を受けるのが常態化しているからだ)。

「クリーンな状態でクリーンに働く」というモットーを強調するビデオはつぎに、ふたりの作業員が食肉包装工場で仕事の準備をする場面を映す。ここで再び正しい手の洗い方が強調されるが、具体的に7つの段階に細かく分かれている。「作業中に排便したあとは特に気をつけましょう」と、ナレーターは明るい調子で指導する。「食品に触れるとき、排泄物が手や爪の下に付着しているかもしれません」。さらにヘアネット、ビアード(あごひげ)ネット、フロックなどの個人用防護具(PPE)をすべて身に着けることの大切さも強調される。

シリーズのつぎのエピソード「基礎微生物学」では、ふたりの作業員のうちのひとりが冒頭に登場し、微生物について学んでよかったと興奮気味に語る。というのも、自分や同僚のミスで一般市民が病気になる恐れがあり、自分がいかに重要な役割を任されているのか認識できたからだという。

研修ビデオに登場する食品製造作業員の物腰や態度からは、ビデオの世界と屠室の世界のあいだの認知的不協和が感じられる。ビデオでは、休息も食事も十分に取った俳優や女優がベッドから飛び起き、今日もまた食肉包装工場で楽しく充実した一日が始まるという期待感から、顔には笑みを浮かべている。シャワーを浴びるときも、作業を始める前にバンドエイドを貼るときも、仕事中に排便したあと手を洗うときも（実際には、予定外の時間のトイレ休憩は禁じられているので、これは現実にはあり得ない贅沢だ）、ビデオに登場する作業員の頭にあるのはひとつのことだけだった。すなわち、自分たちが製造する食品を消費する一般大衆の安全と幸福だ。腹をすかせている世界中の人々の胃袋を満たすために働けるなんて、実に素晴らしい。この非常に大切な仕事に優秀な食品製造作業員として関わるのは、なんという喜び、なんという特権、なんという名誉だろう。

サリーはこうした研修ビデオを真剣に受け止める。リモコンを使ってビデオを中断させ、特に重要な点を強調して繰り返すことも多い。作業が始まる前にシャワーを浴びる作業員や、傷や痛む箇所にバンドエイドを貼っている作業員をチェックする難しさは認識しているようだが、それでも休憩時間や昼食後には屠室のトイレを目立たないように見張り、ビデオで紹介された7段階の手洗いを作業員が正しく実践しているか目を光らせるようにと私に命じた。

「あなたは女性用トイレには入れないわね」と残念そうに言ってから、「でも、ジルがやればいいのよ！」と気を取り直した。

屠室の作業員の行動をトイレでスパイする他にもサリーは、一日の終わりに作業員がいなくなったら使っていたナイフをよく調べるよう、ジルと私に指示を出した。汚れたナイフを見つけたら、使っていた作業員をナイフの洗い場に呼び出し、帰る前に正しく消毒させなければならない。「正しい消毒の手順を守れない作業員が多いのよ」とサリーは指摘したものだ。ジルや私に毎日ナイフを見せることを義務づけられ、作業員は明らかに憤慨している。それに私が点検したナイフのなかには、付け根の近くに毛や脂肪がこびりついているものもあるが、ほとんどは清潔だった。作業員一人ひとりに鞘からナイフを抜いてもらって両面をチェックしてから消毒液に浸すのは、ナイフの清潔な状態を徹底させたい願望に促された合理的な方法というよりも、作業員を管理するために経営陣が押し付ける行為としか思えない。さらにサリーは私がQCになってほどなく、作業員が屠室を離れる前にはエプロンと長靴に特殊な泡状消毒剤をスプレーするよう命じた。この作業に使えるホースは2本だけで、ひとつはクリーンゾーンの出口、もうひとつはダーティーゾーンの出口にある。そのため大変な一日が終わって早く帰りたい作業員は、長い列に並ぶ羽目になった。ナイフの点検もエプロンや長靴の消毒も屈辱的な儀式で、屠室の経営陣が、作業員一人ひとりの身体を管理している現実がまざまざと思い出される。そして私はQCとして、厳重な取り締まりに加担しているのだ。

他にもQCは経営陣から、メンテナンス作業員の監視に駆り出される。QC作業員は屠室で様々なCCPテストを行なうだけでなく、あちこちで圧力計や温度計の目盛りを測定しなければならない。屠室の2カ所で屠体にスプレーされる乳酸の濃度は、1時間ごとに測定する必要がある。頭が切断される直前でまだ原形をとどめている状態のとき（第3章の図2の54番の近く）と、枝肉がコーナーを曲がって傾斜を下って冷蔵室に入る直前（97番）である。屠体に繁殖する細菌の数を減らすためにスプレーされる乳酸菌の濃度は、USDAの規約によれば1・0〜4・5パーセントのあいだで、許容誤差0・5パーセント以内に維持されなければならない。ラボでの細菌数の検査で不合格になる数を最小限に抑えるため、乳酸濃度を5パーセントにできるだけ近づけるべきだとロジャーとビル・スローンは強調した。

混合槽のなかの酸の濃度をテストするためには、1立方センチメートルの乳酸溶液を抽出して試験管に入れてから、指示薬のフェノールフタレインの溶液を1滴加える。指示薬溶液を入れたあとは、規定度の水酸化ナトリウムを1滴ずつ試験管に加えていく。加えるたびに試験管を振り続けると、最後に試験管のなかの溶液は無色からピンクに変化する。水酸化ナトリウム1滴は、乳酸濃度0・1パーセントに相当する。したがって、10滴加えた時点でピンク色になれば、乳酸濃度は1パーセント、45滴ならば4・5パーセントということになる。

調合室の壁にはデジタル制御装置が取り付けられ、表向きは酸濃度の調整に使えるはずだが、メンテナンス作業員の誰もやり方がわからない。私はどの作業員からも、メンテナンスを統括する監督からさえ、「これは動かないよ」としか言われなかった。そのためジルも私も酸性度の変更が必要なときは、このデジタル制御装置を使う代わりに、メンテナンス作業員を無線で呼び出した。すると駆けつけた作業員は、混合槽に加える濃酸の量を増やしたり減らしたりするために手でねじを調節する。ただし、乳酸濃度を調節するためにメンテナンス作業員を無線で呼び出すと、無線での交信をすべて監視しているビルとロジャー・スローンに聞かれてしまい、濃度に問題が発生したことを警戒される。私はQCだったある日の早朝、年配のメンテナンス作業員のスティーブンに対し、濃度が低すぎるので調整が必要だと無線連絡した。

「ティム、濃度はどれくらいか」と、ロジャーが割り込んできた。

「2パーセントです」と私は正直に答えた。

「2パーセントだと！」とロジャーは声を荒げた。「スティーブン、濃度を上げられないような人間をわざわざ金を払って雇う意味はない。やめてもらうしかないだろうな」

そのあと私はQCのオフィスでジルから、酸濃度に問題が発生したときメンテナンスを無線で呼び出さないよう注意された。「今日スティーブがどんな目に遭ったかわかったでしょう。相手のところに直接出向いて伝えるか、自分で調節しないとだめよ」

そもそもメンテナンス作業員は、混合槽に乳酸を入れすぎるミスを犯すことが多く、そうなると濃度は5パーセントを超え、場合によっては6、7パーセントにまで達する。研修期間のあいだにジルからは、乳酸濃度テストで許容範囲を超える数字が確認されても記録に残さないよう忠告された。許容範囲の数字を記してからメンテナンス作業員に調節してもらい、つぎのテストで許容範囲に収まるのを待てばいい。さらに、乳酸濃度テストの値が4パーセント未満でも、絶対に書き残さないようにとも言われた。ロジャーもビルも気分を害するからだ。その代わりに「4パーセント」と記録しておいて、メンテナンス作業員に濃度を増やしてもらえばいい。

QCとして働き始めてから数週間後にジルは、ドナルドらUSDA検査官からテストの見学を希望されたときの対処法を教えてくれた。乳酸で洗浄された牛の体に黒っぽい酸火傷が目立つときや、洗い場の近くを歩いて目が痛むときはかならず、検査官からテストへの立ち会いを要求される。ここで酸濃度が許容範囲の5パーセントを超えれば、NRを出されてしまう。そこでジルは、乳酸調合室に規定度水酸化ナトリウムのボトルをふたつ準備しておく。ラベルが色あせた最初のボトルには本来のノズルが付いている。これをジルは、実際の濃度を知りたいときにかならず利用する。一方、規定度水酸化ナトリウムのもうひとつのボトルは、ノズルの先端が切り取られている。肉眼では、ふたつのボトルのノズルの違いはわからないが、2番目のボトルのほうがノズルの穴がやや大きいため、1滴の量がその分だけ多くなる。したがって、ドナルドらUSDA検査官から乳酸濃度テストへの立ち合いを希望されると、ジルはかならず2番目のボトルのほうを使う。1滴の量が多いため、本来よりも少ない回数で溶液はピンク色になるのだ。

ジルはこの情報について、ひとりのQC作業員が同僚に手ほどきするような態度で私に教えてくれた。後ろめたい行動だと考えているような素振りは見せなかったし、濃度の改竄《かいざん》が食品の安全におよぼす意味にも無関心なようだった。むしろ重要なのは、利害の対立する複数のグループがそれぞれ彼女にプレッシャーをかけてくるとき、何とか切り抜ける方法を考えることだった。屠室の責任者は、ジルが他の作業員をスパイしてくれることを期待する。メンテナンス作業員は彼女が守ってやりたい対象である。そしてUSDA検査官は彼女から見れば、自分がミスをする現場を取り押さえてN

Rを出してやろうと画策している。QCが食品の品質の管理を任されているのは間違いないが、緑へルメットのQCは管理の品質向上も任され、ミシェル・フーコーのいう「完全かつ循環的な不信の装置」に積極的に参加している。ここでは「監視の完全化は悪意の総和[2]」なのである。

QCは人間の身体を管理するだけではない。屠室で人間以外の動物の身体が正しく管理されていることを証明する役目も担っている。毎週、動物の取り扱いについて内部監査を行ない、その結果に基づいて作成した書類を肉の購入者に提出し、動物の処遇について施設では厳格に監視されていることを証明する。すると肉の購入者はこの証明書を裏付けにして、これは人道的に処遇され屠られた動物の肉だと顧客に保証する。

人道的な処置に関する監査では、5つの書類を準備しなければならない。まずQCは、係留場とノッキングボックスを結ぶサーペンタインでシュート作業員が牛を追い立てるとき、電気棒がどれくらいの頻度で使われたか特定する必要がある。ここでは、100頭の牛につき電気棒の使用が5回以下ならば「許容範囲」と見なされる。そこで、1番から100番までの牛をチェックする。QCはシュートエリアに待機して、電気棒が使われなかった牛の番号には丸を付け、移動中に電気棒を使われた牛の番号のところにはXを記入する。

私はシュート作業員として4日間働いた経験から、実際には3、4頭につき1頭の牛が電気棒を使われることを知っていた。そして、あらかじめ研修ビデオを見せられて電気棒の「許容」範囲について学んでいるシュート作業員は、QCやUSDA検査官がシュートエリアにやってきた途端に電気棒の使用頻度を減らすことも知っていた。しかし行動を基準に合わせて修正したあとでも、実際に電気棒が使われる頻度は100頭につき10〜20回になる。それでも他の結果を記録するときと同様、QCは「許容」範囲に収まる数字を結果として記入した。

動物の処遇に関する監査で提出する2番目の書類は、動物の鳴き声を対象にしている。最初の書類のときと同様、QCはシュートを歩きながらモーと苦しそうに鳴く牛の番号を丸で囲む。観察中に苦しそうに鳴いた牛の割合が1パーセント未満ならば、許容範囲と見なされる。屠殺場の活動のなかでこの瞬間は、決して真実が正しく記録されるわけではないが、牛が実際に発する声に注目する点がユニークだ。1週間につき10ないし15分間、QCはシュートエリアに待機して、通過していく100頭の牛を検査するあいだ、牛の鳴き声に意識的に耳を凝らし、痛みや苦しみを伝えようとしているのか解釈しなければならない。(3)

監査の3番目の書類では、ノッキングボックスに追い立てられるあいだに何頭の牛がシュートや囲いのエリアでつまずいたり転んだりしたかに注目する。手順は最初のふたつの書類と変わらない。そして、ここまで紹介した3つの基準はすべてシュートエリアに関連するため、QCは100頭の牛を対象に3つの項目を同時に観察することも多い。

4番目の書類は、ノッキングガンが牛の意識を一撃で失わせたかどうかをチェックする。QCはノッキングボックスでノッカーの後ろに立ち、サンプルとして選ばれた100頭の牛を観察しながら、家畜銃の一撃で気絶した牛の番号を丸で囲み、まだ意識の残っている牛の番号にXを付ける。ここでは100頭につき僅か3頭までが許容範囲だ。ノッカーが牛を気絶させるために銃を撃ち込む回数は様々で、ノッカーのスキル、銃の作業環境、銃を発射させるために必要な空気圧の量に左右される。さらに、牛がノッキングボックスでどれくらい暴れるのかにも影響される。この監査の最中、なかには4回も銃を撃ち込まなければならない牛もいた。一発目が牛の額を外したか、あるいは深く撃ち込まれなかったため、2発目で仕留めるケースが圧倒的に多い。そして屠室の他の書類と同様、QCは「許容範囲」の数字だけを記録する。

あるときサリーは、権限はないものの自らノッカーの監査を行なうことにした。牛が家畜銃を撃ち込まれる部分を「X」でマークした図を何枚も準備したうえでノッカーの後ろに立つと、クリップボードにメモを取り始めた。すると、直ちにギルから手招きされた。「あの女、何をやっているんだ?」

およそ10分間観察した後、サリーは私たちのところにやってきて、準備してきた図のひとつを指さしてこう言った。「正しい場所に銃を撃ち込んでいないみたいね。もう少し上のほうじゃない?」。ギルは呆れた表情をした。そして自分は屠室で20年近く働いているが、ノッカーは牛をちゃんと仕留めて良い仕事をしていると抗議した。私は何も言わなかった。サリーはなおも紙にコピーされた図を指さし、ギルに何とか見てもらおうとしたが、最後に彼は、「いいか、ここで問題があるなら、ロジャーかビルに報告しろ」と言い放って立ち去った。

監査の最後の書類に記入するためには、QCはスティッカーの高台の前に立ち、チェーンで逆さまに吊るされた牛が完全に意識を失っているか確認しなければならない。私がフロントオフィスで見せられた研修ビデオによれば、牛がレールで運ばれてくるあいだ、チェーンを結ばれていない後ろ脚が蹴りあがっても、大体は筋肉の反射反応であるため、牛の意識があると解釈する必要はない。一方、(目の近くでペンを振りかざしたり、指を鳴らしたり)刺激を与えたときに瞬きしたら、あるいははずみをつけて上体を起こそうと必死でもがいているときは、意識が残っている証拠だと見なされる。

ジルと私は動物の処遇に関する監査を交代で行なったが、ほどなくある事実に気づいた。彼女が作成する1週間分の書類は、実際にシュートやノッキングボックスで牛を観察する以前に記入されているのだ。本人に訊ねると、つぎのような答えが返ってきた。「こんな書類、誰も見ないんだから。どうでもいいのよ。問題はなかったって書いておけば十分。それに、わざわざ出向いて、牛が殺されるところを見るのはつらくて」

動物の処遇に関する監査では、なんとも矛盾した状況が生み出される。そもそも、監査は定量化できる5つの要素から成り立ち、屠殺の実態の一部を描き出すことを目的とする。その点は、屠室で作成される他の書類と同様で、屠殺が人道的に行なわれているか否かに注目する。一方、監査の結果は、生き物を殺すという物理的な対峙を、手順が人道的かつ倫理的に行なわれているか否かを正確に測定するという技術的なプロセスへと変える。検査官は牛をまっすぐ見据え、声にじっと耳を傾けるが、それはあくまでも技術的なプロセスにおける判断基準、すなわちデータ入力としてのみ見聞きされるのである。こうした技術の偏重は、監査以外の作業にも見られる傾向で、それが高じた結果、ある日の午前11時直前に異常な出来事が起こった。

「ギル、聞こえるか、ギル」という声が、私の無線から聞こえてきた。それは、係留場で生きている牛の荷下ろしを監督しているジョン・スローンの声だった。

「はい、聞こえます」とギルは答えた。

「ギル、いま検査官といるんだが、ちょっと問題が発生した。これから仕留める予定の牛が、係留場で子牛を産んだ。検査官からは、後産がすむまで動かすなと言われた。だから、この牛は予定通りに始末できない」。私はシュートで働いた経験から、この牛が同じロットの牛と一緒に処分されないことがわかった。他の牛はすでにノッキングボックスへと、シュートを追い立てられていた。

ここでジョンの兄であり屠室のナンバーツーのビル・スローンが、不機嫌な様子で無線に割り込んだ。「なあ、おまえが手を突っ込んで、余分なものを引っ張り出せないのか」

一瞬の沈黙を置いて、ジョンはこう返答した。「だめだよ。政府のやつらがいるんだ。後産がすむまで、牛をいじらせてくれない」

「ところでやつらは、この牛を処分させてくれるのか？」

「ああ大丈夫だ、ビル」とジョンは、一瞬の沈黙を置いて答えた。「問題が発生しても、最後は認めてくれる。準備が整ったら知らせるよ」

結局この牛はその日、２４５２番として最後に「処分された」。誕生した子牛の運命については無線で一切触れられなかった。一連のプロセスのなかでは子牛など、一時的にトラブルを引き起こす厄介な存在でしかない。牛は、希望通りのものを生産するために必要な原料としか見なされない。屠殺のプロセスの真っ最中に牛が出産するなんて大事件のはずだが、この親牛をいつ屠るかをめぐり、検査官と事務的な議論が繰り広げられた。牛がモノとして見られていることは、屠殺場での普段の会話で行き交う言葉からも窺える。ここでは牛は殺されるのではなく、「死んで肉になるために連れてこられる」(同様に、シュートのなかで生きている牛は「ビーフ」で、「おい、あのビーフが囲いに落ちたぞ」という表現が使われる)

この観点に立つと、動物の処遇に関するQCの監査は、牛の身体の厳密な管理を徹底することが目的ではない。むしろ、産業屠殺場の仕事を円滑に進めるために欠かせない必要条件である。そして監査を生産プロセスへのインプットとして考えるなら、牛が躊躇したり滑ったり、落ちていく様子を観察し、大声でモーと鳴く声に耳を傾けるのは、牛の苦しみを気遣うからではない。原料の安定的な供給が途絶える可能性はないか、注意深く観察することが目的になる。名目上は動物の人道的な処遇への関心から、動物の様子を観察して書類を作成するとしても、実際には生産現場の視点から、屠室に向かう原料の順調な流れの最大化が重視されており、しかも両者のあいだに矛盾は存在しない。その結果として牛は、銃で撃たれて血を流す前から、すでにビーフとして見なされるのだ。

そして、牛の処遇の監査に必要な観察行為を積極的に回避するジルの姿勢からもわかるように、個々の牛の動きや声に注目することをQCに義務づける枠組みは、かえって管理体制の崩壊を招くリスクを伴う。技術的な基準のみに注目する監査には、動物の外見に対する人間の反応が含まれる余地はない。監査に関する5種類の書類のどこにも、「牛が殺されるところを見るのはつらい」というジルの台詞は残されない。皮肉にも、動物の身体の観察を要求されることへの彼女の反応――実際には観察を行なわずに監査書類を作成する――は、かえって技術的な枠組みの強化につながりかねない。

品質管理の仕事では食品の品質の管理だけでなく、人間や動物の身体の管理の質も重要な要素である。こうした管理体制は、権力組織を通じて屠室全体で徹底されている。実際、製造プロセス全体のなかでは誰もが、自分とは動機が異なる誰かによる監視の目を逃れられない。入り組んだ権威のヒエラルキーのなかで権力関係には偏重があるが、絶対的なものではない。たとえば赤ヘルメットはライン作業員を監視するが、QCによって監視され、観察結果は屠室の責任者に直接報告される。一方で屠室の責任者は、1時間ごとの労働によって製造される肉の量（単位はポンド）の最大化に向けた努力がどれだけ達成されたのか、細かい金額を割り出したスプレッドシートを毎週提出しなければならない。しかも、誰かが誰かを、あるいはどこかのグループが別のグループを監視する権力関係だけが、屠室の環境を複雑にしているわけではない。一つひとつの作業は孤立して進められるが、巨大な産業屠殺場をうまく機能させるためにはフロア全体が隈なく監視されており、それが緊張状態を生み出しているのである。

QCは屠室を自由に移動できるだけでなく、高い場所から全体を見渡すことができるが、屠殺の作業全体を実体験に基づいて理解できるわけではない。そうなると結局、監視という仕事も区画化や断片化と無縁ではいられない。ＱＣは作業員や動物の身体を監視して規律に従わせる任務を正式に与えられており、キャットウォークから屠殺の作業を見下ろすことができる。しかし屠殺の各プロセスを視覚的に観察する機会に恵まれていても、同時にそれは進行中の屠殺作業の経験的理解からＱＣの注意をそらしてしまう。作業員を監視するといっても、ナイフをきちんと消毒しているかという点だけに注目する。牛の外見を観察して鳴き声に耳を傾けるが、転倒、落下、鳴き声に関わる統計値のみに目を向ける。その結果を定量化可能なデータポイントとして記録することが、屠殺という作業に向き合うことをますます困難にする。ＱＣは、人間や動物に対する絶え間ないヒエラルキー的監視という緊張をはらむ要求をこなし続ける。そこから、完全に可視化された状況でさえ、いや、こうした状況でこそ経験の区画化は可能であることが窺える。

第９章　視界の政治

18世紀末はひとつの不安がありました。暗い空間、物事や人間や真実を十分に見通せない漆黒の闇への不安です。膨れ上がった不安は、光を遮る闇を切り裂き、社会から影の部分を取り除き、明かりのない部屋を破壊することへの願望を膨らませました。独断的な政治活動、君主の気まぐれ、宗教にまつわる迷信、暴君や聖職者の陰謀、疫病、無知から生み出される錯覚が当時は蔓延していました。

ミシェル・フーコー

「きみのことをずっと観察していたんだ」とある日いきなり、私はドナルドから言われた。時刻は午前6時で、プレオプの点検が終わったところだった。私たちはまだ空の作業台の近くに立っていたが、そこは屠室の責任者のオフィスからは見えない。「きみにはずっと目をつけていたんだ。きみはなかなか優秀だな」とドナルドは言った。

「それはどうも」と私は用心深く答えた。

「ところで、この肉には糞が付いているな。この施設で何が進行しているのか、話を聞かせてくれないかな」

私は黙っていた。

「きみには子供がいるのか？　子供にこんな肉を食べさせたくないだろう。よく考えてみろ。今晩9時にデイヴのパブで落ち合って、もっと詳しく話し合おうじゃないか」

その日は一日中、落ち着かない気分だった。品質管理の仕事に就いてから3カ月が経過していたが、（食品の安全や人道的な処遇に関する違反行為を）隠蔽する一方で、（屠室の作業員を）監視する役目をこなす立場にすでに辟易していた。当初、私は屠室で最大12カ月働く予定だったが、冷蔵室からシュート、品質管理へと職場を移動した結果、すでに施設の隅々にまでアクセスしていた。このような展開は、5カ月前に応募したときには予想もしていなかった。当初は、1年間ずっとレバーを吊し続けるのかと思うと不安に苛まれた。肉体的にも感情的にも精神的にも過酷な仕事だったが、品質管理の仕事もやはり肉体的に過酷で、そのうえ倫理的な問題を抱えていた。屠殺場での仕事を3つ経験したおかげで、施設のあらゆる場所にアクセスしたのだから、これ以上作業員の立場から屠室を観察する論理的根拠もモチベーションも弱くなった。そんなところに、施設を監督するＵＳＤＡ検査官の責任者から、密告者にならないかと声をかけられたのだ。

その晩、ドナルドとバーで会うと、実は自分は研究者で、屠殺について作業員の視点から報告することに興味を持っていると打ち明けた。最初は信じてもらえなかったが、最後は私の説明に納得したうえで、屠室の実態に関して証言してもらえないかと何度も請われた。私は依頼を断り、こう説明した。経験が皆無の作業員として屠室に侵入したとき、ここでの経験について書くつもりだと経営陣には明かさないことにしたが、それと同時に、屠殺場や個人を特定できるような具体的な情報をあとから公開するのは控える決心をした。ただしドナルドには、QCが実際どのような立場に置かれているのか多少の知識を提供した。彼がそれを手がかりにして、食品の安全を検査する仕事の有効性を高めてくれればありがたい。数時間後、私たちは友好的に別れた。

私は翌日の仕事が終わると、屠殺場を退職した。昼間、私はラモンら数人の仲間に退職することを伝え、これからも連絡を取り合うことを約束した。屠殺場では随意雇用の方針が採用され、「従業員も会社もいつでも通知の有無にかかわらず雇用を終了することができる」。そこで私は屠室の責任者と人事課に宛てて簡単な退職届をしたため、一日の仕事が終わると提出した。退職届には、突然このような形でやめることになって大変申し訳ないと謝罪したうえで、ロッカーに残していく備品を列挙した。IDカードが1枚、駐車許可証が1枚、オフィスの鍵が4本、ヘルメットがふたつ、革の長靴が1足、ゴム長靴が2足、デジタル温度計がひとつ、ストップウォッチがひとつ、黒の油性マーカーが1本、懐中電灯がひとつ、ナイフが2本、砥石がひとつ、オレンジのフックがひとつ、プラスチックの鞘《さや》がひとつ、安全手袋が1双、無線が1台、そしてまだ洗濯されていない制服のすべてを残していった。(1)

この平凡なリストからは、大がかりにルーティン化された屠殺の実態を観察しつつ自ら関わった経験が、いかに複雑なものだったか理解できない。屠殺の作業は、労働の成果を文字通り食している大多数の人々から隠れて進行する。何が複雑かといえば、隠蔽と監視という本来なら相容れないふたつの要素が思いがけず共鳴する社会戦略が考案された結果、汚くて危険できつい仕事とその恩恵を直接被る人たちのあいだが、大きく隔てられていることだ。世間から隠されているものを白日の下にさらし、隔離ゾーンを字義通りであれ比喩的であれ消滅させ、社会や政治に変革をもたらすためには、いわば視界の政治が必要とされる。この視界の政治は、相容れない要素が共鳴する戦略に対して警戒を怠ってはならない。

第1章のエピグラフで、屠殺場はコレラを運んでくる船のように呪われ隔離されているというジョルジュ・バタイユの文章を紹介したが、実際にほとんどの施設はこの描写通りの場所だ。物理的にも社会的にも、そして言語的にも隔離ゾーンで孤立しており、社会の大半へのアクセスが不可能だ。(2) 今回私は、研究者と実社会のあいだを隔てる方法論的な距離を取り除くため、屠殺場の作業に参加して直に観察することにした。そうすれば、作業員の視点から、産業屠殺場での作業にはどのような意味があるのか理解するための手がかりを提供できる。屠殺場の内部は、作業もスペースも壁で仕切られている。私は内部関係者としての視点から、距離と隠蔽によって屠殺場が一般社会から隔離されているだけでなく、監視と隠蔽の同時進行によって屠殺場の内部でも、屠殺に関わる作業員から実態が隠されていることを学んだ。

今回の研究成果を具体的に紹介するため、私は世間に知られていない屠殺場内部の地図を作製する決心をして、施設の輪郭やレイアウトを調査した。この地図を見れば、屠殺場が決して単一の場所でないことは一目瞭然だ。内部を分割するために物理的にも表層的にも、言葉のうえでも厳格に壁で仕切られているという意味では、屠殺場の外観が外の世界と区別されていることと変わらない。そして施設の内部という絶好のポジションから眺めると、「屠殺場」を単一の存在として語ってもほとんど意味がないことがわかる。牛を屠る作業の責任を、特定の個人や部署が一手に引き受けているわけではないからだ。

屠殺場を訪問すると、最初はフロントオフィスに案内される。ここではボタンダウンシャツにカーキズボンという服装のスタッフが革張りの椅子に心地よさそうに座り、薄型コンピュータの前でキーボードを叩きながら、ハンドフリーの電話の送話口を介して牛の行く末について話し合っている。そのつぎに訪問者が案内される部屋は、一カ所だけ向こう側が見えない鋼壁になっていて、そこにブラインド付きの小さな窓がくり抜かれている。

窓の向こう側では、白いフロックに白いヘルメット姿の作業員が肩を寄せ合って並び、大きなコンベヤーベルトで移動してくる肉の塊を摑み取ってナイフで瞬く間に切り裂いてから、再びコンベヤーに放り投げている。この製造部門を過ぎると、今度は霊廟のように巨大な冷蔵室があって、何列にも連なった枝肉が不気味な静けさを漂わせている。レールにぶら下げられた枝肉は、揺られながら急な階段を下りてきて、冷蔵室へと入っていく。

製造部門と冷蔵室を通り過ぎると、今度は蒸し暑い場所に到着する。ここは「屠室」と呼ばれるが、このシンプルな名称からは想像できないほど作業もスペースも細かく分割されている。白、グレー、緑、黄色、赤、紫と色とりどりのヘルメット姿の作業員がフロア全体に散らばり、ほとんどの作業員は同じひとつの作業を繰り返している。バングキャッパーとベリーリッパー、バッカーとバンジーコード・アタッチャー、キャトルドライバーとコダー、ハートトリマーとヘッドチズラー、プレスティッカーとプレガッター、ポーンチプーラーとピズルリムーバー、サプライルーム・スタッフとスパイナルコード・エクストラクター、トーネイルクリッパーとテンドンカッター、トライプパッカーとテイルバガー、ウィザードナイフ・ウィールダーとウィーサンドリムーバー。全部で121種類の異なる仕事によって、屠室と呼ばれる場所は構成される。

ではつぎに、私が作業員として屠殺場に入ってからのプロセスを紹介しよう。不安だらけの申請手続きを経て、私はようやく屠室の新人作業員として採用され、白いヘルメットとゴムの安全靴を支給された。そこから全部で3つの仕事を経験するが、いずれも牛を屠る仕事との関わり方は大きく異なる。白いヘルメットをかぶって行なう冷蔵室での作業からは、一定の距離を置いて屠殺の日々のリズムを経験する機会が得られた。フックに吊り下げられてラインを降下してくるレバーを摑み取って別のフックにぶら下げるだけの単純な作業は延々と続き、自分が残酷な屠殺に関わっている現実を忘れさせてくれた。最も印象に残った経験といえば、脂肪の塊を友人に投げつけたこと、そして生意気なレバーパッカーと対決する戦略に頭をひねったことぐらいだ。ここでは生きた動物にどう対処するかではなく、単調な作業をどう乗り切るかに苦労する。緑の手袋をはめた両手で湯気の立つレバーを摑み取り、それを新しいフックに吊るし直す作業が何度も繰り返される。そのあとレバーは冷凍されてから包装され、どこか遠い場所に輸出される。

つぎに私はシュート作業員としてグレーのヘルメットをかぶった。シュートで働いたのは短期間だが、貴重な経験だった。この施設には全部で800人以上の従業員が所属しているが、そのなかでもまだ生きている牛を相手にするのは僅か8人ほどで、私はそのひとりとして配属された。そしてノッカーの仕事も経験する。これは120+1の1に相当する仕事で、牛に銃を撃ち込んで気絶させる。ノッカーは神のような存在だ。牛の尻に見境なく電気棒を突っ込む強面のシュート作業員からも、800人の従業員のなかで正真正銘のキラーとして認められている。屠室には121種類の仕事があるが、ノッカーこそ牛の命を奪う仕事だと見なされる。ただし、長く続く屠殺のプロセスのこの時点では、牛のなかでは感覚が残っている状態と失われた状態、あるいは意識が残っている状態と失われた状態が併存しており、どの瞬間までは生きていて、どの瞬間から死んでいるのか特定することはできない。

最後に私は緑のヘルメットをかぶる品質管理作業員となり、施設内のヒエラルキーが上昇した。そして新たに獲得した立場のおかげで、空間や作業を厳密に分割している垣根を越えて活動する自由を手に入れた。1日のうちに、私は屠殺場のあちこちを歩き回った。地下で乳酸濃度を測定したかと思えば、今度はシュートで牛の鳴き声に耳を傾け、つぎは重要管理点で排泄物が付着していないか目を光らせ、さらには白くて柔らかい枝肉から皮が剝がされる様子をダウンプーラーで観察した。一方、私は高い場所に移動する特権も手に入れた。屠室の高い場所に設置されたキャットウォークを忍び足で歩きながら、ナイフを消毒しない作業員はいないか見張りを続けた。

しかし、よく見えるようになったからといって、屠殺の仕事全体に対する理解が深まったわけではない。たしかにライン作業員の視点では考えられないほど細かく、屠室の地図を作製することはできた。屠室の責任者が赤ヘルメットの監督に無線で話しかける内容を聞くこともできた。フロントオフィスの責任者やUSDA検査官とも付き合えるようになった。QCにならなければ、無言でうなずき合うことすらなかったはずだ。しかし結局、この仕事は何もかも、HACCP、NR、CCP－1、CCP－2、CCP－3といった頭字語から頭字語へと、またプレオプ検査、乳酸濃度、枝肉の殺菌状態を検査するための綿棒、黄色のタグ、計測器の数値、歯の状態、牛の鳴き声や転倒、レールに付着した血液、一撃で失神させたか否かに関する監査など、様々な技術的必要事項や官僚制的カテゴリーに落とし込まれる。これだけたくさんのことが一挙に押し寄せ、溺れないように必死で背伸びしたが、鼻の部分まで水につかっているような状態だった。私は高い場所にあるキャットウォークから屠室全体を見下ろす有利な立場を手に入れた結果、監視と隔離が共鳴し合う関係に支えられて権力メカニズムがうまく機能していることを発見した。ここでは第1章で紹介したフーコーが言うところの「完全かつ循環的な不信の装置」の完成が目標とされ、成果を徹底させるために完全な可視性という理想が追求される。この理想を実現するためには、屠殺の仕事を隔離し続けなければならず、監視と視界は距離と隠蔽を廃絶するのではなく、むしろ強化することを示している。(3)

現代の屠殺を特徴づける隔離ゾーンは、多重構造になっている。まず、屠殺場と一般社会が分離され、つぎに屠殺場の内部で部門ごとに作業と空間が分割される。そしてさらに、部門の内部がいくつにも細かく分割される。つまり隔離ゾーンは、屠殺の仕事を一般社会の人々から分離しているだけではない。どこよりも確実に野蛮な場所だと思われる屠室にも、隔離ゾーンは存在する。

ではここで代わりに、隔離と隠蔽がうまく機能しない世界を想像してほしい。壁やチェックポイントが視界を遮らず、汚くて危険できつい仕事の恩恵を受ける人々が直接的にそれに関わり、言葉は現実を隠すのではなく説明するために使われ、法律・医学・科学といった学術の専門家は、その権威に服してきた人々の生きた経験に没入するとしよう。物理的・社会的・言語的・方法論的に距離が創造されるのではなく、取り除かれた世界について想像してみよう。

このような世界では、国家が誰かを処刑するたびに全国規模のくじ引きが行なわれる。死刑を実行するために5人の国民がくじで無作為に選ばれ、あなたもそのひとりになる可能性がある。1人目は、囚人の家族に一報を入れる。熱いアスファルトの道路を運転し、あるいは急な階段を上って狭苦しい長屋を訪れ、囚人の家族にメッセンジャーであることを告げ、息子か娘、あるいは兄弟姉妹の誰かが、この国の市民の総意のもと、1カ月後に薬物か電気椅子か絞首台で、あるいは銃で殺されると伝える。2人目の人物は、囚人の最後の食事を準備する。3人目は化学薬品、電気コード、ロープ、銃弾のいずれかを用意する。4人目は独房の鍵を開け、刑が執行される部屋まで付き添う。そして5人目が囚人を拘束したら、5人が集まって一緒に刑を執行する。

こうした世界では、市民がジェノサイドに先んじて避難することや、大学への入学で優遇されることなど、市民以外には与えられない特権をひとたび行使しようとすれば、非市民と同じ生活を直接経験することも余儀なくされる。ヘリコプターでの自分の居場所を非市民に奪われる可能性もあり、出生地に基づく決定の恣意性を思い知らされるだろう。あるいは、移民についてのディスカッションが行なわれるセミナールームを離れ、きれいに刈り込まれたキャンパスの芝生に花を植える不法就労者のそばで、ホーム・デポの前で雇ってくれた造園下請け業者から違法な賃金を得ながら労働することになるかもしれない。

さらにこの世界には、「すべてが志願兵」の軍隊など存在せず、強制的な徴兵制度が確立されている。まず、意思決定者や兵器製造業者の子女が選ばれ、税率区分に従って上から下へと選抜は進む。「特例」が許される余地は一切ない。あるいは、市民の代表者によって行なわれる「過酷な尋問の様子」が、居間や公共の広場で市民の目の前にさらされる。外は真っ暗で、私たちがまだ夢を見ている早朝にごみ収集車がやってきて、私たちが見ることも意識することもない場所にごみを撤去してくれるわけでもない。病人や老人や狂人でも、専門施設のコンクリートの壁の向こうに閉じ込められて隔離されることはなく、専門施設以外の場所で最期を迎えるかもしれない。そして、モノを製造する場所と消費する場所の垣根は取り払われ、ジーンズを購入するためには、縫製を行なった作業員の手に触れなければならない。このように特権を享受できるあらゆるゾーンが、隔離されてきた反対側のゾーンと完全に交わることになる。そんな世界では、現代の産業屠殺場を支える規範や慣行が逆転する。肉を食べるためには、どんな動物を誰がどのように殺すのか理解しなければならない。

視界と政治的変革を結びつけようとすることへの願望は根強い。すでに紹介したように、監視と権力の関係をフーコーは明確に論じたが、ここで再び立ち返ってみよう。物理的・社会的・言語的・方法論的な距離を可視化によって消滅させて社会や政治に変革をもたらそうとする試みは、パノプティコン（一望監視施設）の一般化として解釈できる。パノプティコンにおいては中央の監視塔にいる看守が囚人の様子を窺える一方で、囚人同士が互いに監視することもできる。看守が囚人を統制して規律を正すのではなく、囚人同士が無制限に監視し合える環境を整えることで、透明性の確保と変革の実現を目指す。このような監視を前提とするベンサムの見解と、ジャン＝ジャック・ルソーの平等主義的な見解のふたつをフーコーは対比させ、視界の政治の輪郭をつぎのように描き出している。

実際、多くの革命家を刺激したルソー主義者の夢とは何だったのでしょうか。それは目に見える明確な形で、あらゆる部分が透明な社会を実現する夢です。この夢の社会には、王族や一部の企業の特権によって定着した闇のゾーンも、無秩序なゾーンももはや存在しません。いかなる個人も社会的地位に関わらず、社会全体を見渡すことが可能で、誰もが心を通わせ合い、視界を妨げる障壁は存在しません……ただし、最近よく引き合いに出されるこの「見解」に従って社会が機能すると、あらゆる物事も市民の行動も不特定の集団から近くでじっと監視されることになります。みんなの意見を反映して確立される権力は、闇の領域の存在を許容しません。ここでベンサムのプロジェクトが関心を引き起こすとすれば、多くの領域に適用可能だからです。ベンサムの見解に従えば、「すべてが明るみに出され」「透明性が確保された結果として権力が確立される」方式が成り立ちます。

ベンサムのパノプティコンを支える規律型の統制プロジェクトにおいては、「すべての同志が監督の立場を手に入れる」。一方、パノプティコンを一般化した帰結として、都合の悪いものには距離を置いて隠蔽する習慣が社会全体で廃止されれば、「すべての監督が同志の立場を手に入れる」[4]。ベンサムのパノプティコンでは視界が権力の源泉として機能して、組織を支配する監督の目的達成に貢献する一方で、可視化は社会を統制する手段にもなる。この戦略は、政治の世界のあらゆる活動の特徴であり、隔離ゾーンに隠されていたものを白日の下にさらし、それを触媒として政治的・社会的変革を目指す。この戦略においては、「透明性を拠り所とする権力」という図式が、統制や支配ではなく、むしろ変革を実現するために採用されている。

『所有せざる人々（The Dispossessed）』でSF作家アーシュラ・K・ル＝グウィンは「曖昧なユートピア」を描き出したが、この作品では透明性が十分に確保されている世界に注目し、「透明性を通じた権力の行使」という反転した状況を洞察している。作品の主人公は、アナキストが植民したアナレス星で生まれた優秀な物理学者シェヴェック。彼はちょうど、アナレス星のアナキストたちが何世代も前に離れていったウラス星を訪れている。ウラス星の商店街を歩きながら、シェヴェックはつぎのようにショックを受けて当惑する。「この悪夢のような街のなかでも特に何が不思議かと言えば、何百万もの商品が販売されているのに、販売されている場所で作られたものがひとつもない。モノが売られているだけだ。作業場や工場はどこにあるのか。農民、職人、鉱夫、職工、化学者、彫刻師、染め物師、デザイナー、機械工はどこにいるのか。商品を製造した人たちはどこにいるのか。どこか見えない場所にみんな隠れている。壁の後ろに潜んでいる。どの店にいる人たちも全員、商品を購入する客か販売する店員のどちらかだ。商品を所有するけれど、作られる工程には一切関わりを持たない」(5)

生産の現場を消費の場から見えない場所に遠ざけて隠し、商品を所有するという点だけがウラス星では注目されるが、シェヴェックの故郷のアナレス星では逆の関係が成り立ち、つぎのように「一切が隠されない」

広場、整然とした街路、低い建物、壁のない作業場は、活気にあふれている。シェヴェックは歩きながら、様々な人たちが歩き、働き、会話を交わし、顔を突き合わせ、声をかけ合い、ゴシップを楽しみ、歌うところを常に見かけた。誰もが生き生きとして、何らかの活動に没頭し、計画を立てている。作業場や工場は広場に面し、あるいは広々とした空間にあって、扉は開かれている。シェヴェックが通り過ぎたガラス工房では、職人が溶けた大きな塊を掬《すく》い取っている。その様子は、まるで料理人がスープを掬うようにさりげない。その隣のにぎやかな中庭では、建設用のフォームストーンの材料が型に流し込まれている。作業員のリーダーは大柄の女性で、作業服は粉塵で真っ白だ。大声でよどみなく指示を出しながら、鋳型に材料を流し込む作業を監督している。そのあとには小さなワイヤー工場、洗濯屋、そして弦楽器製造工房があって、楽器の製造や修理が行なわれている。さらに小物雑貨販売店、劇場、タイル工場と続く。どの場所の活動も魅力的で、ほとんどは作業の様子がすべて公開されている。子供たちの姿もあちこちで見かける。大人の仕事を手伝っている子供、裸足で泥だんごを作っている子供、街路でゲームに興じる子供、学習センターの屋根に座りながら本を読みふけっている子供など様々だ。ワイヤー職人は色を塗ったワイヤーでつるのパターンを作り、店頭に飾っているが、華やかな装飾に道行く人は目を留める。広く開け放たれた洗濯屋の扉から爆風のように放出される蒸気と、外まで聞こえてくる気ぜわしい会話には圧倒される。鍵をかけた扉はひとつもないし、閉じられた扉もほとんどない。正体をごまかしているものはないし、広告もどこにも見かけない。すべてがありのままに存在している。すべての作業、都市の生活のすべてが、目で見て手で触る対象になっている。[6]

ウラス星とアナレス星のコントラストは、見えるもの／見えないもの、明らかなもの／隠されたもの、開かれた状態／監禁状態の区別を見事に表現している。理論的には、忌まわしい活動は隠れて進行するからこそ許容される。しかし隔離ゾーンを撤去して忌まわしい活動を衆目にさらせば、社会や政治を変革する戦術として役に立つことがわかる。ル＝グウィンが描いたアナレス星は「すべてがありのままに存在している。すべての作業、都市の生活のすべてが、目で見て手で触る対象になっている」というが、これには強烈な求心力がある。実際のところル＝グウィンは、距離や隠蔽を通じた物理的・社会的・言語的メカニズムが破壊された世界を想像するよう私たちに呼びかけている。アナレス星で生まれ育ったシェヴェックは、ウラス星ではこのようなメカニズムが消費と生産を分割している状況を目の当たりにして衝撃を受けた。

では、「すべてが目で見て手で触る対象になった」社会に、屠殺という仕事はどのように当てはまるのだろうか。たとえば子供たちは屠室に侵入することを許され、ロウアーベリー・リッパーの作業を手伝い、あるいはレバーで泥だんご遊びをできるのだろうか。このような透明性への願望に突き動かされ、フードライターのマイケル・ポーランはガラス張りの食肉処理場という大胆なアイデアを打ち出した。以下に説明するこのアイデアは、ヴァージニアの露天の鶏肉処理場を訪れた後に考案されたものだ。

これは現実離れしているように聞こえるだろうが、この国の工業型畜産の名誉を回復するためには、おそらく以下の内容を義務づける法律を可決することが必要ではないだろうか。すなわち、CAFO〔集中家畜飼養施設〕や屠殺場の鋼やコンクリートの壁を取り払い、代わりに……ガラス張りにしなければならない。もしも何か新しい「権利」を確立する必要があるとすれば、それはおそらく見る権利だろう。〔アメリカほど〕食用動物を大量に残酷な方法で育てては殺してしまう国は存在しない。食肉産業を取り囲む壁が字義通りであれ比喩的であれ透明になれば、いまのようなやり方をこれからもずっと続けたいとは思わない。尾の切断や妊娠ストール〔訳注：妊娠期間中の親を単独飼育する個別の檻〕やクチバシの切断は、一夜のうちに消滅するだろう。1時間に400頭の牛を屠る日々も終わるだろう。なぜなら、こ

んな光景に耐えられる人がいるだろうか。(7)

ル＝グウィンが描いたアナレス星の開かれた店頭や工場と同様、ポーランが提案したガラス張りの屠殺場は、都合の悪いものを離れた場所に隠すことで成り立つ権力メカニズムへの対抗策として、あらゆるものを「人目にさらす（open to the eye）」ことを目指している。屠殺場の忌まわしい習慣（動物がこれほど残酷に殺される国は他にない）が継続しているのは、隔離ゾーン（屠殺場の壁の内側）で進行していることが唯一の理由だ。したがって、隔離ゾーンが撤去されて忌まわしい行為が衆目にさらされれば（屠殺場の壁が字義通りであれ比喩的であれ透明になれば）、悪しき習慣はなくなるだろう（一夜のうちに消滅する）。このように言い換えてみると、ポーランが提唱するガラス張りの食肉処理場は、変革をもたらす政治が生み出されるためには、忌まわしい行為の可視化だけで十分だという想定に依拠している。なぜなら、誰がそんな光景に耐えられるだろうか、というわけだ。

ただしこの修辞疑問は、産業屠殺場の可視化に対する画一的な反応、すなわち一般的な見解を前提にしている。嫌悪、ショック、憐れみ、恐怖など生々しい感情が何よりも重視される代わりに、こうした反応によって政治的活動が促され、屠殺の習慣がなくなるか、あるいは大きく変化することが漠然と期待されている。ポーランが提唱するガラス張りの食肉処理場では、フーコーがパノプティコンについて論じたときに指摘した「透明性を通じて確保される権力」とそれを支える「世論の支配」の関係が、具体的かつ強烈に表現されている。悪しき習慣が継続するのは、隠されて闇に包まれ、離れた場所に閉じ込められているからだとポーランは指摘する。したがって、それを明るみに出してわれわれ全員が覗けるようになれば、次第に衰退して最後は消えてしまう。明るみに出すことで、嫌悪、憎悪、憐れみなどの反応が引き起こされ、最終的には政治的活動が促されるのだ。

一方、矛盾するようだが、「透明性を通じた権力の確保」という前提は、屠殺場とそれにまつわる悪しき習慣をいつまでも世間から遠ざけ隠しておきたい関係者を勢いづかせてしまう。最近アイオワ州で提出された法案（フロリダ州でも検討中）は、今日では隠れた場所で実践されている畜産業の習慣（屠殺など）の可視化を目指す行為が、犯罪行為として特定されることを狙っている。ここでもやはり、従来は隠されてきた行為を可視化すれば、政治的にも社会的にも変革が促されるというル＝グウィンやポーランの前提が根拠になっている。この法案は視界の政治への対抗策として、今日の食品生産に隔離ゾーンや闇の領域を創造・維持することの重要性を訴え、隠れて進行する作業の記録を作成・保持・配布することを違反行為と見なす。しかも記録の定義は広範囲にわたり、「有形的表現媒体に掲載または保存された印刷情報、書き込み情報、視覚情報、聴覚情報が対象とされ、知覚可能な形態でアクセスできるあらゆる情報が含まれると規定している。知覚可能な形態には紙のフォーマットと電子フォーマットが含まれるが、これらに限定はされない」（つまり、広い範囲を網羅するならば、読者が今読んでいる本も含まれる）[8]。そして皮肉にも、こうした法案の提唱者は、視界の政治の重要な前提を強調する。すなわち、隠されている実態の可視化は社会に変革を引き起こす潜在性を秘めている点を強調するのだ。

こうしてみると、今日の屠殺の習慣の変革を目論む関係者も、現状維持に努める関係者も、どちらも屠殺の可視化から同情（あるいは恐怖、嫌悪、ショック）などの反応が引き起こされることを前提としている。視界の政治においては、憐れみなどの感情が変革を大きく促す。社会の改善のために憐れみが果たす役割について、ルソーは以下のようにきわめて明確に述べている。「もしも人間が、理性を支える手段として憐れみを創造主から授けられていなければ、怪物以外の何者にもなり得なかっただろう……実際、憐れみとまではいかなくても、寛大さや慈悲や慈愛が弱者や罪人や人類全般に向けられなかったらどうなっていただろう。苦しんでいる人を見たら何も考えずに救いの手を差し伸べるのは、憐れみが喚起されるからだ。創造主から生まれながらに授けられた憐れみは、法律や道徳や美徳に勝り、創造主の静かなる声に背こうとする者を引き留める……要するに、堂々巡りの議論ではなく神から授けられた感情のおかげで、人間のなかでは悪事に対する嫌悪感が引き起こされる。この感情は、過去に受けてきた教育にも影響されない(9)」

このようにしてルソーは、物理的・道徳的に忌まわしい行為に直面したときに喚起される憐れみや「悪事への嫌悪感」に関して、時代を越えた普遍性を示したが、それに対抗するノルベルト・エリアスの著書『文明化の過程』の結論の核心部分についても、ここで触れておきたい。それによれば、暴力が国家によって独占され、日常の生活圏から姿を消す傾向が強くなるにつれて、「忌まわしい行為」の定義は見直され、範囲が広がり、反応が過激になるという。エリアスはつぎのように説明している。日常の生活圏から暴力が取り除かれて隠蔽される傾向が強くなったからこそ、ルソーが指摘した憐れみや同情などの感情、アンソニー・ギデンズのいう生存に関わる疑問を惹起する出来事、ハンナ・アーレントのいう「動物が苦しむ場面を見せられたら、正常な人間のなかでかならず引き起こされる憐れみ」、マックス・ホルクハイマーのいう「生者の連帯」などの反応は先鋭化したのだ。さらにレフ・トルストイは、つぎのような一節で注意を喚起している。「人間は動物が死ぬところを見ると、恐怖に圧倒される。自分の本質が目の前で消滅する場面を見せられているようで、自分自身が死んでいくように感じられる」(10)

文明化の過程は都合の悪いものを遠ざけて隠蔽することが特徴であり、忌まわしい行為と見なす範囲の拡大がそれを補完している。ちなみにトルストイは、人間はいかなる時代や場所でも苦しみを目の当たりにすれば恐怖に圧倒されると語ったが、かつての社会、あるいは現代でも「原始的な」社会における組織や社会全体で動物に振るわれる暴力に関する記述を対比させると、嫌悪の範囲が拡大される理由がわかる。ここでふたつの事例を紹介しよう。ひとつは時間によって「文明」から分離され、もうひとつは空間によって分離された事例だ。

パリでは16世紀、洗礼者ヨハネの祝日に数十頭の猫を生きたまま焼いて祭りを楽しんだ。この儀式は非常に有名で、民衆が集まり、厳かな音楽が演奏された。足場のようなものが組まれ、その下に大量のまきが積み上げられる。そのあと、猫の入っている袋やかごが足場から吊るされる。袋やかごが燃え始めると、猫は火のなかに落ちて焼け死に、群衆は猫の悲しい鳴き声を聞いて楽しんだ。

［今日でも］狩猟採集民のあいだでは、動物の痛みに無関心な傾向がたびたび観察される。たとえば、カラハリ砂漠のグイ・ブッシュマンについて考えてみよう。ブッシュマンすなわちサン族は、仲間同士でも部外者に対しても穏やかな態度を取ることで有名だ。ところがこの優しさは、明らかな理由から、食用に屠る動物には適用されない。空腹が切迫した問題でないときでさえ、動物の苦しみに対する冷淡な態度は顕著だ。エリザベス・トーマスは著書『無害な人々（The Harmless People）』のなかで、ある出来事を紹介している。それがごく普通の出来事であることからは、動物の命に対する狩猟採集民の態度が人間の本能と大きく乖離している事実がわかる。あるときガイという男性が、幼い息子ヌワクウェ・ガイが飼っているカメを焼き殺すことにした。そこで熱く燃える棒をカメの腹に押し当てると、カメは足をばたつかせ、頭を盛んに動かし、尿を大量に漏らした。熱の効果で、腹面の甲羅はふたつに割れ、その隙間からガイは手を突っ込んだ。カメが苦しむのをよそに、ガイはナイフを入れると、腸を取り出した。「いまやカメは途中まで体を縮めて甲羅のなかに引っ込み、両前脚のあいだからおそるおそる外を覗いた。ガイはまだ鼓動している心臓を掴むと、それを地面に放り投げた。すると心臓は激しく痙攣した」。そのあいだ幼い息子のヌワクウェは、父親の横に座って一部始終を見守った。「カメは丈夫な生き物で簡単には死なない。心臓がなくなっても体は動き続ける。ヌワクウェは手首を額に押しあて、カメが隠れようとした様子を面白おかしく模倣した。それはカメにそっくりだった」(11)。

このふたつの記述は、「文明化され研ぎ澄まされた」感受性とはかけ離れている。トルストイが述べた「恐怖」、ルソーが喚起した同情、ホルクハイマーが指摘した「生者の連帯」とは相容れない。文明化された社会では、忌まわしいものを見聞きすれば物理的にも道徳的にも嫌悪感を抱く。そのため、忌まわしいものを遠ざけて隠そうとするメカニズムが働き、文明化の過程が進行するにつれてそれを閉じ込める範囲は拡大するのだ。ルソーは憐れみに関して、「創造主から生まれながらに授けられた感情」と見なしたが、エリアスは異なる。憐れみは（嫌悪やショックや恐怖と同じく）感情的な反応であり、忌まわしいものを閉じ込める範囲が拡大するにつれて研ぎ澄まされ広がっていくものだと考えた。要するに、忌まわしいものを遠ざけて隠蔽するメカニズムを土台とする文明化の過程が進行するにつれて、範囲は拡大していくのだ。「文明化された」人間は、16世紀ヨーロッパの祝日に公開された猫殺しとは時間によって、カメを残酷な方法で殺して食するガイとは空間によって隔てられているため、このような話を聞かされると同情や嫌悪やショックを抱くかもしれない。ただしそれは、日常生活の営みを維持するために不可欠であるため、忌まわしいものを根絶するのではなく見えない場所に遠ざける仕組みが機能しているからだ。本書で詳述した屠殺は、まさに現代におけるそのような実践の一例である。

そしてここでも、監視と隔離は思いがけない形で共鳴しており、権力と視界という一見すると矛盾した発想が組み合わされ、現実の世界で効果を発揮している。このふたつが結びつくと、支配関係は強化される。「こんな忌まわしい光景を誰が耐えられるのだろう」という問いは、距離と隠蔽の継続的な作動に依存する「世論の支配」という文脈においてのみ歴史的に理解できるようになる。すなわち、忌むべき対象として分類されたものは、継続的に隠しておく必要がある。それでこそ、パノプティコンの一般化が目指す理想は実現し、すべてを目で見て手で触ることができる世界が実現する。なかの様子がよく見えるガラス張りの屠殺場は、皮肉にも、都合の悪いものを遠ざけて隠しているから可能なのであって、だからこそ感情が大きく動かされ、明示的にも暗示的にも社会を変革する力が生み出されるのだ。視界の政治は、忌まわしいものを遠ざけて隠蔽するメカニズムの克服を目指すが、実はまさにこのメカニズムの恩恵を受けている。視界と隔離は共生関係にあるのである。

ただし、都合の悪いものを遠ざけて隠蔽する支配メカニズムに対抗するために、さらに距離を拡大して多くを隠しても状況は改善しない。物理的・社会的・言語的・方法論的に忌むべきものを遠ざけて隠蔽することが大きな特徴であり、それを権力を行使する手段として機能するような世界において、何らかの運動や組織が距離を縮減して消滅させるためには、視界の政治に頼ることが必要であり重要でもある。ウィキリークス、トランスペアレンシー・インターナショナル、動物の倫理的扱いを求める人々の会、オペレーション・レスキュー、ヒューマン・ライツ・ウォッチ、アムネスティ・インターナショナル、国境なき医師団、米国人道協会、ヒューメイン・ファーミング・アソシエーション、スマイルトレイン、オープン・ソサエティ財団などは運動のほんの一握りにすぎないが、ガラス張りの食肉処理場に匹敵する世界の実現を目指して活動している。政治的目標はそれぞれ異なり、なかには対立し合うものもあるが、いずれも視界の政治を志向する点は変わらない。言葉や映像やソーシャルメディアを駆使して隔離ゾーンを撤去したうえで、怒り、同情、嫌悪、共感、思いやり、連帯、ショック、恐怖など何らかの感情的反応に根差した「世論の支配」が政治的活動を促し、望ましい目標の達成に役立つことを明示的にも暗示的にも期待している。なぜなら、忌まわしい光景に堪えられる者がいるだろうか、というわけだ。

しかし、隔離と視界を実際に同時に連関させると、これは危険をはらむ戦略であり、きまって不完全な結果を生み出すことがわかる。「写真が悪事を告発し、できれば行動を改めさせるためには、ショックを与えなければならない」と、スーザン・ソンタグは指摘する。そしてこれには、つぎのように補足してもよい。ショックが他の多くの感情と同様、効力を失わないためには刺激を増やす必要があるとすれば、苦しみや痛みや忌まわしい行為を現実の世界で減らすために、これらをエスカレートさせる戦略も同然になってしまう。視界と隔離の共生関係が繰り返されるほど、ショックは影響力を失ってしまう。(12)

視界と隔離の共生関係においては、見えるもの／見えないもの、見通しのよいもの／隠れたもの、開かれたもの／閉じ込められたものなど、ふたつの要素が共存するが、本書で紹介した屠殺の仕事からは、共生関係が常にこのようにシンプルではなく、微妙なニュアンスが加わることがわかる。隠れたものを可視化する行為が社会や政治を変革するための戦術として採用されたとしても、むしろ隠れたものをさらに隠蔽するための効果的な方法を生み出してしまう可能性がある。屠殺場の品質管理作業員の事例からもわかるように、完全に可視化された状況でも隔離は不可能ではない。したがって屠殺場がガラス張りの世界ではショックをエスカレートさせるために、娯楽目的で入場料を徴収したうえで、大がかりに繰り返される屠殺の作業を入場者に見学させ、場合によっては実体験させることも考えられる。あるいは、死刑囚の処刑を行なう市民をくじ引きで選ぶ世界では、当たりくじを売買するブラックマーケットが誕生するかもしれない。何しろ、国家の承認のもとで、人が死ぬところを間近で目撃する機会が提供されるのだ。「そんな光景に誰が耐えられるだろうか」という論理は、不幸な者を窮地から救い出すための根拠のはずだが、ここではむしろ、同情する快感を売りつけて利益を得るための根拠になっている。忌むべき行為を可視化すれば、その結果として関心が失われかねない、とソンタグは指摘する。「私たちは恐ろしい光景に刺激されると、見物人になる可能性もあれば、恐ろしさのあまり目を背ける可能性もある。正面から向き合う勇気のある人物は、苦しみを積極的に描写する役割を演じて評価される。芸術において一般的な主題である苦悩は、絵画のなかでは壮観な場面として描かれることが多く、それに見入られる人もいれば（目を背ける）人もいる。そこからは、同情する快感を売りつける行為は止められないことが暗示される。目を背ける人のなかに、熱心な見物人が混じっていることが何よりの証拠だ[13]」

ここで再び、物理的・社会的・言語的・方法論的な距離が取り除かれた世界を想像してみよう。そんな世界は果たして可能だろうか。アナレス星が登場するアーシュラ・K・ル＝グウィンの作品には「曖昧なユートピア」という副題が付けられているが、アナキストの入植地であるアナレス星では、すべてを「目で見て手で触ることができる」。ただし、距離化や隠蔽のメカニズムと、それを取り除くことが本来の目的である透明性が密接な関係にあるかぎり、曖昧さと無縁ではいられない。一般化された視線には、自分を服従させようとする力が働いているのではないかという不安が付きまとい、罠を仕掛けられているような気分になり、理想の追求を放棄する者もいるだろう。一方、不特定多数の意見を信頼し、同情は時間を超越した不変の感情だと確信する人たちは、闇に隠された物事の一切を明るみに出すプロジェクトに精力的に取り組み、見えるものと隠れているものを隔てる距離の消滅に精を出すだろう。このように透明性という理想の追求には曖昧さが付き物であるため、実証研究の大きな余地が生まれ、今日では視界の政治が様々な政治運動の観点から研究されている。こうした研究ではたとえば、どのような条件やコンテクストやタイプの視界ならば政治を変革させる可能性が高いか、また隔離や隠蔽が新たな形で継続する可能性が高いか、詳しく明らかにすることを目的にしている。

本書の屠殺場に関する記述も、視界の政治を実践している。物理的・社会的・言語的・方法論的に読者を屠殺場と隔てる特有の距離の消滅を目指した。同時に本書には、生きた経験の視点からの記述も含まれる。屠殺場では隠蔽と視界がどのように機能しているか具体的に描き出し、どんなに厳格なヒエラルキーの下で監視や統制を行なっても、区画化は消滅せず、忌まわしい習慣は見えない場所で継続することを明らかにした。動物を屠る現場でさえ、それが現実なのだ。距離と隠蔽のメカニズムが支配し続ける場所では、隔離ゾーンの消滅を目指す視界の政治が、政治的変革を促すきわめて重要な触媒として機能する可能性がある。ただし視界の政治で完全な可視性が確保されている状況であっても、隔離が継続する可能性について認識しなければならない。さらに、視界の政治が効果を発揮するためには、距離と隠蔽のメカニズムに関する歴史的条件が必要になる可能性にも注意を向けなければならない。このような結論からは、視界の政治はコンテクストに大きく左右されることがわかる。社会や政治を変革するために隠蔽されてきたものを明るみに出し、隔離ゾーンを字義通りであれ比喩的であれ消滅させる目的で協調行動を取る際には、その前途には可能性だけでなく落とし穴も待ち構えている現実を認識する必要がある。本書では、都合の悪いものを隔離して監視するメカニズムによって、屠殺の全体像が一般社会だけでなく、内部で働く人たちからも見えないように隠されている実態を詳述して、視界の政治を正しく理解するための足がかりを提供した。この足がかりを生かせば、屠殺の仕事や類似する忌まわしい習慣への見方が変化するだけでなく、これらの習慣を実践する方法にも変革が引き起こされるかもしれない。

付録A　屠室内の分業

この付録の数字は、第3章に登場する屠室の地図（図2〜10）で丸に囲まれて記載された数字と一致するため、そちらの数字と照らし合わせて読まれたい。文末の括弧のなかの数字は、作業に従事する作業員の人数である。この数字がなければ、作業はひとりで行なわれる。

1. キャトルドライバー (Cattle Driver)

係留場とスクイーズペンに配置される。電気棒、パドル、鞭を使い、あるいは声を出して、牛をサーペンタインに追い込む［4］。

2. サーペンタイン・キャトルドライバー (Serpentine Cattle Driver)

サーペンタイン〔曲がりくねった通路〕に配属される。電気棒、パドル、鞭を使い、あるいは声を出して、牛をサーペンタインからノッキングボックスに追い込む。牛のロット分けも担当する［3］。

3. ノッカー (Knocker)

ノッキングボックスで作業する。腹乗せコンベヤーに乗せられ両脇から締め付けられて動きを制約された牛の額に、エアガンでボルトを撃ち込む。

4. シャックラー (Shackler)

牛の左後ろ脚に、頭上のレールから吊るされたチェーンでシャックル掛けを行なう。失神した牛は緑色のコンベヤーベルトに落下してからチェーンで引き上げられるが、シャックル掛けはベルトに落下する前後のどちらでも可能だ。

5. インデクサー／ハンドノッカー (Indexer/Hand Knocker)

長い金属棒を使って、頭上のレールに取り付けられた犬釘を動かしながら、吊るされた牛を等間隔に並べる。ノッキングボックスを通過したあとも意識が失われていない徴候を示す牛がいれば、家畜銃を撃ち込む。

6. イヤタグ・レコーダー（Ear-Tag Recorder）

それぞれの牛の耳にタグ付けされた番号ならびに牛の色を書類に記録する。ロット番号も記録する。

7. プレスティッカー（Presticker）

ハンドナイフを使い、牛の首に沿って切込みを入れ、スティッカーが頸動脈をカットしやすい環境を整える。牛は意識を失っても、筋肉が反射的に動いて足を蹴り上げることがある。あるいは、まだ完全に意識を失っていないため足を蹴り上げることもあり、顔、腕、胸、首、腹部に直撃しないように注意しなければならない。

8. スティッカー（Sticker）

プレスティッカーが切込みを入れた部分にハンドナイフを突っ込み、牛の頸動脈を切断する。

9. テイルリッパー（Tail Ripper）

油圧式のはさみタイプのナイフを使い、尻尾の3分の2を切り取る。切り取られた尻尾はシュートに投げ捨てられる。そのあとハンドナイフを使い、肛門から乳首またはペニスの部分まで切込みを入れる。

10. ファーストレガー（First Legger）

ハンドナイフを使い、右後ろ脚の部分の皮を剥ぐ。皮が剥がされると、その下の肉が剥き出しになる［2］。

11. バングキャッパー（Bung Capper）

ハンドナイフを使い、肛門の周りを切り裂く。

12. ファーストホック・カッター（First Hock Cutter）

大きな油圧式のはさみを使って右後ろ脚の先端を6~10インチ［15~25センチメートル］切り取り、蹄を切断する。蹄はシュートに捨てられる。そのあとハンドナイフを使い、腱と下腿の骨のあいだに穴を開ける。

13. ベリーリッパー（Belly Ripper）

ハンドナイフを使い、牛の体に切込みを入れる。テイルリッパーがあらかじめ処理した乳房またはペニスの部分の先から始め、胸の真ん中あたりまで一気に切り込んでいく。

14. ファーストコダー（First Codder）

ファーストレガーが入れた切込みにエアナイフを挿入し、右後ろ脚の内腿の皮を剥いでいく［2］。

15. ファーストバッター（First Butter）

エアナイフを使い、肛門の周辺の肉から皮を剥いでいく。

16. ファーストホック・バキューム（First Hock Vacuum）

ファーストホック（ファーストホック・カッターが切り取った右後ろ脚）に大きな金属製のエアバキュームを突っ込み、7秒間そのままにして、固体状排泄物や毛をきれいに取り除く。

17. ファーストハングオフ（First Hang Off）

頭上の各レールでは「犬釘」によって金属製のホイールの正確な軌間が保持され、ホイールには金属製のフックが取り付けられているが、この金属製のフックをファーストホック・カッターが開けておいた右後ろ脚の穴に差し込む。そのうえで、ホイールをメインのレールに誘導し／持ち上げていく。

18. トリマー（Trimmer）

トリミングナイフを手に持ち、右後ろ脚と肛門のあいだの部分から固体状排泄物や毛をきれいに取り除く。牛に付着する固体状排泄物が増える冬のあいだの作業が中心になる。

19. アンシャックラー／ローレイダー（Unshackler/Low Raider）

ローレイダーと呼ばれる機械が牛の左後ろ脚を引き下ろしてきたら、手を使ってシャックルを脚から外す。ここから牛は、ファーストホック・カッターが開けた穴に差し込まれたフックによって宙づりになる。

20. セカンドレガー（Second Legger）

ハンドナイフを使い、左後ろ脚の皮を剥ぐ。ファーストレガーが右後ろ脚を処理した手順とまったく同じ［2］。

21. セカンドホック・カッター（Second Hock Cutter）

ホックカッターを使い、左後ろ脚の先端を6〜8インチ〔15〜20センチ〕切り取り、つぎにハンドナイフを使い、腱と左後ろ脚のあいだに穴を開ける。ファーストホック・カッターが右後ろ脚を処理した手順とまったく同じ。

22. **セカンドコダー**（Second Codder）

セカンドレガーが処理したあとを引き継ぎ、エアナイフを使って左後ろ脚の内腿の皮を剝いでいく〔2〕。

23. **セカンドバッター**（Second Butter）

エアナイフを使い、肛門の周辺の肉から皮を剝いでいく。

24. **セカンドホック・バキューム**（Second Hock Vacuum）

ファーストホック・バキュームと同じ作業を行なう。右後ろ脚ではなく左後ろ脚を処理する点だけが異なる。

25. **セカンドハングオフ**（Second Hang Off）

トロリーからフックを外し、セカンドホック・カッターが左後ろ脚に開けた穴にフックを差し込み、頭上のレールに誘導／持ち上げていく。ここから牛は、左右のそれぞれの後ろ脚に開けられた穴に差し込まれた2本のフックによって、頭上のふたつの滑車から吊り下げられる。

26. **トリマー**（Trimmer）

肛門と左後ろ脚に差し込まれたフックのあいだの部分から、固体状排泄物や毛をきれいに取り除く。牛の固体状排泄物が増える冬のあいだの作業が中心になる。

27. **ロウアーベリー・リッパー**（Lower Belly Ripper）

アッパーベリー・リッパー〔13番〕の作業を引き継ぎ、体の下半分の皮にハンドナイフフックで切込みを入れる。

28. **リムオーバー**（Rim Over）

エアナイフを使い、左右両方の前肩の部分の皮を剝いでいく。

29. **ライトフランカー**（Right Flanker）

エアナイフを使い、右脇腹の皮をできるだけたくさん剝ぎ取り、サイドプーラーが作業する準備を整える。

30. **テイルバガー／ブリードスタンパー**（Tail Bagger/Breed Stamper）

牛の尻尾にビニール袋をかぶせてからゴムバンドで縛り、テイルプーラーが皮を剝ぐときに尻尾の部分から糞便が飛び散らないように準備する。そして、品種ごとに異なる刻印を牛の体に押す。「A」はアンガス種、「H」はヘレフォード種、「C」はアンガスとヘレフォードの雑種で、左右の尻肉に刻印は押される。

31. バングスタッファー（Bung Stuffer）

大きな薄紙を丸めて、肛門の奥深くまで突っ込み、テイルリッパーが尻尾の皮を剥いでいるときに糞便が肛門から飛び散らないように準備する。

32. ライトランパー（Right Rumper）

エアナイフを使い、右の尻から皮をできるだけたくさん剥ぎ取る。

33. レフトランパー（left Rumper）

エアナイフを使い、左の尻から皮をできるだけたくさん剥ぎ取る。

34. レフトフランカー（Left Flanker）

エアナイフを使い、左脇腹から皮をできるだけたくさん剥ぎ取り、サイドプーラーの作業の準備を整える。

35. ペーパーライナー（Paper Liner）

大きな長方形の薄紙を両脇腹の皮の内側に差し込み、サイドプーラーの作業中に外側から糞便が飛び散って肉が汚染する可能性を減らす。

36. イヤ／ノーズカッター（Ear/Nose Cutter）

ハンドナイフを使い、牛の左側の耳と鼻の穴を切り取る。作業台に乗り、フェイスシールドで顔を完全に覆い、大量の血を浴びる可能性に備える。

37. イヤ／ノーズ／ホーンカッター（Ear/Nose/Horn Cutter）

ハンドナイフを使い、牛の右側の耳と鼻の穴を切り取る。角のある牛の場合には、油圧剪断機ならびに長さ3・5フィート〔106センチメートル〕のチョッパーを使って角を切断する。作業台に乗り、フェイスシールドで顔を完全に覆い、大量の血を浴びる可能性に備える。

38. バンジーコード・アタッチャー（Bungee-Cord Attacher）

皮を固定している金属のクランプに、手を使ってバンジーコード（伸縮性のある素材でできたロープ）を取り付ける。2本のクランプのあいだには紙が挟まれている。バンジーコードの一方の端は牛の皮を引っ張り、もう一方の端はつぎにやってくる牛の皮に引っかけられる。こうすれば、枝肉が皮と接触して固体状排泄物が付着する量を減らすことができる。

39. サードホック・カッター（Third hock Cutter）

油圧剪断機を使い、左右の蹄を下からおよそ5～8インチ〔20センチメートル〕のところで切断する。切断された蹄はコンベヤーに乗せられ、壁に開けられた穴を通って脚の処理室へ運ばれる。

40. サイドプーラー・オペレーター（Side Pooler Operator）

油圧アームに取り付けられた大きなクランプに脇腹の皮を挟み込み、作業を始める。2本のクランプを閉じてから油圧アームを作動させ、背中の部分の皮を剥いでから横に引っ張ると、前部と腹部の肉が剝き出しになる［2］。

40a. ウィザードナイフ・ベリートリマー（Whizard Knife Belly Trimmer）

丸みのあるウィザードナイフを使い、腹部から余分な脂肪を取り除く。

41. バッカー（Backer）

移動するコンベヤーの上に乗ってエアナイフを使いながら、牛の背中の中心あたりの皮と皮膚のあいだに切込みを入れてポケットを作る。バッカーは動作を同期させ、歩調を合わせて作業しなければならない［3］。

42. テイルプーラー・オペレーター（Tail Puller Operator）

牛の背中の皮の先端を、バナナバーと呼ばれる長い金属棒に手でスライドさせながら押し込んでいく。バッカーが作ったポケットのなかに油圧式のバナナバーがきれいに通されたら、作動させて上に持ち上げる。すると、逆さに吊るされた牛の背中の上半分の皮が剝がれ、尻尾は先端にビニール袋を巻き付けた状態で皮が剝がれる。この時点では、上半分の皮がきれいに剝がれて下に垂れ下がっているため、上半分は白い肉が剝き出しになり、下半分はマントで覆われているような印象を与える。

43. バンジーコード・リムーバー（Bungee Cord Remover）

バンジーコードと脇腹の紙を取り除き、ラックに乗せてバンジーコード・アタッチャーに返却する。

44. **トリマー（Trimmer）**

ハンドナイフを使い、尻、肛門、尻尾の部分から固体状排泄物や毛を取り除く。牛の固体状排泄物の量が増える冬の作業が中心になる。

45. **ピズルリムーバー（Pizzle Remover）**

ハンドナイフを使い、ペニスまたは乳房を切除する。

46. **ネックオープナー（Neck Opener）**

ファーストスティッカーが首に切込みを入れた下の部分に、別の切込みを入れる。

47. **ダウンプーラー・オペレーター（Down Puller Operator）**

フックを使い、垂れ下がった皮の先端を円筒形の金属スピナーに差し込む。準備が完了して作業員がレバーでスピナーを作動させると、スピナーは回転しながら皮を巻き込み、頭も含めて下半分の皮を屠体から剝ぎ取っていく。皮が完全に剝ぎ取られると、つぎにスピナーは逆回転し、皮は回収シュートに落下する。この時点で皮をすっかり取り除かれた牛は、壁を越えて「ダーティー」ゾーンから「クリーン」ゾーンへと移動する。

48. **デンティションワーカー（Dentition Worker）**

フックまたは指を使って牛の口をこじ開け、牛が生後30カ月以上か未満かを歯の状態から確認する。生後30カ月以上の牛はBSEのリスクが高い。そのためデンティションワーカーは「30カ月」と書かれた赤いタグを牛の額と左肩の部分に取り付け、ノッカーが頭に開けた穴をコルクでふさぐ。

49. **デンティションアシスタント（Dentition Assistant）**

30カ月牛の番号を紙に記入したうえで、該当する牛の食道に黄色いタグを取り付ける。

50. **トリマー（Trimmer）**

ハンドナイフを使い、牛の首と背中の部分から固形排泄物を取り除く［2］。

51. **スチームバキューム・ワーカー（Steam-Vacuum Worker）**

片手で持てる金属製のバキュームノズルを使い、まだ牛の体に残っている固体状排泄物や毛をすべて吸い取り、プレウォッシュキャビネットに入る準備を整える。掃除する場所は1番目と2番目のフックの内側、1番目と2番目のフックの外側、背中と内臓の部分に分担される［6］。

52. **フォース・ホックカッター（Fourth Hock Cutter）**

すねがダウンプーラーで汚染されている恐れがあるため、ホックカッターを使って両脚の後ろのくるぶし関節／すねを約1、2インチ［5センチメートル］切り取る。切り取ったすねはグレーの容器に入れて処分する。

53. **イヤカッター（Ear Cutter）**

ハンドナイフを使い、頭から耳を完全に切り取る。切り取った耳はグレーの容器に入れて処分する。

54. **テイルカッター／プレウォッシュオペレーター（Tail Cutter/Prewash Operator）**

ハンドナイフを使い、皮を剥がされた尻尾を切り取る。そして、30カ月牛がやってきたら、プレウォッシュキャビネットのスイッチを切る。プレウォッシュキャビネットでは乳酸の溶液を牛にスプレーし、微生物に汚染される可能性を減らす。

55. **ブリスケットマーカー（Brisket Marker）**

ハンドナイフを使って牛の胸部に切込みを入れ、ブリスケット・ソーマーカーの作業の準備を整える。

56. **ブリスケット・ソーマーカー（Brisket Saw Marker）**

ブリスケットマーカーが入れた切込みを電気のこぎりでなぞり、牛の胸部を切り開く。こうすれば、食道を処理しやすい。

57. **ヘッドドロッパー（Head Dropper）**

ハンドナイフを使って首を切る。そのあと、頭は気管だけでぶら下がった状態になる。

58. **ヘッドセバラー／ハンガー（Head Severer/Hanger）**

ヘッドラインからフックを取り出し、頭蓋底に差し込んでから食道を切断する。頭は胴体から離れ、ヘッドラインのフックにぶら下がった状態になる。頭には、胴体と同じ番号を記入したタグを付ける。

59. ガレットクリアラー（Gullet Clearer）

ハンドナイフを牛の首に差し込み、食道を取り出す［2］。

60. プレガッター／ブラダーリムーバー（Pregutter/Bladder Remover）

ハンドナイフを使い、牛の乳房またはペニスに切込みを入れる。つぎに手とナイフを突っ込み、膀胱を切り取る。切り取られた膀胱は、狭いシュートに投げ捨てる。

61. ヘッドフラッシャー（Head Flusher）

ダブルヘッドのノズルを頭の後ろに突っ込み、頭全体に水を勢いよくスプレーして舌や頬に残っている摂取物をきれいに取り除く。

62. タンクリッパー・アンド・ウォッシャー（Tongue Clipper and Washer）

油圧剪断機を使って舌の骨を切り取り、つぎにハンドナイフを使って頭から舌を引き出す。引き出した舌は切断し、頭の隣のフックに吊るす［2］。

63. タンウォッシャー（Tongue Washer）

舌に水をスプレーして洗浄する。

64. プレUSDAヘッドトリマー（Pre-USDA Head Trimmer）

頭が農務省検査官のラインに到達する前に、ハンドナイフを使って汚物を取り除く。

65. ポストUSDAヘッドトリマー（Post-USDA Head Trimmer）

農務省検査官の指示に従い、ハンドナイフを使って頭をきれいに整える。

66. グランドトリマー（Gland Trimmer）

ヘッドラインのフックから頭を外し、ハンドナイフを使って頭部腺を切り取り、頭をチズラーの作業台に乗せる準備を整える［3］。

67. タントリマー（Tongue Trimmer）

ヘッドラインのフックから舌を外し、トリミング台に乗せる。ハンドナイフを使い、舌根の部分を切り取る［2］。

68. ヘッドチズラー（Head Chiseler）

先端の尖った油圧式の金属製ののみを足元のレバーで操作

しながら、顎の骨から肉をそぎ落とす。つぎに油圧式の金属バーをやはり足元のレバーで操作しながら、頭蓋骨から顎を切り取る。小さな傾斜台に乗せられた顎と頭蓋骨は、頭処理台のコンベヤーに送られる。

69. ヘッド・チーク・アンド・リップミートトリマー (Head, Cheek, and Lip Meat Trimmer)

頭処理台のコンベヤーから顎と頭蓋骨を取り出してから、手と（または）ウィザードナイフを使って頭と頬の肉をそぎ落とし、頭蓋骨と顎から内唇を切り取る。そのあとフックまたは手を使い、3つのシュート（頭肉のシュート、頬肉のシュート、唇肉のシュート）のいずれかに肉を放り込む［5］。

70. ヘッド・チーク・アンド・リップミートボクサー (Head, Cheek, and Lip Meat Boxer)

頭、頬、唇の肉が放り込まれたシュートの揚げ蓋を操作して、肉を箱詰めする。電子秤を使って箱の重さを測り、箱にカバーをかけてから内臓用のコンベヤーに乗せる。

71. バングドロッパー (Bung Dropper)

ハンドナイフを使って肛門の周りをカットして、肛門から大腸を切り離す。大腸を肛門から引き抜き、ビニール袋をかぶせたうえで肛門のなかに戻す。こうしておけば、消化器系が抜き取られて内臓処理台に放り込まれるとき、糞便が大腸から飛び散らない［3］。

72. ウィーサンドロダー (Weasand Rodder)

手を使い、長い棒を牛の気管に押し込み、食道を気管と切り離してから引き抜く。食道の先端を鋸歯状のプラスチック製クリップで切りそろえる。

73. テイルハーベスター (Tail Harvester)

ハンドナイフを使って尻尾を切除してから、内臓ラインに吊るす。

74. ガッター (Gutter)

動く内臓作業台に乗り込み、ハンドナイフを使って牛の体を切り開き、プレガッターとブリスケット・ソーオペレーターが入れておいた切込みをつなげる。切込みからハンドナイフを突っ込み、心臓、肺、肝臓、膵臓、胆嚢を切断してから、胃、小腸、大腸と一緒に内臓作業台に放り出す。内臓はそのあと農務省検査官によって検査される。屠室のなかでも特に体力的に過酷で、熟練の技を要する作業として広く認識されている〔5〕。

75. レバーハーベスター (Lever Harvester)

ハンドナイフを使い、肝臓を胆嚢から切り離す。肝臓から余分な脂肪を切り取り、胆嚢をカットしてから、胆嚢専用のシュートに胆嚢の皮を放り投げる。

76. ウィーサンドリムーバー (Weasand Remover)

食道にハンドナイフを当てて引っ張りながら、食道をカットする。こうして食道を気管から切り離してから、内臓処理台に放り投げて戻す。

77. オファルハンガー (Offal Hanger)

手を使い、内臓ラインには心臓と食道、肝臓ラインには肝臓を吊るす。肺、膵臓、気管、胎児はペットフード用のシュートに放り投げる。

78. ポーンチセパレーター (Paunch Separator)

ハンドナイフを使い、ポーンチ〔第一胃〕を腸から切り離す。

79. ハートトリマー (Heart Trimmer)

ハンドナイフを使って心臓をきれいに整える。

80. ペットフードトリマー (Pet-Food Trimmer)

ハンドナイフを使い、肺、膵臓、気管などペットフード用の部位をきれいに整える。

81. ポーンチプーラー (Paunch Puller)

片手で持てるフックを使い、大きな内臓作業台からポーンチと腸を引き抜き、内臓処理室につながる小さな処理台に乗せる。

82. トリマー (Trimmer)

ハンドナイフを使い、牛の前肩の部分から固体状排泄物や毛を取り除く。

83. スプリットソー・オペレーター (Split Saw Operator)

移動式の高台に立ち、手には大きな帯のこを持つ。足でレバーを操作して高台を上げ下げしながら、肛門から首に向かい、帯のこで背骨を真っ二つに切り裂く［2］。

84．**スパイナルコード・リムーバー**（Spinal Cord Remover）

中空の長い棒を使い、真っ二つにされた牛からスポンジ状の脊髄を取り除く［2］。

85．**キドニードロッパー**（Kidney Dropper）

フックを使って腎臓を引き下ろし、腎臓が枝肉のなかでぶら下がっているのを見えるようにする。

86．**ハイトリマー**（High Trimmer）

ハンドナイフとフックを使い、牛の飛節〔後ろ脚くるぶし関節〕と尻の部分をきれいに整え、USDA検査官によるトリムラインの検査に備える［3］。

87．**ミッドトリマー**（Mid Trimmer）

ハンドナイフとフックを使い、牛の体の中心部をきれいに整え、USDA検査官によるトリムラインの検査に備える。

88．**ポストUSDAミッドトリマー**（Post USDA Mid Trimmer）

USDAのトリムレール検査官が体の中心部に関して指摘した問題を、ハンドナイフとフックを使って修正する。

89．**ポストUSDAハイトリマー**（Post USDA High Trimmer）

USDAのトリムレール検査官が体の上部に関して指摘した問題を、ハンドナイフとフックを使って修正する。

90．**キドニーリムーバー**（Kidney Remover）

ハンドナイフとフックを使って腎臓を切り離し、グレーの容器に投げ捨てる［2］。

91．**ホットスケール・オペレーター**（Hot-Scale Operator）

コンピュータを使って牛の重さを測定し、その情報をプリントする。屠殺番号、ロット番号、性別、品種、屠って内臓を摘出した後の重さの情報が記されたタグを、ピンを使って枝肉に留める。

92．**アウトレールトリマー**（Outrail Trimmer）

ハンドナイフ、フック、電気のこぎりを使い、USDAのトリムレール検査に不合格となった牛をきれいに整える［2］。

93．**スチームバキューム・ワーカー**（Steam-Vacuum Worker）

吸引管に接続された金属製の真空ノズルを使い、枝肉の中背の部分をきれいに掃除する。

94. アームピットウォッシャー（Armpit Washer）

枝肉が洗浄キャビネットから出てきたら、高圧ホースを使って脇の下の部分を掃除する。

95. ボーンクラッシャー（Bone Crusher）

油圧式のクランプ装置を使って枝肉の肋骨の部分に圧力をかけ、冷蔵室に入ったときの冷却化を速める。

96. インターナルファット・カッター（Internal Fat Cutter）

枝肉の内側に残されている薄膜や脂肪をきれいに切り取り、これらに「X」印をつける［2］。

97. サーティーマンス・キャトルタガー／レコーダー／トリマー（Thirty-Month Cattle Tagger/Recorder/Trimmer）

生後30カ月以上のすべての牛に「30」という番号を記した明るいピンク色のタグを留めて、冷蔵室の作業員が確認しやすいようにする。歯の状態のチェック時にアシスタントが残した記録と照らし合わせながら、生後30カ月を過ぎた牛の枝肉の番号を記録する。

98. レーラー（Railer）

冷蔵室で働く。冷蔵室に入ってきて夜の間に冷凍される枝肉を、フックを使ってきれいに整列させる［6］。

99. レバーハンガー（Liver Hanger）

フックを使ってレバーを肝臓ラインから取り外し、カートに吊るして冷凍する準備を整える［2］。

100. レバーパッカー（Liver Packer）

手を使って冷凍状態のレバーをラックから取り外し、ビニール袋のなかに入れて、ふたつの袋をひとつの箱に詰め込む。これらの箱をパレットに積み重ね、出荷や保存の準備を整える［3］。

101. タンウォッシャー・アンド・パッカー（Tongue Washer and Packer）

回転する金属製ウォッシャーのなかに舌を入れてから放水する。洗浄した舌はひとつずつシュリンクラップで密閉包装し、箱詰めにしてから、箱を臓物用コンベヤーに乗せる［2］。

102．**オファルパッカー（Offal Packer）**

手を使って内臓ラインのフックから心臓、食道、尻尾を取り外す。尻尾は可動式のカートに放り込まれた後、テイルウォッシャー・アンド・パッカーが拾い上げる。食道と心臓は別々の箱に放り込まれ、秤で重さを測定してから、箱詰めされて内臓用コンベヤーに乗せられる。

103．**テイルウォッシャー・アンド・パッカー（Tail Washer and Packer）**

オファルパッカーのところから尻尾洗浄機まで、尻尾を詰めたカートを運んでいく。尻尾洗浄機に尻尾を入れてから取り出し、箱詰めにして、箱を内臓用コンベヤーに乗せる。

104．**インテスティン・アンド・ポーンチセパレーター（Intestine and Paunch Separator）**

ハンドフックを使い、ポーンチ〔第一胃〕をスライドさせてはらわた切開室に送り込み、腸は腸専用のコンベヤーに乗せる。放水してきれいに洗浄できるように、ねじ曲がっている腸を広げる。

105．**ポーンチオープナー（Paunch Opener）**

ハンドナイフを使ってポーンチ〔第一胃〕を切り開き、十分に消化されていない中身を取り除く。取り除いた摂取物はシュートに押し込む。空になった胃袋は、ポーンチ用ラインのふたつのフックで吊るされ、ポーンチ洗浄キャビネットに運ばれる［4］。

106．**ポーンチトリマー（Paunch Trimmer）**

ポーンチ洗浄キャビネットで洗浄されたポーンチをハンドナイフできれいに整えてから、洗浄用の円形の容器に入れて、再び洗浄する。

107．**ポーンチ・バンドソー・オペレーター（Paunch Bandsaw Operator）**

バンドソー〔帯のこ〕を使い、バレーボール大の環状の皮膜を切り開いてから、皮膜をコンベヤーに乗せる。皮膜は、大きな円形の金属製の容器まで運ばれて洗浄される。

108. プライマリー・インテスティンウォッシャー（Primary Intestine Washer）

手を使って大腸をコンベヤーから取り出し、金属製の箱のなかのコイルに巻き付ける。コイルを作動させると水が放出され、大腸が洗浄される。洗浄が済んだら大腸を取り外して容器に入れ、腸の2回目の洗浄に備える［3］。

109. セカンダリー・インテスティンウォッシャー（Secondary Intestine Washer）

手を使って腸を容器から取り出し、水平水洗浄機に巻き付ける。水洗浄機を作動させ、そのあと腸を取り外してスライドに乗せると、腸は臓物包装エリアへと運ばれる［2］。

110. インテスティントリマー・アンド・パッカー（Intestine Trimmer and Packer）

腸に残っている固体状排泄物を取り除き、腸を箱に包装する。箱を臓物用コンベヤーに乗せる。

111. オマサム・アンド・トライプウォッシャー・アンド・リファイナー（Omasum and Tripe Washer and Refiner）

トライプ〔みの（広義には第一胃と第二胃の筋層の部分）〕とオマサム〔第三胃〕を入れた回転する金属製の洗浄容器を手で操作する［4］。

112. オマサム・トライプ・アンド・ハニカムパッカー（Omasum, Tripe and Honeycomb Packer）

手とハンドナイフを使い、洗浄してきれいになったトライプ、オマサム、ハニカム〔第二胃〕を箱詰めにして、内臓用コンベヤーに乗せる。

113. フットクッカー（Foot Cooker）

手を使ってフットクッキングマシンを操作すると、機械は回転運動を始める［2］。

114. トーネイルクリッパー（Toenail Clipper）

2枚ののこぎり状ローラーが取り付けられている機械に、手を使って牛の脚を突っ込む。フットレバーで機械を作動させると、2枚のローラーが同時に回転し、蹄の先端の「爪」を切断する。

115. テンドンカッター（Tendon Cutter）

手を使い、牛の脚を帯のこに押し込んで、脚の腱を切断する。腱を切り取られた脚を脚の処理台に乗せる。

116. フットトリマー（Foot Trimmer）

ハンドナイフを使い、脚に残っている脂肪や汚れをきれいに取り除く［5］。

117. フットウォッシャー・アンド・パッカー（Foot Washer and Packer）

牛の脚に水を放出し、6本ずつひとつの箱に詰め、箱を内臓用コンベヤーに乗せる。

118. オファルパッカー（Offal Packer）

手を使って箱をコンベヤーから取り出し、重さを測定し、箱ごとにステッカーをプリントアウトして、ステッカーを箱に貼り付ける。機械を動かし、箱の周りにプラスチックの紐を巻き付けてから、箱をコンベヤーに戻す。心臓、頭肉、頬肉の箱を開けて、それぞれの箱にひとすくい分のドライアイスを詰める［2］。

119. サプライルーム・スタッフ（Supply-Room Staff）

ヘアネット、手袋、安全手袋、エプロン、ナイフ、ゴムバンド、ビニール袋、ヘルメットなど、作業員に必要な備品の供給を管理する。

120. キルフロア・サニテーションスタッフ（Kill Floor Sanitation Staff）

一日を通じ、屠室の掃除を行なう。血を取り除き、処分する肉や部位をシュートに投げ捨て、ペットフード用の部位は専用のシュートに放り込み、泡の塊をすすぎ落とす［2］。

121. ノンプロダクション・サニテーション・アンド・ランドリースタッフ（Nonproduction Sanitation and Laundry Staff）

トイレと食堂のエリアならびにオフィスのメンテナンスを行ない、洗濯を引き受ける。

付録B　牛の体の部位と用途

この付録では、牛の肉以外の様々な部位の用途を概説する。これらの部位は屠室では臓物と呼ばれ、最大で全体重の40パーセントを占める。そして、産業屠殺場の収入の10分の1から3分の1を生み出す。脳、腎臓、肝臓、膵臓、尻尾、胸腺、舌、乳房などの部位は、そのまま食品として売却される。また、医学研究（胎児の血液）からマシュマロ（骨のゼラチン）、セメント添加物（脂肪）まで、驚くほど多くの分野や製品に使用されている。[1]

副腎（Adrenal Glands）

コルチゾン、エピネフリン、ノルエピネフリンなど、薬品として使われる。

動脈（Arteries）（**頸動脈** carotid）

大腿膝窩動脈や腸骨大腿骨静脈の代替として、人体に移植される。

血液（Blood）

ソーセージの原料、殺虫剤の固着剤、家畜やペットの餌の血粉として使われる。

骨（Bone）

ゼリー状の製品、精製糖、スープ、アイスクリームの材料となるゼラチンの原料、マヨネーズ、乳化香料〔乳白色の液体〕の風味、マシュマロ、低カロリー甘味料、ワイン、ビール、酢の濁りの除去、薬のカプセルとコーティング、出血・外傷・火傷の治療のための血漿増量剤、写真のフィルムや紙、細菌培養培地、無煙火薬、消火器の泡、殺虫剤のスプレー。他には、リン酸肥料の製造、家畜やペットの餌の骨粉、ベニヤ板を貼り付ける接着剤、家具、化粧板、板紙、マッチ棒の先端、紙やすり、合成コルク、マザー・オブ・パール（真珠を生成する母貝で作られた模造石）の代替、ガムテープ、紙箱、製本にも使われる。子牛の胸骨は、形成外科医が顔面骨の代わりに移植する。

脳（Brain）

脳から抽出したコレステロールは、ビタミンD3の合成、ステロイド剤の合成、化粧品の乳化剤に使われる。

頬と頭のくず肉（Cheek and Head Trimmings）

ソーセージの原料。

食道（Esophagus）

ソーセージの原料。

脂肪（Fat）

マーガリン、ショートニング、スイーツ、チューインガム。

牛の脂肪を融解・精製固形化したタロー〔牛脂〕は、工業用化学薬品や合成油、研磨剤、シェービングクリーム、アスファルトのタイル、コーキング材、セメント添加剤、洗浄剤、化粧品、脱臭剤、塗料、磨き粉、香水、合成洗剤、プラスチック、印刷用インク、合成ゴム、撥水材、潤滑油、石鹸、ロウソク、医療用や爆発物のグリセリン（ニトログリセリン）、家畜やペットの餌の肉粉に使われる。

脚（Feet）

ゼリー

胎児の血液と血清（Fetal Blood and Serum）

組織培養の栄養素、ワクチン生産の研究、ガンの研究、ウイルスの増殖。

毛（尻尾、胴体、耳）（Hair [tail, body, ear]）

絵筆、室内装飾品の詰め物、フェルト地、石膏硬化遅延剤。

心臓（Heart）

ランチョンミート、ソーセージの原料。

皮（Hide）

革、生皮、ゼラチンの製造。

皮の不要部分（Hide Trimmings）

タンクかす、肥料、接着剤、食用ではないゼラチン。

腸（Intestines）

ソーセージの皮。

肝臓（Liver）

ソーセージの原料。

オックステール（Oxtail）

スープ、シチュー。

剝ぎ取られた皮（Skin trimmings）

ゼラチン、ゼリー食品。

横隔膜（横隔膜の筋肉部位）（Skirt [wing of the diaphragm muscle]）

シチュー、ソーセージの原料。

脾臓（Spleen）

くず肉。医療用としては、毛細血管透過性に影響をおよぼし、血液やリンパ系疾患の治療に使われる。

胃（ルーメン／第一胃、リティキュラム／第二胃、アボメイサム／第四胃）（[Stomach] rumen, reticulum, abomasum）

モツ、ソーセージの原料。

食道（Weasand）

ソーセージの皮と原料。

謝辞

感傷的な人間だと思われるリスクを承知のうえで、まずは本書を執筆する過程で命を奪われた動物たちに感謝を捧げたい。アメリカでは毎年、３３００万頭の牛が屠られて肉として売られていくが、私はほぼ半年にわたって屠殺の仕事を作業員の立場から研究し、少なくとも24万頭の命を奪う作業を手伝った。アメリカでは毎年、85億以上の動物が屠殺処分となっており、私が担当した牛もその一部である。動物たちは、敬意を払われることも認められることもなく殺されていく。産業化された食品製造システムは恐ろしいほど効率的で、生きている動物が瞬く間に原材料にされる。しかも都合の悪いものは遠ざけて隔離するメカニズムが働いている結果、受け入れがたいものが受け入れられ、異常な出来事が当たり前の出来事と見なされる。本書は動物の権利について直接論じているわけではないが、産業屠殺場についての詳しい記述をきっかけに読者が、人間以外の動物への配慮を深めてくれるように願ってやまない。私たちは動物たちと地球を共有しているのだ。さらに、都合の悪いものを遠ざけて隔離するメカニズムが今日では優勢だが、このメカニズムに読者が批判的な立場をとり、肉を食べるときには命を犠牲にした動物たちに意識を向けることを期待している。

屠殺の暴力性は、人間まで徹底的に切り裂いてしまう。屠室の大勢の同僚たちには感謝しかない。皆が辛抱強く、ユーモアを忘れず、模範を示してくれなければ、屠殺場での勤務は数日しか持たなかっただろう。特に、冷蔵室の同僚たちにはこの場を借りて感謝したい。アンドレ、カルロス、クリスチャン、ハビエル、マヌエル、レイ、タイラー、ウンベルト。なかでもラモンは、早朝の通勤時に何度も車で迎えにきてくれた。冷蔵室で果てしなく続く作業のあいだ正気を保っていられたのも、彼のおかげだ。他には、黄色ヘルメットの監督ハビエルと、赤ヘルメットの監督ジェイムズにも世話になった。ふたりのさりげない親切は何度となく、過酷な環境で生き残るために役立った。そして今回、私は屠殺の物語を執筆するにあたり、屠室の全員が自分たちの話だと認識できるように心がけた。屠室の責任者も、農務省検査官も例外ではない。屠殺に関する自分たちの経験が本書に反映されていると、皆に気づいてもらえれば幸いだ。

ジュリー・ジェイ、そして彼女とのあいだに生まれた娘のパーカーとミーアが、2004年から2006年にかけてネブラスカに住むことを承知してくれなければ、本書執筆のための調査は不可能だった。私が屠殺場で働いているあいだ、3人とも（ひどい）悪臭と口ひげを我慢するだけでなく、牛を屠る仕事とは関係ない充実した毎日を築き上げてくれたことに感謝する。屠殺場を離れて家族と一緒に過ごした時間には、幸せな瞬間がいくつも訪れた。そして3人とも本書の執筆中、一貫して励まし、サポートし続けてくれた。本当にありがとう。あとは、セルジオ・ソーサ、オマハ・トゥゲザー・ワン・コミュニティ、CORの友人、ネブラスカ大学オマハ校、ネブラスカ大学リンカーン校、オマハ公立図書館の司書たちも忘れてはいけない。皆のおかげで、オマハでの時間は充実した。

今回のプロジェクトを農業にたとえるなら、まずはジェームズ・C・スコット、マイケル・ダブ、ロバート・ハームズが主催する農村研究セミナーで土起こしが行なわれた。つぎに、ジェームズ・C・スコットとアルン・アグラワルが指導する創造性と方法論に関するセミナーで種が蒔かれた。そして、イェール大学で金曜日の午前中に開催される農村研究討論会で日光と雨をたっぷり与えられた。ジェームズ・C・スコットは、このプロジェクトを最初から熱心にサポートしてくれた。彼の聡明なインスピレーションと独創的な精神は、今回の研究を大小様々な意味で活気づけてくれた。デボラ・ヤノーは方法論的な問題に関して、一貫して話し相手になってくれた。そのおかげで私の思考だけでなく、フィールドワークを通じた研究の感性も研ぎ澄まされた。セイラ・ベンハビブ、ポーリン・ジョーンズ＝ルオン、イアン・シャピロ、デイヴィッド・H・スミス、エリザベス・ウッドは、重要な場面で専門知識や事務手続きに関して助けてくれた。それから、アーカンソー州の鶏の食肉処理場で身分を隠して働き、『チキン——アメリカ人の大好物の危険な変貌（Chicken: The Dangerous Transformation of America's Favorite Food）』（２００５年）という秀作を著したスティーブ・ストリフラーは、私が屠室で働いているあいだとその前後に貴重なアドバイスとサポートを提供してくれた。

本書では複数の章が、以下のワークショップに参加した方々から多大なる恩恵を受けた。トロント大学でエドワード・シャッツが主催する政治的エスノグラフィー・ワークショップ、デボラ・ヤノーがアムステルダム自由大学で主催する集団的エスノグラフィーのセミナー、パーソンズ＝ニュースクール・フォア・ソーシャルリサーチ・ビジュアルカルチャー・ワークショップ、クラリッサ・ヘイワードが招聘し、セントルイスのワシントン大学で開催された政治・倫理・社会に関する政治理論のワークショップ。さらに、「汚くて危険な仕事」「政治的エスノグラフィー」「修士政治学」に関する私のセミナーに参加した学生、ニュースクールでヒュー・ラッフルズが開催した「自然の政治学」、エマニュエル・キャスターノが開催した「脱人間化」のセミナーに参加した学生たちにお礼を述べたい。学生たちは、本書の中心的なテーマに関して教室で活発に議論してくれた。それから頼もしい方々、なかでもジュリー・ジェイとサタポン・パチラットは、何度も書き換えられる原稿を根気強くチェックしてくれた。そしてジュディス・グラント、ナンディニ・デオ、リー・アン・フジイ、クラリッサ・ヘイワード、コートニー・ユング、キャスリーン・レッチフォード、マーヴェル・ケイ・マンスフィールド、モニク・ミロネスコ、ケリ・ウィレットは、私が吸収しきれないほど多くのフィードバックを提供してくれた。本書に反映されていないものがあれば、それは私の責任だ。さらに以下の方々は、大切な友情、知的交流、助言、サポートを様々な機会に提供してくれた。ジェシカ・アリナ＝ピサノ、ジャスキラン・ディロン、ヴィッキー・ハッタム、キャリー・ハワートン、マラ・トゥン、タケシ・イトウ、ロバート&メアリー・ジェイ、ノミ・ラザール、リリー・リン、ジム・ミラー、リチャード・ペイン、ジョイ・ロー＝パチラット、メルヴィン・ロジャース、サンジェイ・ルパレリア、ノイ・スラプカウ、ドリアン・ウォレン、リサ・ウェディーン、アシュリー・ウッディウィス。イェール大学出版局では、ジーン・E・トムソン・ブラックがプロジェクト全体を見事に仕切り、コピー・エディティングの段階では、スーザン・レイティが読者の視点に立って細かいチェックを入れてくれた。これ以上のサポートを得られる著者が他にいるだろうか。

ビル・ネルソンとジョナサン・マシュー・ホイは私の手書きのメモに基づいて、第3章に登場する屠室の地図を作成してくれた。タレク・マスードは、図9の作成を手伝ってくれた。そしてアシフ・アクター、アレクサンドラ・ゼイジャーマン、カルロス・イェスカス、トマー・ザイガーマンは、土壇場での調査と編集を助けてくれた。さらに今回はシカゴ大学出版局の厚意で、『政治的エスノグラフィー──権力論にイマージョンはいかに貢献するか（Political Ethnography: What Immersion Contributes to the Study of Power）』（エドワード・シャッツ編、２００９年）で私が担当した章「政治的エスノグラフィーの政治──屠室からの報告（The Political in Political Ethnography: Dispatches from the Kill Floor）」から資料や文章を引用する許可を得ることができた。

最後に、本書は私のふたりの娘たち、パーカー&ミーア・ジェイ=パチラットと、いまは亡き母ジェイン・カレン・ファーネス・パチラットに捧げる。

解説

羅芝賢

ティモシーと約束した待ち合わせの時間は、午後1時だった。その前に昼食を簡単に済ませるため、少し早めに駅に着いた。コートリーウー・ロード駅の出口を出てあたりを見回すと、茶色レンガの低い建物がどこまでも続いている。ところどころ建物の側面を覆っている古ぼけた壁画、広い歩道をゆうゆうと歩いている人々、そのどれもがブルックリンの街の風景に溶け込んでいて心地よい安心感がある。

待ち合わせの場所として指定されたコーヒーショップに入り、ティモシーが来たらすぐに気づける場所に席を確保した。大きなサンドイッチを息子と半分ずつ分け、ちょうどそれを食べ終わった頃、ドアの向こう側に馴染みのある顔が現れた。マサチューセッツ大学《ユーマス》の教員紹介のページで見た、あのティモシー・パチラットだ。長くて黒い髪をポニーテールに結んでいて、紺色のポロシャツの上に、襟付きのデニムジャケットを着ている。軽く挨拶を交わした後、外に出て彼の隣に立ってみると、写真でイメージしたよりも彼の背はずっと高い。小柄な私の隣に彼が並んだら、まるでこの本の第5章に登場する凸凹コンビのようだった。彼の息子が乗っていた大型ベビーカーと、私の息子が乗っていた小型ベビーカーの対比もまた絶妙で、それを見て2人で顔を見合わせて笑った。

幸い散歩日和の天気だったため、私たちは予定した通りプロスペクト公園に向かうことにした。「公園に行けば白鳥にも会えるかもよ」と話す彼の瞳には、鹿の目に似たような優しさを感じる。公園に向かう途中、なぜ暴力に関心を持つようになったのかという私の質問に対して、彼はこう言った。

「思春期の終わりの頃、タイでクーデタが起きたんだ。それに反対する市民を軍は残酷に弾圧して、500人以上の死傷者が出たよ。そのときだと思う。暴力について考えるようになったのは」

＊＊＊＊＊

こうして当時の記憶を文章にしてみると、エスノグラフィーの書き手としてのパチラットの力量を実感する。彼に出会ったあの日は、6年後に彼の本の解説を書くようになるなど微塵も考えていなかった。そのことをあらかじめ知っていたのならば、もう少し丁寧に記憶を留めておいたかもしれないが、今さら後悔しても仕方がない。ここで解説者が自らの記憶の拙い描写を披露したのは、それとの対比を通じて本書の読者がパチラットの文章の素晴らしさをよりはっきり感じ取るようになると考えたからである。彼の文章を読んでいると、自分の目が彼の目と完全に一体化し、彼が描く現場を実際に見ているかのような感覚に陥る。そのような感覚は、解説者の文章では味わえないものだろう。

さて、本書は、剝き出しの暴力に誰もが嫌悪感を抱くようになったはずの近代「文明」社会において大量の動物を日常的に殺し続けることがなぜ可能なのかを考察した、屠殺場のエスノグラフィーである。ここで暴力の対象として描かれているのは主に牛であるが、本書が提示する視点は、何も食用肉にされる動物だけを対象とするものではない。近代社会における権力のメカニズムは、その対象がグローバル企業の工場で働く第三世界の少女たちであれ、家庭内暴力に苦しむ女性や子供たちであれ、非正規移民や難民であれ、それら社会的弱者に対して、時には過酷な労働という形で、時には精神的・身体的苦痛という形で、さらには死という形で剝き出しの暴力が振るわれることを容認させている。パチラットは、このような暴力が、いわゆる「隔離ゾーン」のなかで行使されているがゆえに、人々はその暴力のもたらす恩恵を享受しながらも「文明人」であり続けられるのだと主張する。彼が思春期の頃から抱き続けてきた暴力への関心は、屠殺場での経験を経て、こうして言語化されたのである。

*****

まずは、パチラットのエスノグラフィーから解説者が読み取ったメッセージを簡略にまとめておきたい。そのメッセージは、いずれも資本主義の未来を考えるうえで貴重な手がかりとなるものである。

第一に、本書には、かつてカール・ポランニーが『大転換』のなかで問題提起した「商品擬制」にまつわる重大な指摘が含まれている。[1] パチラットがこの言葉を直接用いているわけではないが、本書では労働と自然の商品擬制に関する生きた考察がなされている。[2] 屠殺場で働く作業員も、そこで「脱動物化」を経て牛肉に変わる牛も、本来は市場で売り買いする商品になるために世の中に存在しているわけではない。パチラットが屠殺場で付き合った同僚たちは、監督や検査官がやってくることを口笛で知らせたり、単純作業に耐えるために脂肪の塊を投げつけるような遊びをしたりする（第5章）。決して、労働市場の単なる商品ではなく、機械の部品のような存在でもなく、ミシェル・フーコーが描いたような自律性を失った人間でもない。これに関しては牛にも同じことがいえる。体を切断されて食肉として均質化される前の生きた牛は、それぞれ個性を持っている。「筋肉質で力強く、鋭く尖った角を持つ牛もいれば、優しそうで手触りも滑らかで、官能的なほど艶やかな毛並みの牛もいる」（第6章）。

商品ではないものを商品として擬制することによって、悲劇は繰り返される。作業員たちは、単調な作業を1日10時間も繰り返すことを強いられる。屠室の作業では、個性豊かな牛たちによって引き起こされる様々な出来事への対応が求められるものの、生産ラインが停止するたびに、問題を起こしたと名指しされた作業員はたやすく解雇されてしまう。そのため、品質管理のマニュアルは形骸化し、屠室にいる作業員は皆、電気ショッカーが与える牛の苦しみを問題として考えなくなってしまった。

第二に、これは先に指摘した問題とも関係することだが、信頼が欠如した状態で、経営者、あるいは外部の人間が職場の統制を図ったとしても、そこからは書類仕事《ペーパーワーク》を増やすこと以上の結果は期待できないというメッセージを読み取ることができる。パチラットが働いていた屠殺場では、食品の安全を確認するための様々なテストが実施され、その結果が標準化された書式で記録されている。そのため、品質管理を担当する職員（QC）は、3つのCCPテスト、乳酸濃度のチェック、微生物確認用綿棒による枝肉のチェック、頭肉サンプリングの殺菌、プレオプ検査などといった膨大な仕事をこなしている。ところが、その仕事の結果として定量化された記録は、現場での作業を改善する参考資料としては使われない。ましてや、そうやって作られた書類が「現実の世界」をまったく反映していないことは、作業員の誰もが知っている。たとえば、電気棒の使用に関して「人道的な処置に関する監査」が許容する範囲は、100頭の牛につき5回以下である。「実際には3、4頭につき1頭の牛が電気棒を使われる」としても、「QCは「許容」範囲に収まる数字を結果として記入」する（第8章）。デヴィッド・グレーバーのいう「官僚制のユートピア」は、屠殺場という、私たちが遠ざけ、目を向けることを拒んできた場所でこそ、その姿をよりはっきりと表している。(3)

＊＊＊＊＊

以上のように、暴力に対するパチラットの考察は、たとえばフェミニズムのような、被支配者の視点に立つ思想とのあいだで、一定の特徴を共有している。それは、資本主義社会がこのままの状態で持続する限り、剝き出しの暴力は常に繰り返されると考える点である。こうした共通点が生まれたのは、彼が支配される側の立場から暴力の現場を経験したためであろう。彼は、「冷蔵室の汚れた白い壁に遮られ」た空間で、「レバーの後静脈の穴に差し込まれたフックを抜き取っては再び差し込む作業」を毎日10時間繰り返す経験をし(第5章)、また、6000頭もの牛が銃で撃たれる場面を至近距離で目撃することで何もかもが「壊れている」感覚を抱いた(第6章)。フェミニズムが、家庭という領域に閉じ込められた女性の立場から、彼女たちが直面する抑圧を告発してきたのと似ている。被支配者の視点が欠けていたら、彼の考察はずいぶん異なるものになったかもしれない。

ただし、近代における権力のメカニズムを説明するとき、パチラットはフェミニズムの議論とは異なる独自の見方に基づいて、自身の思考の言語化を試みている。それは、政治学における2つの古典的な理論を接続させることによって導かれた見方である。その一方には、不快な活動を隔離して隠蔽することによって「文明化」が進められてきたというノルベルト・エリアスの理論があり、他方には、ミシェル・フーコーとジェームズ・C・スコットの議論に代表される監視社会論がある。近代社会における「継続的かつ永続的な監視システム」は、それまで被支配者の側が身の安全を守るために保ってきた権力者との間の距離を取り払うことによって成立する。そこでパチラットは、被支配者の側からも監視システムが使えるように、そのシステムを一般化する方法を考えた。つまり、社会を変革する方法として、隠蔽されてきたものの可視化や「隔離ゾーン」の廃止を目指す、いわゆる「視界の政治(Politics of Sight)」を提案し、本書をその試みの一環として位置づけたのである。この発想の前提には、「文明化」とともに残虐で不快なものから隔離されてきた現代人ならば、それまで見えていなかったものを見せられたとき、何らかの変化を起こすだろうという期待がある。

すでに気づいた読者もいるかもしれないが、既存の理論に対するパチラットの着目点には興味深いところがある。たとえば、フーコーの理論に関する教科書的な解説がどのようなものかを考えれば、パチラットの特徴は直ちに浮き彫りになるだろう。一般的に、フーコーが登場するときには、近代社会において剝き出しの暴力が減少し、その代わりに自己規律できる人間を創り出す新たな権力のあり方が生まれた、といった議論が展開される。こうしたフーコーの議論は、過去から現在に至るまで行使され続けてきた明示的な暴力を過小評価することにつながる点で、フェミニズムの標的にされることもある。(4) ところが、こうした一般的な見方を採用した場合、パチラットのようにエリアスとフーコーを対比することはできない。暴力の減少という帰結に関していえば、エリアスもフーコーと同様の見解を示しているためである。エリアスによれば、「文明」国の間では、礼儀作法が普及した結果として戦争が減り、その代わりに平和的な社交モデルとしての陰謀や外交が定着した。(5) すなわち、パチラットのようにエリアスとフーコーを対比させる図式を描くためには、暴力の減少ではなく、被支配者と権力者の距離に焦点を置く必要がある。エリアスがその距離が開いていく過程に注目したのに対して、フーコーはその距離を保つために存在していた障壁が取り払われたことに注目した。パチラットは、このふたつのプロセスが同時に進行してきたがゆえに、「視界の政治」が効果を発揮できると考えたのである。

もちろん、パチラットが提唱する「視界の政治」の可能性に関しては、疑問の目が向けられることもある。パチラット自身も本書で認めているように、何もかもが可視化された世界では、「ショックをエスカレートさせ」ようと画策する者や「同情する快感を売りつけて利益を得る」者が出てくるかもしれないのだ。たとえば、コンクリート壁を取り壊してガラス張りにした屠殺場は、入場料を徴収して娯楽目的の屠殺作業を繰り返すようになる可能性もある（第9章）。こうした意図せざる結果を予期し、「視界の政治」が前提としている人間観そのものを疑問視する者もいる。それまで隠蔽されてきた好ましくない慣習を暴露されたとき、人々は黙認したままではいられなくなるという前提に対して、疑問が提起されているのである(6)。

しかし、解説者は、こうした指摘が本書の価値を減じるものだとは考えない。「視界の政治」が変革を引き起こす可能性だけに注目して本書を読んだ場合、そこから得られる学びを十分に生かすことはできないだろう。本書は、現代を生きるわれわれが、命を奪う行為を遠ざけて隠蔽し、食品の安全のみを強調してきたこととの帰結を鮮明に描き出している。このことは、食肉という商品の絶えざる供給を求めることが、実は食品の安全とは深く矛盾していることを意味する。統制しようとする側は、統制の対象となるものを不信感に満ちた目で監視しようとする。だが、それはかえって自分たちが守ろうとする「安全」を脅かす。何もかもが朽ち果てるまでこれを続けるのか、あるいは何か新しい行動を始めるのか。パチラットのエスノグラフィーは、読者に対して、あなたはどちらを選択するのかと問いかけている。

注

（1）Karl Polanyi. 2001［1944］. *The Great Transformation: The Political and Economic Origins of Our Time*. Beacon Press.〔カール・ポランニー『新訳 大転換——市場社会の形成と崩壊』野口建彦／栖原学訳、東洋経済新報社、２００９年〕

（2）本書のなかで直接的に触れていないとはいえ、パチラットがポランニーの議論を参考にしている可能性は高い。彼の大学院時代の指導教員であるジェームズ・C・スコットは、大学時代に最も影響を受けた本としてポランニーの『大転換』を挙げており、大学院のセミナーではそれを最初に課題文献に指定すると、２００１年に行なわれたあるインタビューで語っている。パチラットはちょうどその時期に大学院に在学していた。Gerardo L. Munck and Richard Snyder. 2007. *Passion, Craft, and Method in Comparative Politics*. The Johns Hopkins University Press, p. 357, 384.

（3）David Graeber. 2015. *The Utopia of Rules: On Technology, Stupidity, and the Secret Joys of Bureaucracy*. Melville House.〔デヴィッド・グレーバー『官僚制のユートピア——テクノロジー、構造的愚かさ、リベラリズムの鉄則』酒井隆史訳、以文社、２０１７年〕

（4）その傾向はマルクス主義フェミニズムで特にはっきりと見られる。Maria Mies. 1986. *Patriarchy and Accumulation on a World Scale: Women in the International Division of Labour*. Zed Books〔マリア・ミース『国際分業と女性——進行する主婦化』奥田暁子訳、日本経済評論社、１９９７年〕、Silvia Federici. 2004. *Caliban and the Witch: Women, the Body and Primitive Accumulation*. Brooklyn.〔シルヴィア・フェデリーチ『キャリバンと魔女——資本主義に抗する女性の身体』小田原琳／後藤あゆみ訳、以文社、２０１７年〕

（5）Norbert Elias. 2000［1937］. *The Civilizing Process*. Blackwell Publishing, pp. 187-190.〔ノルベルト・エリアス『文明化の過程

（下）——社会の変遷／文明化の理論のための見取図 改装版』赤井慧爾／中村元保／吉田正勝訳（叢書・ウニベルシタス）、法政大学出版局、２０１０年、３－10頁〕

（6）Jasmine English and Bernardo Zacka. 2021. "The Politics of Sight: Revisiting Timothy Pachirat's Every Twelve Seconds." *American Political Science Review*, pp. 1-13.

(11) Norbert Elias, *The Civilizing Process*, trans. Edmund Jephcott (Malden, Mass.: Blackwell, 2000), 171〔エリアス『文明化の過程』〕; Yi-Fu Tuan, *Dominance and Affection: The Making of Pets* (New Haven: Yale University Press, 1984), 89–90.

(12) Susan Sontag, *Regarding the Pain of Others* (New York: Farrar, Straus and Giroux, 2003), 81〔スーザン・ソンタグ『他者の苦痛へのまなざし』北條文緒訳、みすず書房、2003年〕. 同じ方向性の優れた著作としては、アダム・スミスの『道徳感情論(The Theory of Moral Sentiments)』を丹念に読むことを勧める〔アダム・スミス『道徳感情論』高哲男訳(講談社学術文庫)、講談社、2013年〕。以下を参照。Luc Boltanski, *Distant Suffering: Morality, Media, and Politics*, trans. Graham Burchell (New York: Cambridge University Press, 1999).

(13) Sontag, *Regarding the Pain of Others*, 81.〔ソンタグ『他者の苦痛へのまなざし』〕

付録B 牛の体の部位と用途

(1) この付録の情報は、以下のソースから集めてまとめた。H. W. Ockerman and C. L. Hansen, *Animal By-Product Processing & Utilization* (Lancaster, U.K.: Technomic Publishing, 2000); A. M. Pearson and T. R. Dutson, eds., *Inedible Meat By-Products: Advances in Meat Research*, vol. 8 (London: Elsevier Applied Science, 1992); Don Franco and Winfield Swanson, eds., *The Original Recyclers* (Alexandria, Va.: National Renderers Association, 1996); and David L. Meeker, ed., *Essential Rendering* (Alexandria, Va.: National Renderers Association, 2006).

ついて反省するときにも憐れみが先行することを考えれば、これは人間にとって普遍的かつ有益な美徳である。しかも、これはきわめて自然な気質であるため、獣が明らかに憐れみの徴候を示すときもある。母親が子供に愛情を抱き、子供が危険に遭えば勇敢に守ろうとする行動が、子供への憐れみに起因することは言うまでもない。さらに、馬が生きている動物の体を脚で踏みつけたがらない場面は、日常的に見かける。そして動物は、同じ種の仲間の屍体が転がっていると、その前を通り過ぎるとき常に落ち着かない様子を見せる。なかには屍体を埋葬するケースもある。一方、屠殺場に連れてこられた牛の悲痛な鳴き声は、恐ろしい光景から受けた衝撃的な印象を伝える」。

(10) Anthony Giddens, *Modernity and Self-Identity* (Cambridge: Polity Press, 1991)〔アンソニー・ギデンズ『モダニティと自己アイデンティティ――後期近代における自己と社会』秋吉美都／安藤太郎／筒井淳也訳（ちくま学芸文庫）、筑摩書房、2021年〕、特に第2、5章。実存的不安を引き起こす可能性を指摘され、現代の生活から体系的に取り除かれる経験として、ギデンズは死の他に病気、精神障害、性欲を含めている。Hannah Arendt, *Eichmann in Jerusalem* (New York: Viking Press, 1963), 106〔ハンナ・アーレント『新版 エルサレムのアイヒマン――悪の陳腐さについての報告』大久保和郎訳、みすず書房、2017年〕. Max Horkheimer, “Materialismus und Moral” in *Zeitschrift für Sozialforschung* 2, no. 2 (1933): 184. ホルクハイマーの文章の背景に関しては、セイラ・ベンハビブが以下の著書でつぎのように論じている。*Critique, Norm, and Utopia* (New York: Columbia University Press, 1986), 200:「道徳の構造においては、ブルジョア階級を支える経済組織に基づいた人間関係が前提とされる。合理的な規制を通じて人間関係が変化すると、道徳が幅を利かせるようになる。その結果、人間は一致団結して苦しみや病気と闘う可能性が生まれる……しかし現実には、不幸や死の影響が大きい。結局のところ人間としての連帯は、生きるもの全体の連帯のひとつの側面である。人間としての連帯についての認識が深まれば、生きるもの全体の連帯への意識が強まる。動物には人間が必要とされる」。ホルクハイマーは、生きるもの全体の連帯が人間としての連帯に左右されることを示唆しているが、これは屠殺場で人間にも動物にも暴力が振るわれることと密接に関わっている。Leo Tolstoy, *War and Peace*, trans. Constance Garnett (New York: Modern Library, 1994), 1224.〔レフ・トルストイ『戦争と平和』工藤精一郎訳（新潮文庫）、新潮社、1972年〕

てしまえばうまく忘れられる。（少なくとも本人は）呪いによって、屠場からできる限り遠ざかり、無関心なまま過ごすことができる。防御手段を使い、醜いものから距離を置ける。こうして不快さが目立たなくなった世界には、もはや恐ろしいものは存在しない。恥ずべき行為への根深い強迫観念に襲われながら、もはやチーズを食べるしかない。ちなみに、過去の寺院（今日のヒンドゥー教の寺院は言うまでもなく）には祈禱と生贄のふたつの目的があったが、その点に注目する限り、屠場は宗教に由来する。宗教において、血が流される場所は悲しくも気高く神秘的な場所と見なされたが、その伝統が屠場にも確実に受け継がれている（今日の屠場の混沌とした様子からもそれを想像できる）。アメリカで、うずくような落胆が表現されている点は興味深い。W・B・シーブルックに言わせれば現在の習慣は味気なく、生贄の血にカクテルが混ぜ合わされることはない」。

（3） Michel Foucault, "The Eye of Power," in *Power/Knowledge: Selected Interviews and Other Writings, 1972-1977*, ed. Colin Gordon (New York: Pantheon Books, 1977), 158.〔フーコー「権力の眼」〕

（4） *Ibid*, 152–153, 152.

（5） Ursula Le Guin, *The Dispossessed: An Ambiguous Utopia* (New York: Harper & Row, 1974), 132.〔アーシュラ・K・ル・グィン『所有せざる人々』佐藤高子訳（ハヤカワ文庫SF）、早川書房、1986年〕

（6） *Ibid*, 98.

（7） Michael Pollan, "An Animal's Place," *New York Times Magazine*, November 10, 2002. 野外の鶏肉処理場については、ポーランの以下の著書でも論じられている。*The Omnivore's Dilemma: A Natural History of Four Meals* (London: Penguin Books, 2006), 226–238.〔マイケル・ポーラン『雑食動物のジレンマ——ある4つの食事の自然史』上・下、ラッセル秀子訳、東洋経済新報社、2009年〕

（8） HF 589, The Iowa Legislature Bill Book, 5、以下で閲覧可能。http://coolice.legis.state.ia.us/Cool-ICE/default.asp?Category=billinfo&Service=Billbook&menu=false&ga=84&hbill=HF589 (2011年4月3日アクセス).

（9） Jean-Jacques Rousseau, *The First and Second Discourses, trans and ed. Victor Gourevitch* (New York: Harper & Row, 1990), 160–163. この直前の節では、動物に憐れみが存在することが以下のように指摘されており、その点で同様に示唆に富んでいる。「私が語る憐れみとは、われわれのようにか弱く、様々な病気にかかりやすい存在にふさわしい気質である。どんな事柄に

していないか確認するだけだ。枝肉の下半分を検査する作業員はいない。結局ここにも、屠殺場の生産作業が直線的に進行する影響がおよんでいる。どこかの時点のCCPテストで汚染を報告しそこなうと、その後の生産プロセスのすべてのポイントで肉の供給が脅かされる。サンプルとして選ばれ汚染が確認された特定の枝肉だけでなく、すべての枝肉の供給が滞る。

第8章　管理の質

（1）　隠れた思惑や見えない場所での画策に関しては、以下を参照。James C. Scott, *Domination and the Arts of Resistance* (New Haven: Yale University Press, 1992), and Erving Goff man, *The Presentation of Self in Everyday Life* (New York: Anchor Books, 1959).〔アーヴィング・ゴッフマン『行為と演技——日常生活における自己呈示』石黒毅訳（「ゴッフマンの社会学」第1巻)、誠信書房、1974年〕

（2）　Michel Foucault, "The Eye of Power," in *Power/Knowledge: Selected Interviews and Other Writings 1922-1977*, ed. Colin Gordon (New York: Pantheon Books, 1977), 158〔フーコー「権力の眼」〕. フーコーの理論については、本書第1章で取り上げている。

（3）　産業屠殺場における動物の声のユニークな取り扱いに関しては、以下を参照。Mick Smith, "The 'Ethical' Space of the Abattoir: On the (In)human(e) Slaughter of Other Animals," *Human Ecology Review* 9, no. 2 (2002): 49–58.

第9章　視界の政治

（1）　私は屠殺場を離れたあと、さらに18カ月間オマハにとどまり、屠殺場の過酷な作業よりもずっと楽なスケジュールをこなした。参与観察による調査を手がけ、共同体のメンバーや組合オルグ、屠殺場の作業員、USDA検査官、牧場主、小規模屠殺場の経営者にインタビューを行なった。

（2）　Georges Bataille, "Slaughterhouse," trans. Paul Hegarty, in *Rethinking Architecture: A Reader in Cultural Theory*, ed. Neil Leach (New York: Routledge, 1997), 22〔ジョルジュ・バタイユ「屠場」『ドキュマン』江澤健一郎 訳（河出文庫)、河出書房新社、2014年〕. 同じ場所で、バタイユはつぎのようにも書いている。「実際、このような呪いの犠牲になるのは肉屋や殺される動物ではなく、善良な人々である。なぜならこうした手段を使わなければ、自分自身の醜さに耐えられないからだ。清潔さをとことん追求し、狭量で、倦怠への病的な欲求にとらわれている姿は不健全で醜いが、こうして隠し

第7章　品質の管理

（1）　これらの作業は以下の手順で行なう。1）車輪の付いた灰色のプラスチック製のごみ箱 を屠室の複数の場所に配置する。検査に合格しなかった肉はこのごみ箱に捨てられ、のちに投棄される。2）バングドロッパーの持ち場にビニール袋とゴムバンドを準備する（図2の71）。3）USDAライン検査官の持ち場でインク壺に消えないインクを入れておく。4）食道を切除するウィーサンドロダーの持ち場の近くにある容器に、鋸歯状の特殊なプラスチック製のクリップを詰めておく（72）。5）屠室オフィスから2本の温度計をメンテナンス作業員のもとに持ってくる。作業員はこれを185キャビネットに取り付ける。6）屠室の4カ所にあるクリップボードに、記録作成のための書類を取り付ける。与えられた作業を満足にこなせないと、NRを出される可能性がある。

（2）　USDAの規定によれば、この書類は施設のファイルに1年間保管されなければならない。USDA検査官は要請すれば、いつでもそれに目を通すことができる。

（3）　屠室に少なくともふたりのQCの配置を義務づける大きな理由は、CCP-1検査台とCCP-2作業台における1時間ごとのテストが無作為に行なわれることだ。もしもふたつの作業場で無作為に選ばれた番号の影響でテストが同時または間を置かずに行なわれると、テストを実施するためにふたり以上のQCが必要になる。

（4）　CCP-2テストのために無作為に選ばれた箱の肉や食道をQCがすべて残らず検査すれば、2回目のNRを受ける可能性は少なくなる。箱から一部の肉をサンプルとして取り出して検査する場合には、（毎回）15分から20分が必要とされる。しかし箱の中身を全部検査すると、CCP-2テストには毎回30分から40分もかかってしまう。これではQCには、他の関連業務を行なう時間がほとんど残されない。

（5）　ジルは自分が検査ラインの最終点になりたくない気持ちを正当化しているが、そうすれば、自分が枝肉の汚染を見つけそこなったせいで誰かが病気になる不安から解放され、良心が咎めないからだ。ただし、この正当化には問題がある。たとえば製造部門には独自に作成されたHACCPプランがあって、そこでは製造部門に入ってくる原材料が汚染されていないことが前提とされる。製造部門に入ってくる枝肉をきれいに整えるために1名の作業員が配属されているが、この製造部門の作業員は枝肉の上部だけを検査して、冷蔵室に吊り下げられていたときにレールから埃やグリースが落下

(2)　私自身の観察以外にもこれらの事例は、動物の処遇に関する違反行為をまとめて一般公開された報告書（ノンコンプライアンス・レポート）にも記録されている。報告書はUSDAの検査官が、電気刺激と放血エリアを通過した牛が意識を失わずに切り刻まれる場面を観察して作成したものだ。ノンコンプライアンス・レポートは、米国農務省の食品安全検査局を通じてアクセス可能だ。

第4章　今日はこれでおしまい

(1)　野外調査における家族の役割、特に今回私が取り組んだ類いの野外調査での役割は、残念ながら本書では取り上げていない。

(2)　私の不安は、マリア・パトリシア・フェルナンデス＝ケリーがシウダー・フアレス〔訳注：メキシコ北部のチワワ州の都市〕の複数のマキラドーラ（国境地帯の工場）に身分を偽って応募したときに感じた不安と似ている。彼女は以下のように回想している。「応募と同時に不安に駆られた。私はメキシコシティの私立学校で数年間にわたって手書き文字の練習をしたから、綴りを間違えることなどないが、それが相手に疑念を抱かせるきっかけにならないだろうか。しかし文章の書き方や独特の表現方法をわざと変えると、参与観察の落とし穴に陥り、限界に直面せざるを得ない」。Maria Patricia Fernandez- Kelly, *For We Are Sold, I and My People* (Albany: State University of New York Press, 1983), 113.

(3)　Italo Calvino, *Invisible Cities*, trans. William Weaver (New York: Harcourt Brace Jovanovich, 1979), 89.〔イタロ・カルヴィーノ『見えない都市』米川良夫訳、河出書房新社、2010年〕

第5章　10万個のレバー

(1)　Claude Pavaux, *Color Atlas of Bovine Visceral Anatomy*, scientific adaptation by G. C. Skerritt, English translation by M. N. Samhoun (London: Wolfe Medical Publications, 1983).

(2)　Wright Morris, *The Home Place* (1948; Lincoln: University of Nebraska Press, 1999), 76.

第6章　至近距離で仕留める

(1)　John Lachs, *Intermediate Man* (Indianapolis: Hackett, 1985), 13.

Equality (New York: Twayne, 1996); Jimmy M. Skaggs, *Prime Cut: Livestock Raising and Meatpacking in the United States, 1607–1983* (College Station: Texas A&M University Press, 1986); William Cronon, “Annihilating Space: Meat,” in his *Nature's Metropolis: Chicago and the Great West* (New York: Norton, 1991), 207–247; Margaret Walsh, *The Rise of the Midwestern Meat Packing Industry* (Lexington: University Press of Kentucky, 1982); and Wilson J. Warren, *Tied to the Great Packing Machine: The Midwest and Meatpacking* (Iowa City: University of Iowa Press, 2007).

(3)　“The Big Man,” in *Flogger Songs*, ed. Lowell Otte (Cedar Rapids: Torch press, 1926). サウスオマハの家畜収容所の作業員から教えられたこの歌は、オッテによれば、「時間や場所を問わず好きな場所に落書きされている。シュート、11カ所にある体重測定場、フェンス、石板に走り書きされている。牛を追い立てながら、豚を囲いに閉じ込めながら、「作業を怠けながら」、仲間と「雑談しながら」書かれたものだ。ここでは独特の語彙が使われており、英語からかけ離れているため、昔の修辞法の講師に助言を仰いでも理解しづらい。しかしここには切実な気持ちが込められている。心の底から突き動かされる感情を行動に移すため、このような歌を書いたのである」。

(4)　距離化というアイデアにきわめて強い関心を向けた空爆に関する特筆すべき歴史については、以下を参照。Sven Lindqvist, *A History of Bombing*, trans. Linda Haverty Rugg (New York: New Press, 2001).

(5)　以下を参照。George Orwell, “Politics and the English Language,” in *Shooting an Elephant and Other Essays* (New York: Harcourt Brace, 1946)〔オーウェル「政治と英語」〕; Murray Edelman, “Political Language and Political Reality,” *PS: Political Science & Politics* 18, no. 1 (1985): 10–19; and Keith Allan and Kate Burridge, *Euphemism and Dysphemism: Language Used as Shield & Weapon* (New York: Oxford University Press, 1991).

第3章　屠　室

(1)　婉曲表現と偽悪語法〔訳注：中立的な表現を意図的に下品な表現で置き換えること〕に関する啓発的な研究については、以下を参照。Keith Allan and Kate Burridge, *Euphemism & Dysphemism: Language Used as Shield and Weapon* (New York: Oxford University Press, 1991). ただしこの記述では、尊厳を維持する言語の側面が強調され、婉曲表現の欺瞞的側面には僅かに触れる程度にとどめている。

B・バーンズ／C・ローランド・クリステンセン／アビー・J・ハンセン編著『ケース・メソッド教授法——世界のビジネス・スクールで採用されている』高木晴夫訳、ダイヤモンド社、2010年〕; William Ian Miller, *The Anatomy of Disgust* (Cambridge: Harvard University Press, 1997), 22. ミラーは嫌悪と感覚の関係について、以下のように詳しく述べている。「嫌悪はユニークなスタイルで表現されるため、他の感情とは一線を画している。嫌悪に関する慣用句からは、一貫して知覚経験が呼び覚まされる。嫌悪感を催すものによって危険にさらされたとき、嫌悪感を催すものに近づいたとき、あるいは臭いを嗅いだり、目で見たり、手で触れたときには独特の気分を経験する。嫌悪は感覚的なイメージを利用して、あるいは嫌悪感を催すものについて語ることで知覚を刺激して、具体的にどのようなものなのかを理解させようとする。実際、感覚的なイメージは必要不可欠だ。だから私たちは、気分を害された、悪臭で吐き気を催したと語り、ヘドロや汚泥、体をねじらせて這い回るものを見ると恐怖で縮み上がって後ずさりする。憎しみも含め他のすべての感情は、対象をこれほどあからさまに厳しく描き出さない。なぜなら、これほど具体的に肉体的感覚を刺激しないからだ」(9)。

第2章　血が流される場所

(1)　サウスオマハの長年の住民に、2004年5月9日に行なったインタビュー。

(2)　オマハに特定した屠殺場の歴史に関しては、以下を参照。Gail DiDonato, "Building the Meatpacking Industry in South Omaha, 1883–1898" (master's thesis, University of Nebraska, Omaha, 1989). アンナ・ウィリアムズは都市の視覚経済の視点から、アメリカの屠殺場に関する興味深い歴史を以下で紹介している。"Nothing but Bodies: Nineteenth Century Representations of Animals in Georges Cuvier's Natural System and U.S. Industrial Meat Production" (Ph. D. diss., University of Rochester, 2000). アメリカの食肉加工業全般の歴史に関しては、以下を参照。Rudolf Clemen, *The American Livestock and Meat Industry* (New York: Ronald Press, 1923); James Barrett, "Work and Community in The Jungle: Chicago's Packinghouse Workers, 1894–1922" (Ph.D. diss., University of Pittsburgh, 1981); Rick Halpern, *Down on the Killing Floor: Black and White Workers in Chicago's Packinghouses, 1904–54* (Chicago: University of Illinois Press, 1997); Rick Halpern and Roger Horowitz, *Meatpackers: An Oral History of Black Packinghouse Workers and Their Struggle for Racial and Economic*

設を離れたあとにかつての同僚など屠殺場の作業員と接触して会話を交わしたりインタビューを行なったりするときは、研究者としての立場を明らかにした。

（20） Anna Tsing, *In the Realm of the Diamond Queen* (Princeton: Princeton University Press, 1993), 33. これはいずれも、ベント・フライバーグが以下の著書で「優れた物語に最低限必要な資質」として指摘したものだ。*Making Social Science Matter* (Cambridge: Cambridge University Press, 2001), 84. このような密着型の研究によるアプローチには、以下のふたつの対照的な代表例があるので参照してほしい。Harold C. Conklin, *Hanunóo Agriculture: A Report on an Integral System of Shifting Cultivation in the Philippines* (Rome: Food and Agriculture Organization of the United Nations, 1957), and James Agee and Walker Evans, *Let Us Now Praise Famous Men* (1941; Boston: Houghton Mifflin, 2001). もちろん、私が今回の研究で屠殺について語っている「中身の濃い物語」は、何千ページにもおよぶフィールドノートをまとめ、取捨選択と編集のすえに作られたものだ。したがって、私が現地調査で記録した会話、出来事、描写、交流のごく一部しかここには登場していない。さもないと、現地調査の経験を紹介しても読者は誤解して、作者不明で統一感がないような印象を受けてしまう。これはダナ・ハラウェイが「神のトリック」と呼ぶ幻想で、熱中した社会科学者は自らの存在を消してしまう。フィールドノートそのものは、特定の具体化された立場から厳選のうえ定型化して記された記述で、視野が無制限ではなく限定されていることが特徴である。「神のトリック」に関しては、以下を参照。Donna Jeanne Haraway, *Simians, Cyborgs, and Women: The Reinvention of Nature* (London: Free Association Books, 1991), 191〔ダナ・ハラウェイ『猿と女とサイボーグ――自然の再発明 新装版』高橋さきの訳、青土社、2017年〕. フィールドノートに関しては、たとえば以下を参照。Robert M. Emerson, Rachel Fretz, and Linda Shaw, *Writing Ethnographic Fieldnotes* (Chicago: University of Chicago Press, 1995). エスノグラフィーの権威性構築に関する優れた歴史的・理論的記述については、以下を参照。James Clifford, "On Ethnographic Authority," *Representations* 2 (Spring, 1983): 118–146.

（21） Henry Miller, "Reflections on Writing," in *Wisdom of the Heart* (New York: New Directions, 1941), 27. さらに以下にも引用。Flyvbjerg, *Making Social Science Matter*, 133, and C. Roland Christensen with Abby J. Hansen, eds., *Teaching and the Case Method* (Boston: Harvard Business School Press, 1987), 18〔ルイス・

としても、施設へのアクセスは大きく限定されるという結論に達した。

私は以上の文献を参考にした結果、身分を隠して未熟練労働者としてアクセスするのが現実的であるばかりか、作業員に共感することができ、屠殺場の実態をエスノグラフィーの立場から理解するという研究目的を達成する手段として有効だという結論に達した。ただし身分を偽ってアクセスすれば、絶好の機会が手に入る一方、コストを伴う可能性があることは十分に理解していた。そこで今回は、研究での偽装行為は常に正当化されるか、それとも絶対に正当化されないか、あらかじめ決めつけるのではなく、どのような目的で偽装行為に頼るべきなのか、場面ごとに状況に応じて判断するほうが行動方針として優れているという結論に達した。さらに参与観察〔訳注：共同体のメンバーとして生活しながら、対象社会を直接観察する社会調査の方法〕では、偽装行為の是非について考えるだけでは十分ではなく、権力の倫理についても考える必要がある。これから取り組む調査において、権力がきわめて不均衡な領域に足を踏み入れるということは事前に理解していた。中立的な立場でアクセスするのは不可能だ。屠殺場の経営者から全面的な許可を得れば、経営側について施設に入ることになる。このような形でアクセスすれば、自分は調査を行なっているという事実を偽る可能性は最小限に食い止められるという点では、自分の行動は「倫理的」なものと判断できる。ただし、施設内の権力ヒエラルキーでの私の立ち位置という意味では、倫理上問題が残る可能性が考えられる。一方、自分の研究内容について経営者に知らせないまま未熟練労働者として施設に入れば、ヒエラルキーの下から屠殺場を身近に経験して理解が深まるが、応募目的を秘匿しておく必要がある。結局のところ、倫理上潔白で絶対的なアプローチが存在するわけではないため、両者を比較した結果、後者のほうが倫理的な選択だと決断を下した。

内密の調査に伴う不安への2つ目の対応には、より現実的な問題が関わっている。私は監視委員会の方針に従って、研究で出会う人々を守るために取り組むべき課題をまとめて一連のガイドラインを作成した。そしてどのレベルの企業であれ、企業や作業員を具体的に特定できるような情報は変更し、匿名性を守ることにした。調査の目的は特定の企業や人物の実態を暴くことではない。どこの産業屠殺場でも進行している屠殺の実態を描き出せば十分だったからだ。さらに、自分や同僚の立場を危うくしかねないフィールドノートは、私の身分が露見して家宅捜査が行なわれる可能性を考慮して、自宅から離れた安全な場所に保管した。そして最後に、私が施

The Japanese Model and the American Worker (Ithaca: ILR Press, 1995)〔ローリー・グラハム『ジャパナイゼーションを告発する――アメリカの日系自動車工場の労働実態』丸山惠也監訳、大月書店、1997年〕; and Barbara Ehrenreich, *Nickel and Dimed: On (Not) Getting By in America* (New York: Henry Holt, 2001)〔バーバラ・エーレンライク『ニッケル・アンド・ダイムド――アメリカ下流社会の現実』曽田和子訳、東洋経済新報社、2006年〕. これらの研究では、研究目的で応募に踏み切ったことを雇用主や仲間の作業員に（少なくとも当初は）隠していた点が共通している。研究者は多くの場合、職場にアクセスするには身分を隠して採用されるのが唯一の手段だと理解している。研究目的だと知らせれば、アクセスを妨げられてしまう。社会学者マイケル・ブラウォイはこう書いている。「強力な楯を打ち破るには、社会科学者は幸運と狡猾さのいずれか、あるいは両方を必要とする」（"Extended Case Method," 22）。

以上の研究の他にも、エスノグラフィーの視点から、身分を隠したまま屠殺場に潜入して行なわれた以下の3つの研究事例を参考にした。William E. Thompson, "Hanging Tongues: A Sociological Encounter with the Assembly Line," *Qualitative Sociology* 6, no. 3 (1983): 215–237; Deborah Fink, *Cutting into the Meatpacking Line* (Chapel Hill: University of North Carolina Press, 1998); and Steve Striffler, "Inside a Poultry Plant," in *Chicken: The Dangerous Transformation of America's Favorite Food* (New Haven: Yale University Press, 2007). その一方、以下の事例では、研究者が食肉加工業務への参加を要請したが、屠室へのアクセスを経営者から許されなかった。Donald Stull and Michael Broadway, eds., *Slaughterhouse Blues: The Meat and Poultry Industry in North America* (Belmont, Calif.: Thomson/Wadsworth, 2004)〔ドナルド・スタル／マイケル・ブロードウェイ『だから、アメリカの牛肉は危ない！――北米精肉産業、恐怖の実態』中谷和男／山内一也訳、河出書房新社、2004年〕, and Donald Stull, "Knock 'Em Dead: Work on the Killfloor of a Modern Beefpacking Plant," in *Newcomers in the Workplace: Immigrants and the Restructuring of the U.S. Economy*, eds. Louise Lamphere, Alex Stepick, and Guillermo Grenier (Philadelphia:Temple University Press, 1994)――そして、研究者が経営者の承認を受けて屠室で働き、調査結果を経営者に報告した事例 (Ken C. Erickson, "Guys in White Hats: Short-Term Participant Observation among Beef-Processing Workers and Managers," in *Newcomers in the Workplace*, 96) や先に挙げた事例と比較した結果、経営者の許可を正式に要請した場合、かりに許可された

(19) 調査する場所にアクセスする方法についての決断は、調査中の視点や入手可能な情報に大きな影響をおよぼす可能性がある。研究分野を特定して対象となる地理的位置を絞り込んだあとでも、アクセスに関してはいくつもの重要な決断を迫られた。私は研究者としてアクセスすべきなのか。すなわち様々な屠殺場の関係者に照会状を書き送り、施設への立ち入りを願い出るべきだろうか。あるいは屠殺場の作業員へのインタビューや調査を通じて、一種の代理アクセスを試みるべきだろうか。その結果、作業員の説明から得られた厳選された情報を頼りに、自分では直接立ち入れない世界を復元すべきだろうか。それとも未経験労働者としてアクセスすべきだろうか。研究者としての興味を誰にも知らせず、施設を直接訪れて応募するのがよいのだろうか。ここでどのような選択肢を取るかによって、屠殺場のなかでの私の視界は大きく影響される。施設を上から眺めるか、下から眺めるか、それとも外から眺めるか、いずれを選べばよいのか。何よりも重要なのは、私を調査に駆り立てた懸念事項に対処するために、最もふさわしい視点を得られるのはどこかを判断することだ。

そうなると、正式にアクセスする戦略は失敗する可能性があり、たとえ成功しても十分な成果は得られない。また、作業員へのインタビューを通じて代理アクセスに頼るのも有効とは思えなかった。そのため、未経験労働者として施設に侵入する決心をしたのである。

この選択肢を考慮するにあたり、職場に関する様々な社会学の文献を参考にした。一部を以下に紹介する。Donald Roy, “Restriction of Output in a Piecework Machine Shop” (Ph.D. diss., University of Chicago, 1952); Michael Burawoy, *The Colour of Class on the Copper Mines: From African Advancement to Zambianization* (Manchester: Manchester University Press for Institute for African Studies, University of Zambia, 1972); Richard Pfeffer, *Working for Capitalism* (New York: Columbia University Press, 1979); Robert Linhart, *The Assembly Line*, trans. Margaret Crosland (Amherst: University of Massachusetts Press, 1981); Ruth Cavendish, *Women on the Line* (Boston: Routledge and Kegan Paul, 1982); María Patricia Fernández-Kelly, *For We Are Sold, I and My People: Women and Industry in Mexico's Frontier* (Albany: State University of New York Press, 1983); Tom Juravich, *Chaos on the Shop Floor: A Worker's View of Quality, Productivity, and Management* (Philadelphia: Temple University Press, 1985); Louise Lamphere, “Bringing the Family to Work: Women's Culture on the Shop Floor,” *Feminist Studies* 11, no.3 (1985): 519–540; Laurie Graham, *On the Line at Subaru-Isuzu:*

えないのは、肉の消費者の大多数が見ることも聞くことも臭いを嗅ぐこともできない農村地域に大部分が移転されたからだと結論することもできる。しかし都市やそれに準ずる場所を研究対象として選べば、本来は見えないはずの活動が白日の下にさらされたときに生じる緊張や矛盾の一部を観察することができる。

このような基準に従い、500人以上が勤務する産業食肉処理施設に絞ってUSDAのデータを調べたところ、現地調査から良い結果を得られそうな場所としてオマハを特定した。およそ39万の人口を擁するオマハは、アメリカの都市部のなかで上位50傑にランクされる。オマハとアイオワ州カウンシルブラフス（ミズーリ川の向かい側に位置する）の都市部には、屠殺や製造作業に携わる複数の産業施設があって、合わせて6000人以上の作業員が雇用されている。それ以外にも、オマハ地域の複数の小さな町には、たくさんの産業屠殺場が立地している。都市部やその周辺の屠殺場の密集度に関しては、オマハは並外れて有望な場所に感じられた。本書ではこのあと、私がある特定の屠殺場に潜入して働くようになったいきさつを詳しく紹介していく。

(18) 権力ネットワークに関しては、以下を参照。Michael Burawoy, “The Extended Case Method,” *Sociological Theory* 16, no. 1 (1998): 4–33.「閉鎖社会の網の目」に関しては、以下を参照。John Van Maanen, “Playing Back the Tape,” in *Experiencing Fieldwork*, eds. William B. Shaffir and Robert A. Stebbins (London: SAGE, 1991), 40. 検査官の立場ならびに知識生産との関係に関しては、以下を参照。Samer Shehata, “Ethnography, Identity, and the Production of Knowledge,” in *Interpretation and Method: Empirical Research Methods and the Interpretive Turn*, eds. Dvora Yanow and Peregrine Schwartz-Shea (Armonk, N.Y.: Sharpe, 2006), 244–263. 私の調査の土台となった政治的エスノグラフィーに関する方法論的考察については、以下を参照。Timothy Pachirat, “The Political in Political Ethnography: Dispatches from the Kill Floor,” in *Political Ethnography; What Immersion Contributes to the Study of Power*, ed. Edward Schatz (Chicago: University of Chicago Press, 2009), 143–162. 解釈学的・政治的エスノグラフィーの信頼性にとって「場所の特色」がいかに重要なのかを理解するためには、以下を参照。Dvora Yanow, “Dear Author, Dear Reader,” in *Political Ethnography*, 275–302. 情報に基づいた事例選択の戦略に関しては、以下を参照。Bent Flyvbjerg, “The Power of Example,” in his *Making Social Science Matter* (Cambridge: Cambridge University Press, 2001), 66–87.

任は中央の塔から囚人を見張るが、それと同時に、階層構造の下の職員のことも見張る……こうした観察行為は組織全体で連綿と続くのだから、そこからは、すべての同僚が監督になり得るという命題を想起します。しかしベンサムは、ひとつの力、すなわち中央の塔の力に信頼を置いている。そうなるとベンサムは、塔のなかには誰がいるのかと考えているのでしょうか。神の眼なのでしょうか」(In Foucault, "Eye of Power," 156–157〔フーコー「権力の眼」〕).

(15) James C. Scott, *Seeing Like a State: How Certain Schemes to Improve the Human Condition Have Failed* (New Haven: Yale University Press, 1998). フーコーと同じくスコットにとっても、可視性の追求は常にそこまでで、それ以上にはならない。決して完璧に実現せず、完全な形にはならず、可視性の追求は常に抵抗に遭い、時には自滅的な病状を生み出し、新しい戦略や戦術を絶えず新たに考案する必要に迫られる。

(16) James C. Scott, *The Art of Not Being Governed: An Anarchist History of Upland Southeast Asia* (New Haven: Yale University Press, 2009), xii.〔ジェームズ・C・スコット『ゾミア――脱国家の世界史』佐藤仁監訳、池田一人／今村真央／久保忠行／田崎郁子／内藤大輔／中井仙丈訳、みすず書房、2013年〕

(17) 私は産業屠殺場を研究の場に決めると、まず鶏の食肉処理場は除外した。鶏は物理的に均質であるため、屠殺のプロセスの自動化が進み、人間はほとんど介入しないからだ。そうなると、研究の場となる屠殺場の候補は、豚か牛のいずれかになった。そこでつぎに、米国農務省（USDA）の食品安全検査局のデータを集めた。ここには、連邦政府の調査が入ったアメリカのすべての屠殺場の名簿が公表されている。私の研究は大規模な産業屠殺場に的を絞っていたため、調べる対象は従業員が500人以上の施設に限定した。

これらのデータを使って各屠殺場の地理的位置を記した地図を作成したところ、施設が集中している一部の地域が特定された。どこかの屠殺場に（さらに言うなら、どの屠殺場にも）アクセスできる保証はなかったため、私は狭い地域にたくさんの屠殺場が集中している場所を探した。さらに私は社会的不可視性――屠殺場が「存在を否定された場所」としてどのように構築されているのか――に関心があったため、都市部の屠殺場を見つけたいと考えた。都市から離れた農村地域を選べば、地理的位置に関する疑問への答えは簡単に手に入るが、作業員として入り込んで観察しても、かならずしも期待通りの成果が得られるわけではない。屠殺場が社会から見間の心理的・感情的気質の変化についての主張と結びつけた点が優れている。

社会秩序のなかの嗅覚的序列に関する記述のなかでアラン・コルバンは、文明の歴史は隔離と隠蔽の過程だというエリアスの主張を補足している。それによると、18世紀末のパリでは臭いに基づく分類や制限や分離への関心が強く、それに刺激され、のちに視覚経済の再編と解釈されるような帰結がもたらされた。まだパスツールが登場する以前に「病んだ町の悪臭」を深く案じた社会改革者は、分離と隔離の戦略によって様々な害をおよぼす危険の封じ込めに取り組み、地下牢、監獄、墓地、屠殺場を世間から遠ざけた。特に屠殺場に関しては、コルバンはつぎのように記している。「屠殺場が市中に存在すると市民の怒りが募り、腐敗が進む屍体への警戒感が強まる。都市の屠殺場は様々な悪臭が混じり合っていた。肉屋の狭い中庭では、糞、生ごみ、動物の屍体の悪臭が混じり合い、さらには腸から臭いガスが漂ってくる。屋外に血が漏れ出し、街路を流れ、敷石を褐色に染め、隙間に入り込む。血は「固定空気」を伝染させるため、動物の屍体のなかで最も腐敗している。道路や商人の屋台に浸み込む蒸気は悪臭を放ち、この上なく不快で嫌悪感を催す。「体全体に腐敗臭が染み込んでしまう」。溶けた獣脂のむせるような臭いが、この悪臭の寄せ集めに加わることもめずらしくない」(Alain Corbin, *The Foul and the Fragrant: Odor and the French Social Imagination* [Cambridge: Harvard University Press, 1986], 31).

(13) Michel Foucault, "Two Lectures," in *Power/Knowledge: Selected Interviews and Other Writings, 1972-1977*, ed. Colin Gordon (New York: Pantheon Books, 1977), 105.

(14) Michel Foucault, "The Eye of Power," in *Power/Knowledge*, 147, 158〔ミシェル・フーコー「権力の眼」『フーコーコレクション4 権力・監禁』小林康夫／石田英敬／松浦寿輝編（ちくま学芸文庫）、筑摩書房、2006年〕. Michel Foucault, *Discipline and Punish: The Birth of the Prison*, trans. Alan Sheridan (New York: Vintage Books, 1977)〔ミシェル・フーコー『監獄の誕生―― 監視と処罰 新装版』田村俶訳、新潮社、2020年〕も参照。「完全な不信感がいつまでも払拭されない」という理想は、パノプティコンの実際の運用において問題となり、機能が停止して抵抗に遭う可能性が考えられる。なかでも特に問題なのが、全能の監督（Original Overseer）、すなわち神の眼の問題だ。フーコーの対談相手のミシェル・ペロは、つぎのように語っている。「この視点からは、パノプティコンの仕組みはやや矛盾しています。監視役の主

「不正行為」という言葉の対象を妊娠中絶クリニックや医療施設にまで広げる修正も加えられた。これはアイオワ州上院議員マット・マッコイの提案による。

(7) HF 431, 12.

(8) HF 589, 5.

(9) HF589は「記録」を広範囲に捉え、「有形的表現媒体に掲載または保存された印刷情報、書き込み情報、視覚情報、聴覚情報が対象とされ、知覚可能な形態でアクセスできるあらゆる情報が含まれると規定している。知覚可能な形態には紙のフォーマットと電子フォーマットが含まれるが、これらに限定はされない」(2)。

(10) ジョージ・オーウェルの以下の傑作エッセイを参照。"Politics and the English Language" in *Shooting an Elephant and Other Essays* (New York: Harcourt, 1946).〔ジョージ・オーウェル「政治と英語」『オーウェル評論集2 水晶の精神 新装版』川端康雄編(平凡社ライブラリー)、平凡社、2009年〕

(11) Zygmunt Bauman, "The Phenomenon of Norbert Elias," *Sociology* 13, no. 1 (1979): 122; Norbert Elias, *The Civilizing Process*, trans. Edmund Jephcott (Malden, Mass.: Blackwell, 2000), 103.〔ノルベルト・エリアス『文明化の過程 改装版』上・下、赤井慧爾／中村元保／吉田正勝訳(叢書・ウニベルシタス)、法政大学出版局、2010年〕

(12) Elias, *Civilizing Process*, 102〔エリアス『文明化の過程』〕. 嫌悪のフロンティア、すなわち道徳的・物理的嫌悪感を引き起こす現象の地図上の範囲は、文明化の過程とともに拡大している。エリアスは文明化の過程という表現を使って、「統合が進み、社会機能の分化と相互依存が増加して、統合が次第に大きな単位で実現する過程」を説明している(254)。小規模ないし中規模の封建領主、大規模の封建領主、王国、そして近代国家へと組織が徐々に拡大し、中央集権化された権力の独占や暴力行為がエスカレートし、日常生活の領域から好ましくないものを取り除く動きが体系的に進行すると、エリアスはつぎのような展開が見られると述べている。「つぎの段階へ移行するたびに、個人が依存し合うネットワークは拡大し、構造が変化する。さらに移行するたびに、行動、感情的な生活全般、人格構造も変化する」(254)。エリアスの記述で注目すべきは、領土を支配する政治組織の規模が拡大するにつれて経済の相互依存が高まり、暴力の独占がエスカレートする歴史を取り上げたことではない。これは盛んに取り上げられている領域である。それよりはむしろ、マクロ的視点からの記述を個々の人

“c. 施設が一般開放されていないことを通知されているにもかかわらず、動物施設に入ることや、とどまること。動物施設が一般開放されていないことは、施設に入る前に通知される。あるいは、退去を命じられてもすぐに施設を離れることを拒んだ場合にも通知される。通知は施設所有者が文書や口頭で伝える場合、侵入者を排除して動物を閉じ込めるためのフェンスなどの囲いが設けられる場合、進入禁止であることを目立つように伝える掲示が貼りだされる場合がある。

“2. 動物施設への干渉という違反を犯した者は、以下のような罰則を受ける。

“a. 初犯であれば、悪質な軽犯罪と見なされる。

“b. 再犯であれば、クラス「D」の重罪と見なされる。

“3. 動物施設への干渉の罪に問われた者は、第910章に記されているような禁止命令の対象になる。

第10節　新規定 717A.2B　動物施設での不正行為（Animal facility fraud）

“1. 以下の行為に意図的に手を染めた人物は、動物施設での不正行為の罪に問われる。

“a. 動物施設の所有者から認められない行為を目的に、詐称によって施設に立ち入る。

“b. 動物施設で採用されることを目的に、所有者から認められない行為とわかっていながら意図的に虚偽の申し立てや陳述を行なう。

“2. 動物施設での不正行為という違反を犯した者は、以下のような罰則を受ける。

“a. 初犯であれば悪質な軽犯罪と見なされる。

“b. 再犯であれば、クラス「D」の重罪と見なされる。

“3. 動物施設での不正行為の罪に問われた人物は、第910章に記されているような禁止命令の対象になる。

“4. この節は、動物保護施設、ペットホテル、犬舎、ペットショップ、野犬収容所には適用されない。いずれも162.2節に規定されている。” (HF 589, The Iowa Legislature Bill Book, 4–5、以下で閲覧可能。http:// coolice.legis.state.ia.us/Cool-ICE/default.asp?Category=billinfo&Service=Billbook&menu=false&ga=84&hbill=HF589 (2011年4月3日アクセス).

本書が印刷に回された当時、すでにアイオワ州下院を通過していたHF589は、アイオワ州上院農業委員会も通過しており、そこでは上院での採択が勧告され、上院の議場での議論の開始を待っていた。ここには数多くの興味深い修正が加えられたが、たとえば法案では、「干渉」ならびに

Jennifer Wolch and Jody Emel (London: Verso, 1998). 政府による廃棄物規制の歴史に関する記述が興味深く、動物の排泄物や屠殺についても取り上げているものとしては、以下を参照。 Dominique Laporte, *History of Shit, trans. Radolphe el-Khoury* (1978; Cambridge: MIT Press, 2000).

(4) Zygmunt Bauman, *Modernity and the Holocaust* (Ithaca: Cornell University Press, 1989), 97〔ジグムント・バウマン『近代とホロコースト［完全版］』森田典正訳（ちくま学芸文庫)、筑摩書房、2021年〕; Pierre Bourdieu, Language and Symbolic Power (Cambridge: Polity, 1991), 207.

(5) Mary Douglas, *Purity and Danger* (1966; New York: Routledge, 2002). 屠殺場はかねてより、大衆文学や学術文献、さらにはメディアにおいて、典型的なメタファーとして用いられてきた。屠殺場をテーマにしたホラー映画だけでも、数えきれないほど制作されている。恐怖の元型として屠殺を取り上げた最近の学術的議論に関しては、以下を参照。 Talal Asad, *On Suicide Bombing* (New York: Columbia University Press, 2007) .〔タラル・アサド『自爆テロ』苅田真司訳、磯前順一解説、青土社、2008年〕

(6) HF 431, The Iowa Legislature Bill Book, 11–12、以下で閲覧可能。http://coolice.legis.state.ia.us/Cool-ICE/default.asp?Category=billinfo&Service=Billbook&menu=false&hbill=HF431 (2011年4月3日アクセス).

法案HF431の後継法案であるHF589の第9節ならびに第10節には、つぎのように記されている。

第9節　新規定 717A.2A　動物施設への干渉（Animal facility interference)

"1. 動物施設の所有者からの同意を得ず、以下の行為に手を染めた者は、動物施設への干渉の罪に問われる。

"a. （1）動物施設内で記録を作成し、映像や音を再現する。具体的には以下の行為が禁じられる。

"（a）動物施設に滞在中、記録を作成する。

"（b）動物施設内で見聞した経験を記録に残し、再現する。記録の手段には写真や音声の媒体が含まれるが、これらに限定されない。

"（2）サブパラグラフ（1）の延長として、動物施設内で見聞したことを記録に残し、所有または流通させてはならない。

"（3）サブパラグラフ（1）ならびに（2）は、動物保護施設、ペットホテル、商業用犬舎、ペットショップ、野犬収容所には適用されない。それについては第16節2.2に記されている。

"b. 動物施設、ならびに動物施設やその地所に飼育されている動物に支配力を行使して、動物施設から意図的に動物や地所を奪う。

直接もたらされた。今日では、僅か14カ所の屠殺場で牛全体の56パーセント、12カ所の屠殺場で豚全体の55パーセント、6カ所の屠殺場で子牛全体の56パーセント、4カ所の屠殺場で羊と子羊全体の67パーセントが屠殺処分されている。

このように経済の集中がエスカレートする傾向は、業界の構造と営業方式に大きな変化が引き起こされた時期と一致している。「ビッグファイブ」のコングロマリット（スウィフト、アーマー、モリス、ウィルソン、カダイ）は、アプトン・シンクレア（アメリカの作家）の時代から食肉産業を支配してきたが、それが「新しいタイプ」と入れ替わったのだ。新しいタイプとは、アイオワ、コロラド、ネブラスカ、カンザスの各州、そして南部全域で市街地から離れた場所に移転させられた食肉加工業者である。この移転の必然性は、ふたつの要素から説明できる。まず、生体が供給される場所に近くなること。そして賃金が安く、労働組合の力が弱いため、収益の増加が見込めることだ。さらに場所が変化すると、生産技術も大きく変化した。新種の食肉加工業者が登場する以前には、枝肉をまるごと地元の肉屋や食品店に出荷するのが一般的な習慣だった。出荷された枝肉は、あとから食用に切り分けられたものだ。しかし今日では、「加工された牛肉」を出荷するのが業界のモデルとして定着した。枝肉をまるごと出荷する代わりに、食肉加工業者が加工工場で切り分け作業の大半を行なう。その結果、肉に付加価値が備わるだけでなく、輸送が容易になった。

新しい屠殺場ではスピードが重視され、一時間に処理される肉の量に応じて利益が測定される。そのため作業員の傷害を被る割合は高く、他のどの業界の割合よりも高い。1976年から2000年までのアメリカにおける作業中の怪我や病気に関するデータが労働統計局によってまとめられているが、そこでは食肉加工が、アメリカで最も危険な職業の一つとして挙げられている。屠殺場で病気や怪我に見舞われる可能性は、造船所、鉱山（死亡率はこちらのほうが高い）、建設現場、製鉄所など、一般的に危険と見なされるどの民間職業よりも高い。

(3)　「社会から隔絶された場所」に関しては、フランスの食肉処理場に関するノエリー・ヴィアレスの以下の著書の記述が優れている。*Animal to Edible* (New York: Cambridge University Press, 1994), 15–32. 屠殺場の都市部から地方への移転の歴史に関しては、以下を参照。Chris Philo, “Animals, Geography, and the City: Notes on Inclusions and Exclusions,” in *Animal Geographies: Place, Politics, and Identity in the Nature-Culture Borderlands*, eds.

原　注

第1章　ありふれた光景に潜んでいるもの

（1）　Mark Kawar, "Freedom Is Fleeting for Cattle in Plant Escape: Cows Make a Stand," *Omaha World Herald*, August 5, 2004 (sunrise edition), 1–2. 特に違和感もなく、この記事のすぐ隣には、大腸菌に汚染された牛肉49万7000ポンド〔22万5435キログラム〕が回収されたという記事が掲載された。

（2）　屠殺に関する統計は、米国食品安全検査局によって編纂され、米国農務省（USDA）の全米農業統計サービスによって毎年報告されている。アメリカの肉の消費量は、1950年代の大恐慌の時期は例外的に落ち込んだが、それ以外は20世紀を通じて順調に増加した。1909年には、動物の肉の1人当たりの年間消費量は僅か120ポンド〔54キログラム〕だったが、2002年には初めて200ポンド〔90キログラム〕を超え、以後はほぼその水準で推移している。これに基づいて、この100年間にアメリカで消費された動物の肉の全体量を割り出すと、驚くべき傾向が明らかになる。1909年には、アメリカのおよそ9000万の市民が、年間110億7000万ポンド〔およそ50億キログラム〕の肉を消費した。2002年には、アメリカの人口は3億400万と推定されたが、そのなかで肉を食べる市民（およそ93パーセント）は、年間600億ポンド〔272億キログラム〕の肉を消費した。

このような量的変化は、食肉市場の集約化が進んだ傾向を反映している。1970年には、アメリカでは4つの大手食肉加工業者が牛肉市場の21パーセントを支配した。しかし今日では、4つの企業のみ（タイソンフーズIBP、コナグラ・モントフォート、カーギル・エクセル、ナショナル・ビーフ）で、アメリカ牛肉市場の80パーセント以上を独占しており、こうした独占状態は他の食肉市場にも共通している。なかでもタイソンフーズは、2001年にアイオワ・ビーフ・プロセッサーズ（IBP）を買収した後、食肉の加工とマーケティングの分野において世界最大の企業になった。いまではアメリカの鶏肉市場の20パーセント、牛肉市場の22パーセント、豚肉市場の20パーセント、さらには南極を除くすべての大陸の養鶏場を支配している。IBPを買収する以前、タイソンは12万人を直接雇用していた。その他に7038人の養鶏業者と別途契約を交わし、タイソンの工場で加工する鶏の飼育を任せた。2000会計年度には（これもやはり、IBPの買収以前）、タイソンの総売上は238億ドルに達した。一方、コーンアグラの2001年の純売上高は272億ドルで、そのうちの128億8000万ドルは小売市場への肉の販売から

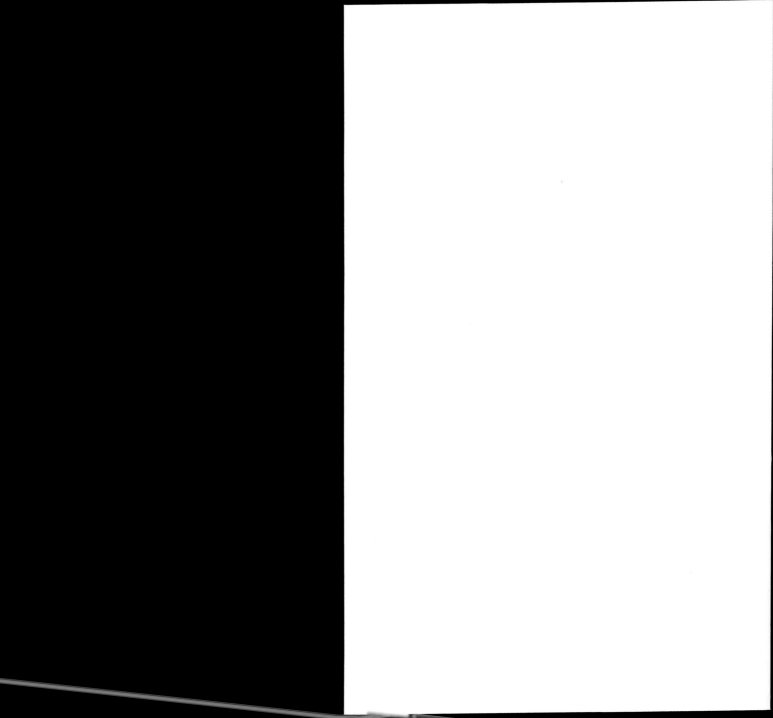

に

ね

の

は

ひ

す

せ

お

か

き

索　引

［訳者］

小坂恵理（こさか えり）

翻訳家。慶應義塾大学文学部英米文学科卒業。訳書に『略奪の帝国』（河出書房新社）、『極限大地』（築地書館）、『ラボ・ガール』（化学同人）、『マーシャル・プラン』（みすず書房）、『食の未来のためのフィールドノート』（NTT出版）など多数。

［解説］

羅芝賢（なじひょん）

國學院大學法学部准教授。2008年高麗大学文学部東洋史学科卒業。2017年東京大学大学院法学政治学研究科博士課程修了、博士（法学）。東京大学公共政策大学院助教、同大学院特任講師、國學院大學法学部専任講師を経て現職。主な著書に『番号を創る権力』（東京大学出版会）など。

［著者］

ティモシー・パチラット（Timothy Pachirat）

マサチューセッツ大学アマースト校政治学部教授。イェール大学大学院では人類学・政治学の泰斗ジェームズ・C・スコットに師事し、PhD（政治学）取得。著書 に*Among Wolves*：*Ethnography and the Immersive Study of Power* (Routledge)、共著に*Political Ethnography: What Immersion Contributes to the Study of Power* (University of Chicago Press).

暴力のエスノグラフィー
——産業化された屠殺と視界の政治

2022年9月22日　初刷第1刷発行

著　者	ティモシー・パチラット
訳　者	小坂恵理
解　説	羅芝賢
発行者	大江道雅
発行所	株式会社 明石書店

〒101-0021　東京都千代田区外神田6－9－5
電話　03（5818）1171
FAX　03（5818）1174
振替　00100-7-24505
https://www.akashi.co.jp/

装丁　明石書店デザイン室
印刷　株式会社文化カラー印刷
製本　協栄製本株式会社

（定価はカバーに表示してあります）　ISBN978-4-7503-5447-7